Qualifikationen erkennen – Berufe gestalten • Herausgegeben von Hans-Jörg Bullinger

Web 2.0

Neue Qualifikationsanforderungen in Unternehmen

Bernhard Schmidt-Hertha, Helmut Kuwan,
Gerd Gidion, Yves Waschbüsch, Claudia Strobel (Hg.)

FreQueNz

wbv

Im FreQueNz-Netzwerk sind die Aktivitäten der Initiative zur Früherkennung von Qualifikationserfordernissen des Bundesministeriums für Bildung und Forschung verknüpft. Das Ziel der Initiative besteht darin, neue oder veränderte Qualifikationsanforderungen möglichst früh zu ermitteln, um Verantwortlichen in Berufsbildungspolitik und Berufsbildungspraxis eine Basis für zukunftsorientierte Entscheidungen an die Hand zu geben.

© W. Bertelsmann Verlag GmbH & Co. KG
Bielefeld 2011

Gesamtherstellung:
W. Bertelsmann Verlag, Bielefeld
wbv.de

Coverlayout: lok. design division, Bielefeld

Bestell Nr.: 6004198
ISBN: 978-3-7639-4900-7 (Print)
ISBN: 978-3-7639-4901-4 (E-Book)
Printed in Germany

Bibliografische Information der Deutschen Nationalbibliothek
Die Deutsche Nationalbibliothek verzeichnet diese Publikation in der Deutschen Nationalbibliografie; detaillierte bibliografische Daten sind im Internet über http://dnb.d-nb.de abrufbar.

Inhalt

„Der Computer als Forschungs- und Kommunikationsinstrument könnte die Recherche von Informationen steigern, [...] die enzyklopädische Funktion des Individuums wiederherstellen und in einen privaten Anschluss umkehren, über den individuell zugeschnittene Informationen sofort und für Geld abgerufen werden können.“[1]

Marshall McLuhan, 1962

Vorwort

Im FreQueNz-Netzwerk sind die Aktivitäten der Initiative zur Früherkennung von Qualifikationserfordernissen des Bundesministeriums für Bildung und Forschung (BMBF) verknüpft. Das Ziel der Initiative besteht darin, neue oder veränderte Qualifikationsanforderungen möglichst früh zu ermitteln und in den berufsbildungspolitischen Gestaltungsprozess einzubringen.

Das zehnjährige Bestehen der Früherkennungsinitiative im Jahre 2009 ging mit deren Neugestaltung einher, wobei nach wie vor in erster Linie branchenübergreifende Themenfelder auf künftige neue oder veränderte Qualifikationsanforderungen hin untersucht werden sollen. So konnten seit der Neugestaltung insgesamt vier Studien bzw. Forschungsprojekte über Qualifikationsanforderungen in den ersten beiden neuen Themenbereichen „Internet der Dinge“ und „Web 2.0“ abgeschlossen werden.

Bereits seinen 100. Geburtstag hätte in diesem Jahr der Medienwissenschaftspionier Marshall McLuhan gefeiert, der – wie mit dem obigen Zitat – sich schon vor 40 Jahren, auf der Grundlage von Zukunftsspekulationen über den Computer, Elemente einer Art Internet vorstellen konnte. Selbst einmal abgesehen von der –

1 McLuhan, Marshall: *Die Gutenberg-Galaxis“* (deutsche Übersetzung 1995; im Original als *The Gutenberg Galaxy* zuerst 1962); zitiert nach Sorg, Katharina: *Popstar, Professor und Prophet.* In: Stuttgarter Zeitung vom Samstag, 9. Juli 2011 (Nr. 156), S. V1.

für Interpretationen sehr offenen – Aussage über eine mögliche Wiederherstellung der enzyklopädischen Funktion des Individuums, nehmen diese Vorstellungen über den Abruf individuell zugeschnittener Informationen Entwicklungen gleichsam vorweg, die wir heute als „Web 2.0“ bezeichnen würden.

Nach der von Marshall McLuhan unabhängigen Realisierung der Idee des Internets bzw. „Web 1.0“ und dessen Verbreitung, gewinnt nun mit dem Spektrum interaktiver Internetanwendungen, bei denen sich die Grenze zwischen Informationssender und -empfänger bis zur Auflösung verschiebt, das „Web 2.0“ auch in der Arbeitswelt und in den Unternehmen stark an Bedeutung. So wie das Internet zunächst zur Vernetzung von Forschungseinrichtungen und Hochschulen diente, werden Web 2.0-Anwendungen häufig zuerst von höher Qualifizierten genutzt. Wenn sich die Anwendungen auf dieser Ebene in den Unternehmen etabliert haben, verbreiten sie sich nach und nach auf der mittleren Qualifikationsebene, die im Fokus der BMBF-Früherkennungsinitiative steht.

Auf der Grundlage einer systematischen Darstellung von Web 2.0-Anwendungen in Arbeitswelt und Unternehmen, identifiziert das diesem FreQueNz-Band zugrunde liegende Forschungsprojekt dementsprechend eine Reihe von Qualifikationsbereichen, die für die mittlere Qualifikationsebene in den nächsten Jahren besonders relevant werden könnten oder schon jetzt besonders relevant sind.

Es gehört zu den Aufgaben der Vernetzungsstelle des FreQueNz-Netzwerks am Fraunhofer IAO, solche Ergebnisse aus den Projekten der Früherkennungsinitiative allen Interessierten offen zur Verfügung zu stellen. Dies geschieht über die ebenfalls neu gestalteten Medien des FreQueNz-Newsletters, der Internetplattform <www.frequenz.net> und der FreQueNz-Buchreihe „Qualifikationen erkennen – Berufe gestalten“. Bei der vorliegenden Veröffentlichung handelt es sich um den ersten Band der Buchreihe nach der Neugestaltung. Mit seiner Verbindung des Themas Web 2.0 mit Qualifikationsanforderungen in Unternehmen, dürfte er eine interessante und weiter führende Lektüre bieten.

Hans-Jörg Bullinger

Einführung

Bernhard Schmidt-Hertha/Helmut Kuwan/Bernd Dworschak

Mit dem Thema Web 2.0 – dem breiten Spektrum interaktiver Internetanwendungen, die eine Rollentrennung zwischen Informationssender und -empfänger weitgehend auflösen – nimmt die Initiative zur Früherkennung von Qualifikationserfordernissen des Bundesministeriums für Bildung und Forschung (BMBF) ein äußerst dynamisches Phänomen in den Blick. Die Auswirkungen von Web 2.0-Anwendungen auf betriebliche Kontexte und Qualifikationsanforderungen an Fachkräfte zeichnen sich erst allmählich ab. Das diesem FreQueNz-Band zugrunde liegende und im Rahmen der BMBF-Früherkennungsinitiative durchgeführte Forschungsprojekt setzt mit der Untersuchung der Qualifikationsanforderungen zu einem Zeitpunkt an, an dem Web 2.0 zwar bereits in aller Munde, in den Unternehmen aber noch längst nicht in allen Bereichen angekommen ist.

Gemäß der Ausrichtung der Früherkennungsinitiative bestand das Ziel des Projektes in der Identifikation von heute bereits relevanten oder in den nächsten drei bis fünf Jahren mit hoher Wahrscheinlichkeit bedeutsam werdenden Qualifikationsanforderungen an Fachkräfte auf mittlerer Qualifikationsebene im Kontext von Web 2.0. Mit „Fachkräften auf mittlerer Qualifikationsebene" sind Erwerbspersonen gemeint, die über Abschlüsse bundesweit staatlich anerkannter Ausbildungsberufe bzw. ländergeregelter schulischer Ausbildungsgänge sowie Weiterbildungsabschlüsse (wie bspw. Meister oder Techniker) verfügen.

Im Rahmen der Studie wurden Entwicklungstrends deutlich, die für zukünftige Qualifikationsanforderungen wesentliche Relevanz haben dürften. So sind viele Experten von einer wachsenden Bedeutung mobiler Endgeräte und einer Verlagerung von Software ins Internet (Cloud Computing) überzeugt, wobei sich klassische Office-Anwendungen mit Web 2.0-Applikationen durchmischen. Eine weiter zunehmende Bedeutung der sozialen Vernetzung im Web sowie die Verlagerung von Kooperation und Kollaboration in Web 2.0-Umgebungen sind Trends, für die sich heute schon klare Anzeichen identifizieren lassen. Die daraus resultierenden Konsequenzen für Unternehmen betreffen die Erschließung neuer Märkte und Geschäftsfelder ebenso wie neue Wege der Informationsgewinnung und -verbreitung sowie die Notwendigkeit neuer Strategien des Reputationsmanagements.

Aktuell suchen viele Unternehmen noch nach geeigneten Wegen des Umgangs mit der durch Web 2.0 deutlich erhöhten Transparenz von Arbeitsabläufen. Die Handlungsstrategien der Unternehmen reichen von völliger Offenheit bis hin zu einer weitgehenden Abschottung. Die Offenheit gegenüber Web 2.0 ist nicht zuletzt von der jeweiligen Unternehmenskultur, den hierarchischen Strukturen innerhalb des Unternehmens und von der Altersstruktur der Belegschaft abhängig. Darüber hinaus sind es die Kontexte und Segmente, in welchen Unternehmen agieren, die IT-Nähe und Wettbewerbsintensität der anvisierten Märkte, der Innovationsdruck und die Komplexität angebotener Produkte und Dienstleistungen, die die Web 2.0-Nutzung beeinflussen. Insbesondere für international agierende sowie forschungs- und entwicklungsorientierte Unternehmen bieten Web 2.0-Anwendungen attraktive Möglichkeiten. Innerhalb der Unternehmen sind es vor allem dienstleistungs- und endkundennahe Bereiche, die besonders häufig auf Web 2.0-Anwendungen zurückgreifen, wobei Akademiker meist eine Vorreiterrolle übernehmen und das Interesse von Mitarbeitern an Web 2.0 nicht selten aus der privaten Anwendung resultiert.

Die Einsatzmöglichkeiten und -felder von Formen des Web 2.0 in Unternehmen stellen sich durchaus vielseitig dar. Sie dienen z. B. der Vereinfachung und Beschleunigung von Abstimmungsprozessen innerhalb eines Betriebs oder mit Kooperationspartnern, werden aber auch im Prozessmanagement zur Optimierung betrieblicher Abläufe eingesetzt. Im Bereich des Personalmanagements ergeben sich durch Web 2.0 neue Möglichkeiten der Rekrutierung von Fachkräften und der Bewerberauswahl, während im Marketing Web 2.0-Anwendungen von Unternehmen gezielt eingesetzt werden, aber auch deren Marketingstrategien und Reputationsmanagement konterkarieren können. Besonders entfalten Web 2.0-Technologien ihr Potenzial im Bereich des Wissens- und Informationsmanagements sowie bei der Neuentwicklung und Optimierung von Produkten und Dienstleistungen oder der Erschließung neuer Geschäftsfelder. Hier ergeben sich durch Web 2.0 neue Möglichkeiten, die jedoch einen professionellen Umgang der Fachkräfte mit diesem Medium voraussetzen. Insbesondere Qualitätsmanagementverfahren, Marktanalysen, Kundenkontakte und Entwicklungsarbeit können durch den gezielten Einsatz von Web 2.0 erheblich optimiert werden.

Die mit diesen Anwendungsfeldern einhergehenden Qualifikationsanforderungen, die auch Fachkräfte der mittleren Qualifikationsebene betreffen, sind teilweise Web 2.0-spezifisch, teilweise gewinnen sie parallel zu einem steigenden Web 2.0-Einsatz stark an Bedeutung. Sie lassen sich in sechs Bereiche gliedern. Erstens müssen Fachkräfte in immer mehr Sektoren adressatengerecht im virtuellen Raum kommunizieren, mit Kundenbewertungen umgehen und die richtigen Folgerungen daraus ableiten können. Zweitens wird die Anforderung zur interdisziplinären und interkulturellen virtuellen Zusammenarbeit in Web 2.0-Umgebungen in näherer Zukunft deutlich mehr Fachkräfte der mittleren Ebene betreffen als bisher. Hier ist auch die Fähigkeit, Kommunikationswege auszuwählen und den virtuellen Informationsfluss zu organisieren, bedeutsam. Drittens wird der Umgang mit den durch Web 2.0 gegebenen neuen Formen der Informationsübermittlung und Wissensrepräsentation, der bereits heute für Fachkräfte in manchen Sektoren zentral ist, zukünftig die meisten Tätigkeitsfelder erreichen. Die Fachkräfte müssen sich in hochdynamischen Informationswelten nicht nur zurechtfinden, sondern diese auch effizient für die eigene Tätigkeit nutzen können und darüber hinaus an der unternehmensinternen Wissenskommunikation partizipieren. Viertens müssen sich Fachkräfte auch bei einer routinierten Nutzung von Web 2.0 der rechtlichen Begrenzungen und der spezifischen Vertraulichkeitsanforderungen in unterschiedlichen virtuellen Umgebungen bewusst sein. Diese derzeit nur in einigen Segmenten gestellte Anforderung wird in immer mehr Bereichen bedeutsam und erfordert ein permanentes Bewusstsein für die Anforderungen der jeweiligen virtuellen Umgebungen, wobei die parallele Nutzung mehrerer Online-Plattformen eine besondere Herausforderung darstellt. Fünftens lassen sich die Befähigung zur parallelen Arbeit in mehreren Web 2.0-Umgebungen (Multitasking) und zum eigenverantwortlichen Lernen als weitere Anforderungen formulieren, die auch Tätigkeiten jenseits des Internets einschließen. Sechstens ist die IT-Kompetenz zu nennen, die allerdings nur für eine bestimmte Gruppe spezialisierter Fachkräfte in größerem Umfang bedeutsam wird. Für den „Durchschnitts-Nutzer" erfordern Web 2.0-Anwendungen dagegen lediglich allgemeine IT-Grundkenntnisse, wobei die ohnehin schon eher niedrigen Anforderungen durch die zunehmende Nutzerfreundlichkeit der Umgebungen nach Ansicht der meisten Experten noch sinken werden.

Der hohen Entwicklungsdynamik von Web 2.0 Rechnung tragend, galt das zentrale Interesse der Untersuchung denjenigen Qualifikationsanforderungen, die nicht an spezifische Anwendungen und Plattformen gebunden sind, sondern Fachkräfte der mittleren Qualifikationsebene generell auf die effiziente Nutzung von Web 2.0 am Arbeitsplatz vorbereiten. Viele der genannten Kompetenzen bedürfen einer längerfristigen Entwicklung, die zum Teil schon im allgemeinbildenden Schulsystem anzusetzen hätte, dann aber in beruflichen Aus- und Fortbildungen aufgegriffen und weitergeführt werden müsste. Unseres Erachtens sind daher institutionenübergreifende Bildungsanstrengungen erforderlich, um die Fachkräfte von morgen adäquat auf den Umgang mit Web 2.0 vorzubereiten.

1. Ausgangslage und Zielsetzung des Forschungsprojektes „web2skills“

Bernhard Schmidt-Hertha/Gerd Gidion/Helmut Kuwan

Im Auftrag des Bundesministeriums für Bildung und Forschung widmete sich eine Gruppe von Wissenschaftlern seit April 2009 der Analyse ***„zukünftige[r] Qualifikationsanforderungen bei beruflichen Tätigkeiten auf mittlerer Qualifikationsebene aufgrund der Auswirkungen von Web 2.0“***. Im folgenden Kapitel soll zunächst auf den Terminus Web 2.0 eingegangen und die Zielsetzungen des Projekts sowie dessen organisationale Einbettung ausführlicher dargestellt werden.[2]

1.1 Das Phänomen Web 2.0

Die unter dem Begriff Web 2.0 diskutierten Entwicklungen und Anwendungen sind in ihrer Vielfalt und Unterschiedlichkeit kaum als klar eingrenzbares Phänomen zu fassen. Eine eindeutige Definition für den von Tim O'Reilly im Jahre 2005 eingeführten Terminus liegt ebenso wenig vor wie ein klarer Konsens hinsichtlich der Grenzen zwischen Web 1.0 (dem traditionellen Internet) und Web 2.0 (vgl. O'Reilly 2005). Dabei stellen die mit Web 2.0 verbundenen Ansätze und Entwicklungen keine grundlegend neuen Ideen dar. Es geht vielmehr um die Weiterentwicklung und Neuzusammensetzung bereits vorhandener Werkzeuge und Anwendungen.

Konsens besteht unter den verschiedenen Wissenschaftlern, die sich aus ihrer jeweiligen disziplinär geprägten Perspektive dem Phänomen Web 2.0 nähern, insofern, als Web 2.0 einheitlich nicht als Technologie oder bestimmte Anwen-

2 In den folgenden Ausführungen wird aus Gründen der Lesbarkeit und Übersichtlichkeit mit Blick auf Experten, Gesprächspartner und weitere Personen stets die männliche Form verwendet. Gemeint sind dabei selbstverständlich immer Personen beiderlei Geschlechts.

dung, sondern als eine neue Form des Umgangs mit den Möglichkeiten des Internets gesehen wird.

> *„Die mit Web 2.0 verbundenen Anwendungen beinhalten weniger technologiegetriebene Innovationen, sondern können vor allem als konsequente Anwendung bestehender Internet-Technologien gesehen werden."* (Kerres 2006, S. 1)

Web 2.0 ist folglich weder eindeutig von anderen Internetanwendungen abzugrenzen noch an klaren Kriterien festzumachen. Nahezu alle Publikationen (z. B. Back et al. 2009, S. 3; Kerres 2006, S. 1; Langdecker 2008, S. 5; BMBF 2007, S. 3; Busemann/Gscheidle 2009, S. 356) beziehen sich zur Klärung des so schwer greifbaren Begriffs Web 2.0 auf die Beschreibung von Tim O'Reilly (2005), der den Terminus nachhaltig prägte und diesen mit sieben Dimensionen in Verbindung bringt:

- ***Das Web als Plattform***
  Durch die zunehmende Verbreitung und Leistungsfähigkeit des Internets wird dieses mehr und mehr zur Arbeitsplattform und löst stationäre Plattformen teilweise ab. Viele Datenverarbeitungsprozesse finden direkt im Internet auf virtuellen Plattformen statt und werden damit unabhängig von lokal installierten Programmen.
- ***Nutzung der kollektiven Intelligenz***
  Zu den zentralen Grundüberzeugungen, auf die Web 2.0 aufbaut, gehört, dass die Masse mehr weiß als einzelne Experten. Die systematische Nutzung dieses Wissens ist eine wesentliche Eigenheit vieler Web 2.0-Anwendungen.
- ***Datengetriebene Anwendungen***
  Web 2.0 löst traditionelle Wege der Wertschöpfung im IT-Bereich ab. Im Mittelpunkt stehen nicht mehr komplexe Anwendungen, die unabhängig von den Daten selbst existieren und arbeitsfähig sind (wie z. B. Textverarbeitungsprogramme), sondern Datenbanken, die auf die anwenderspezifische Aufbereitung von gigantischen Datenmengen spezialisiert sind. Dabei können diese Datenbanken aber nur durch die verfügbaren Daten existieren, die in der Regel von den Usern selbst generiert werden (z. B. Facebook).
- ***Ende des klassischen Softwarelebenszyklus***
  Durch diese neue Form von Software löst sich auch der klassische Zyklus von Softwareentwicklung, Erprobung, Verbreitung und Weiterentwicklung auf und wird zu einem permanenten Entwicklungsprozess (permanenter Beta-Status). Durch die Unabhängigkeit von Anwendungen von lokalen Installationen können Updates permanent aufgespielt werden, und auch die Anwender werden häufig in die Weiterentwicklung der Anwendungen einbezogen (Open-Source-Software)

- ***Beliebige Kombinierbarkeit von Komponenten oder ganzen Anwendungen***
  Anstelle von traditioneller Software, die als Einzelapplikation genutzt wird und häufig nicht kompatibel mit anderen Anwendungen ist, treten mit Web 2.0 Anwendungen, die sich miteinander verbinden und durch entsprechende Schnittstellen leicht in andere Umgebungen integrieren lassen (z. B. Googlemaps).
- ***Plattform- und Geräteunabhängigkeit***
  Durch die Verlagerung von Anwendungen und Programmen auf frei zugängliche Server werden die Nutzer zunehmend unabhängig von einzelnen Plattformen und den verwendeten Endgeräten. Insofern eröffnet Web 2.0 auch neue Möglichkeiten hinsichtlich der Nutzung mobiler Endgeräte mit geringeren Speicherkapazitäten.
- ***Anwenderfreundlichkeit und Einfachheit***
  Mit Web 2.0 wird auch ein Trend hin zu anwenderfreundlicheren und leichter bedienbaren Applikationen verbunden, wobei die Idee der intuitiven Bedienbarkeit im Vordergrund steht („What you see is what you get").

Die daraus resultierenden Folgen für das Internet und die Nutzer von Web 2.0 werden unterschiedlich diskutiert. Zwar herrscht ein grundlegender Konsens über die oben genannten sieben Aspekte, deren jeweilige Relevanz wird aber unterschiedlich gewichtet. Kerres (2006, S. 2 ff.) verweist auf die mit Web 2.0 verbundene Verschiebung von Grenzen, die auch von anderen Autoren angesprochen werden. Erstens verschiebt sich die Grenze zwischen Usern und Autoren im Internet bis hin zu ihrer vollständigen Auflösung. Zweitens verschiebt sich die Grenze zwischen lokalen und entfernt abgerufenen Anwendungen insofern, als lokale Installationen deutlich an Bedeutung verlieren und zunehmend Programme auf externe Server ausgelagert werden. Drittens werden bislang nur privat kommunizierte Daten durch Web 2.0 öffentlich gemacht bzw. stehen Anwendungen zur Verfügung, die die User zur Veröffentlichung bisher privater Informationen ermuntern. So verschiebt sich die Grenze zwischen privat und öffentlich hin zu einer zunehmenden Öffentlichkeit privater Daten.

Vor diesem Hintergrund wurde für das noch eingehend darzustellende Projekt und den vorliegenden Bericht ein gemeinsames Begriffsverständnis entwickelt, bei dem Web 2.0 zunächst als ein Sammelbegriff für eine bestimmte Gattung interaktiver Internetanwendungen verstanden wird. Vorrangige gemeinsame Kennzeichen dieser Internetanwendungen sind nach unserem Begriffsverständnis:

- die ***Auflösung der personellen Trennung von Autoren und Rezipienten,*** d. h. jeder Nutzer ist immer auch (potenzieller) Mitautor,

- die ***Verfügbarkeit gemeinschaftlich generierten Wissens*** bzw. kollektiv gesammelter Daten für eine große Gruppe von Nutzern, wobei die Veröffentlichung dieser Daten auch immanent im System vorgesehen ist und
- eine ***technisch einfache und nutzerfreundliche Handhabung,*** die das Einstellen von Inhalten sowie die Rezeption dieser Inhalte erleichtert.

Hinzu kommt die hinter diesen Kennzeichen liegende Philosophie der „wisdom of the crowd", also der Annahme, dass die Zusammenarbeit und gegenseitige Kontrolle einer großen Gruppe von Wissensproduzenten und -konsumenten zu einer doppelten Überlegenheit der so erzeugten Inhalte führt. Einerseits sorgt – so die Idee – eine in die kooperative Generierung von Wissensbeständen involvierte Community für die schnellere Verbreitung dieses Wissens und für dessen Weiterentwicklung als bei Einzelautoren. Andererseits sind die Web 2.0-Anhänger überzeugt, dass die Community Fehlinformation und Missbrauch langfristig besser und effizienter verhindern kann als hierarchisch strukturierte oder auf einzelne Experten fokussierte Informationssysteme.

Der Begriff Web 2.0 steht für ein breites Spektrum unterschiedlicher Tools, die sowohl für die Interaktion innerhalb von Unternehmen als auch für die Kommunikation nach außen neue Möglichkeiten bieten. Im Kern geht es um eine neue Qualität im medienvermittelten Austausch, der für viele Anwender noch ungewohnt ist. Klassische Massenmedien basieren auf unidirektionaler Kommunikation, d. h. die Rollen von Informationssender und Empfänger sind klar voneinander getrennt. Mit dem Internet wurde ein Massenmedium eingeführt, das allen daran Partizipierenden ermöglicht, sowohl Informationen abzurufen als auch selbst als Informationssender aufzutreten. Im öffentlichen Raum des Internets gab es dennoch zumindest eine lokal begrenzte Rollenteilung – nämlich zwischen denjenigen, die Informationen einstellen, und denen, die diese Informationen nutzen. Mit Web 2.0 löst sich diese Differenzierung weitgehend auf (vgl. BMBF 2007). Viele Tools, wie z. B. Blogs oder Wikis (vgl. Heidecke 2008, S. 57 ff.) machen die online abrufbaren Inhalte gleichzeitig für jedermann bearbeitbar. So können z. B. Besucher von Internetseiten Inhalte bearbeiten und zu Mitautoren werden. Es ergeben sich Möglichkeiten der netzgestützten Information, Kommunikation und der Kooperation, deren Nutzung von der Kompetenz der Beteiligten abhängt. Diese intensive Form der Interaktivität weitet sich auch auf den kommerziellen Bereich aus, indem sich E-Commerce und professionelles E-Marketing mit Kundenkritiken und Produktbewertungen mischen. Dadurch ergibt sich eine Kundennähe, die u. a. für die (Weiter-)Entwicklung von Produkten ungeahnte Möglichkeiten eröffnet (vgl. Alpar/Blaschke 2008, S. 1 ff.). Der zumeist informelle Austausch zwischen (potenziellen) Kunden über Produkte und Leistungen, wie er bisher allenfalls „außer Hörweite" der jeweiligen Unternehmen stattfand, wird nun für sie und die Mitarbeiter konkret sichtbar. Unternehmen wie Mitarbeiter erhalten so von Kunden ein indirektes Feedback zu ihren Produkten und Leistungen, was Konsequenzen auf berufliche Anforderungsprofile – auch auf mittlerer Fachkräfteebene – mit sich bringt (vgl. auch Stock/Peters 2007).

1.2 Vorannahmen

Zwischen Branchen und Tätigkeitsfeldern, aber auch innerhalb von Unternehmen ist von einer unterschiedlichen sektoralen Relevanz von Web 2.0-Anwendungen auszugehen. Ihr effektiver Einsatz erfordert grundlegende technische und erweiterte kommunikative Kompetenzen der Nutzer, vor allem aber auch eine gewisse Medienkompetenz. Nach Baacke (1996, S. 4 ff.) lassen sich hinsichtlich der Medienkompetenz vier Aspekte unterscheiden:

- ***Medienkunde*** spricht das Wissen über Möglichkeiten und Funktionsweisen von interaktiven Internetanwendungen an.
- ***Mediennutzung*** umfasst u. a. das Wissen darüber, welche Web 2.0-Anwendungen in welchen Kontexten wie eingesetzt werden können.
- ***Mediengestaltung*** bezieht sich auch auf die Etablierung neuer Anwendungen im eigenen Arbeitsfeld sowie auf die kreativen Aspekte im Umgang mit Web 2.0.
- ***Medienkritik*** schließlich steht für die reflexive Auseinandersetzung mit den Wirkungen des Mediums und den Folgen des Einsatzes von Web 2.0. Hier spielen insbesondere auch eine Sensibilisierung für Fragen des Datenschutzes und der Persönlichkeitsrechte eine wesentliche Rolle.

Die Identifikation einzelner Bereiche und Tätigkeitsfelder, die von Web 2.0 in spezifischer Weise tangiert sind, ist notwendig, um auf konkrete Anforderungen und Qualifikationsbedarfe von Fachkräften in den jeweiligen Bereichen schließen zu können. Auszugehen ist zunächst nicht nur von einer wachsenden Bedeutung medientechnischer Kompetenzen, sondern auch von der zunehmenden Relevanz erweiterter sozialer und kommunikativer Kompetenzen auf Seiten der Fachkräfte in den betroffenen Tätigkeitsfeldern.

Neue Formen der Kommunikation und auch der Kritik erfordern die Befähigung zum adäquaten Umgang mit oft unvermittelt direkten Rückmeldungen und einer professionellen Kommunikation mit Kunden, die als Individuen nur noch schwer greifbar sind, aber dennoch intensiv in den Austausch mit und über das Unternehmen und seine Produkte eintreten. Darüber hinaus ist anzunehmen, dass der

Umgang mit Web 2.0 bzw. dessen Nutzung für betriebliche Ziele an verschiedenen Arbeitsplätzen auch sehr konkrete technische Kompetenzen erforderlich machen wird. Informationsressourcen, die in Intra- oder Internet gepflegt werden, können über Wikis oder Blogs durch jeden Mitarbeiter ergänzt, aktualisiert oder verändert werden; Einzelleistungen werden dadurch weniger sichtbar und treten hinter das „Gesamtprodukt" verfügbarer Informationen zurück. Dies birgt einerseits erhebliche Potenziale wie z. B. eine schnellere Kommunikation von Wissen und Informationen innerhalb eines Unternehmens (vgl. Heller 2006, S. 351 ff.), andererseits können Anreize für den Einzelnen schwinden, sich an diesem Austausch zu beteiligen. Um Probleme durch Veröffentlichung ungeprüfter Informationen oder auch durch den Rückzug einzelner Mitarbeiter aus der unternehmensinternen Wissenskommunikation zu vermeiden, sind eine angemessene Qualifizierung der Mitarbeiter und arbeitsorganisatorische Maßnahmen erforderlich.

Die Verbreitung von Web 2.0 in Unternehmen ist von vielen Einflussfaktoren abhängig. Neben unternehmensstrategischen Überlegungen und der Marktentwicklung gehört auch die Offenheit der Mitarbeiter gegenüber neuen Internettechnologien zu den Faktoren, die in einzelnen Unternehmen für den gezielten Einsatz von Web 2.0 entscheidend sein dürften. Deutlich wird aus bisherigen Mediennutzungsstudien (vgl. Kap. 3), dass innerhalb der deutschen Bevölkerung und speziell innerhalb der Gruppe der Arbeitnehmer eine unterschiedliche Nutzung von Web 2.0 nicht in erster Linie aufgrund der technischen Zugangsmöglichkeiten zum Internet erfolgt, sondern vor allem durch die ungleiche Verteilung von Kompetenzen im Umgang mit dem Medium verursacht ist (vgl. BMBF 2007).

1.3 Ziele der Untersuchung

Die hier mit Web 2.0 assoziierten interaktiven Internetanwendungen werden in vielen Unternehmen bereits genutzt oder könnten in absehbarer Zeit für diese bedeutsam werden. Vor diesem Hintergrund stellt sich die Frage nach daraus resultierenden ***Qualifikationsanforderungen in der Arbeitswelt.*** Aussagen darüber machen zu können, welche Qualifikationen hierbei in Zukunft bedeutsam werden, lässt sich als das zentrale Ziel der in diesem Bericht dargestellten Untersuchung beschreiben. Dabei orientiert sich die Studie an mehreren, aufeinander aufbauenden Fragestellungen:

Welche Web 2.0-Anwendungen werden derzeit und in näherer Zukunft von und in Unternehmen überwiegend eingesetzt?

Die ganz erheblichen Unterschiede zwischen Branchen und Tätigkeitsfeldern, aber auch die enorme Heterogenität innerhalb der einzelnen Bereiche traten bereits in den ersten Untersuchungsschritten sehr deutlich zutage. Entsprechend ist der Frage nachzugehen, inwieweit sich diese Differenzen ein Stück weit nivellieren werden und die aktuell beobachtbaren Differenzen lediglich eine Konsequenz unterschiedlicher Entwicklungstempi in den Unternehmen sind oder inwieweit von einem weiteren Auseinanderdriften der Web 2.0-Affinität von Betrieben, Branchen und Tätigkeitsfeldern auszugehen ist. Daran anknüpfend muss aber auch gefragt werden, welche konkreten Anwendungen sich in den Unternehmen bereits heute finden und welche in Zukunft relevant sein werden.

Es liegt in der Natur unterschiedlicher Unternehmensstrukturen und Handlungsfelder, dass von ganz verschiedenen Nutzungsmustern unterschiedlicher Web 2.0-Anwendungen an verschiedenen Arbeitsplätzen auszugehen ist.

Welche Sektoren sind beim Einsatz von Web 2.0-Anwendungen besonders betroffen?

Nicht zuletzt um die Komplexität der Studie auf ein überschaubares Maß zu reduzieren, musste sich der Fokus der Untersuchungen auf wenige ausgewählte Sektoren konzentrieren. Ausgewählt wurden hierfür Bereiche, die in unterschiedlichem Maße von Web 2.0 betroffen sind oder für die dies in Zukunft zu erwarten ist: die IT- und Medienbranche sowie der Kfz-Bereich (vgl. näher Punkt 2.3).

Welche Qualifikationsanforderungen ergeben sich für Fachkräfte der mittleren Qualifikationsebene?

Der Einsatz und die zunehmende Verbreitung von Web 2.0 in Unternehmen – so die zentrale Hypothese – bleiben nicht ohne Konsequenzen für die Anforderungen an verschiedenen Arbeitsplätzen, die sich an die Mitarbeiter stellen. Welche Qualifikationsanforderungen sich konkret durch den Einsatz von Web 2.0-Technologien ergeben und inwieweit davon auch Fachkräfte der mittleren Qualifikationsebene betroffen sind, soll mithilfe der vorliegenden Untersuchung herausgearbeitet werden.

Für eine fundierte Früherkennung von Qualifikationsentwicklungen und eine Identifikation gegebenenfalls betroffener Bereiche der Arbeitswelt auf der mittleren Fachkräfteebene gilt es – neben einer Analyse des Status quo – insbesondere Entwicklungen in unmittelbarer Zukunft in den Blick zu nehmen. Technische

Weiterentwicklungen, ein erhöhter Verbreitungsgrad von Web 2.0 und die Erschließung neuer Einsatzgebiete bestimmen die zukünftigen betrieblichen Qualifikationsanforderungen, die sich in verschiedenen Tätigkeitsfeldern, Branchen und Qualifikationsebenen auf unterschiedliche Art abbilden können.

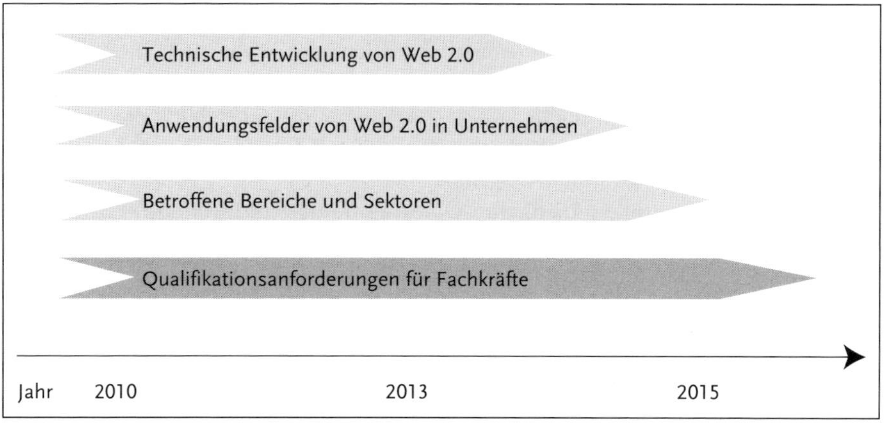

Abbildung 1: Untersuchungsgegenstände und Zeithorizont

Die Erfassung aktueller und in unmittelbarer Zukunft absehbarer Anforderungen an Fachkräfte sowie die Erarbeitung von Thesen über künftige Entwicklungen und zukünftige Qualifikationsanforderungen im Zusammenhang mit Web 2.0 erforderten verschiedene Zwischenschritte und damit auch die Formulierung von Zwischenzielen, die sich zunächst auf die Erfassung qualifikationsrelevanter Entwicklungen im Bereich der interaktiven Internetanwendungen sowie die Klärung der jeweiligen Einsatzformen in Unternehmen bezogen. Dabei galt es nicht nur, allgemeine Einsatzmöglichkeiten von Web 2.0 in Unternehmen zu eruieren, sondern auch Sektoren, Tätigkeitsfelder und konkrete Tätigkeiten zu identifizieren, die hiervon besonders betroffen sind. Neben der Erfassung des Status quo sollte weiterhin die Entwicklung Web 2.0-basierter bzw. Web 2.0-naher Anwendungen in unmittelbarer Zukunft in den Blick genommen und insbesondere für diese zukünftigen Technologien betriebliche Anwendungsfelder aufgezeigt, betroffene Bereiche und Tätigkeiten identifiziert und Qualifikationsanforderungen benannt werden. Zusammenfassend lassen sich also vier Untersuchungsgegenstände benennen und auf einer Zeitachse verorten (vgl. Abb. 1), wobei die ersten drei Aspekte (technische Entwicklungen, Anwendungsfelder, betroffene Bereiche) als Vorarbeiten zur Erfassung der im Mittelpunkt des Erkenntnisinteresses stehenden Qualifikationsanforderungen dienten.

Um den Herausforderungen des Forschungsprojektes gerecht zu werden, umfasst das Untersuchungskonzept vier Bausteine (vgl. näher Kapitel 2): Recherchen, Expertengespräche, Betriebsfallstudien und einen abschließenden Workshop. Die Recherchen zielten dabei auf eine eingehende Aufarbeitung aktueller Entwicklungen in verschiedenen Branchen und betrieblichen Handlungsfeldern ab, die Bezüge zum Einsatz von Web 2.0 aufweisen. Daran anschließende Interviews mit ausgewählten Experten aus der betrieblichen Praxis, der Wissenschaft und dem IT-Bereich ermöglichten zusammen mit den Recherchen eine Identifizierung von Tätigkeitsfeldern, Branchen und Qualifikationen, die von dem verstärkten Einsatz von Web 2.0-Anwendungen in besonderem Maße betroffen sind. Auf Basis dieser Ergebnisse, die u. a. auch Hypothesen zur Einsatzintensität und -praxis von Web 2.0 in den verschiedenen Bereichen liefern, wurden in einem dritten Schritt Betriebe für intensive, mehrtätige Betriebsfallstudien ausgewählt. Die Fallstudien lieferten in der Verknüpfung mit den ersten Bausteinen ein detailliertes Bild zu Arbeitsplatzanforderungen, voraussichtlichen Qualifikationsentwicklungen und wahrscheinlichen Brennpunkten Web 2.0-basierter Anwendungen. Die Ergebnisse dieser Bausteine wurden in einem Workshop mit Experten aus Wissenschaft und Praxis validiert und mit Blick auf die Gewinnung praxistauglicher Anhaltspunkte für den Umgang mit den erwarteten Entwicklungen ausgewertet.

1.4 Potenziale und Grenzen der Studie

Die in die Zukunft gerichtete Perspektive des Projektes, die hohe Entwicklungsdynamik im Bereich der Web 2.0-Anwendungen sowie die Komplexität der betrachteten Entwicklungen in einer relativ kurzen Projektlaufzeit stellen hohe Anforderungen an das Forschungsprojekt. Die zentralen Erfolgsfaktoren und Chancen des Projektes liegen – neben dem Einsatz eines erfahrenen Teams von Wissenschaftlern und einem methodischen Design, das sich auf verschiedene, aufeinander aufbauende Zugänge stützt (vgl. Kapitel 2) – in drei wesentlichen Punkten:

- Die Berücksichtigung ***unterschiedlicher Perspektiven*** auf den betrieblichen Einsatz von Web 2.0 gewährleistet einen umfassenden Blick auf relevante Aspekte und Facetten der Fragestellungen. Diese Multiperspektivität wird durch den Einbezug von betrieblichen Experten, Wissenschaftlern und Experten aus dem Bereich der IT-Technologien, aber auch betroffenen Fach- und Führungskräften in den verschiedenen Erhebungsschritten gewährleistet.
- Ein zunächst ***weit gesteckter Beobachtungsradius*** verhindert eine vorschnelle Engführung auf ausschließlich beruflich relevante Internetanwendungen. Auch heute primär in privaten Anwendungskontexten genutzte Web 2.0-App-

likationen (z. B. Twitter) können schon morgen für verschiedene berufliche Tätigkeiten relevant werden. Zusätzlich werden möglicherweise private Kommunikationsgewohnheiten und -kanäle durch die Fachkräfte selbst in den Arbeitsalltag eingebracht und daher für die Ziele des Projektes bedeutsam.

- Die ***Vernetzung mit anderen Experten und Forschenden*** im Rahmen des FreQueNz-Netzwerks, aber auch im Kontext von Experteninterviews, einem abschließenden Workshop (siehe Kapitel 2.4), Tagungen sowie informellen Gesprächen ist für die Erreichung der Projektziele ebenfalls bedeutsam – nur ein intensiver Austausch ermöglicht es, in kurzer Zeit einen umfassenden Überblick über ein komplexes Forschungsfeld zu gewinnen.

Gleichzeitig waren der vorliegenden Untersuchung auch Grenzen gesteckt, die nicht nur in der kurzen Laufzeit begründet liegen, sondern auch dem Untersuchungsgegenstand geschuldet sind.

- Die bereits angesprochene hohe ***Entwicklungsdynamik im Bereich Web 2.0*** und dessen Anwendungen in Unternehmen führt dazu, dass bereits innerhalb der Projektlaufzeit Zwischenergebnisse kontinuierlich an den aktuellen Entwicklungsstand angepasst werden mussten.
- Aussagen über zukünftige Qualifikationsanforderungen bedingen zum Teil die Vorwegnahme technischer und marktwirtschaftlicher Entwicklungen, die einer Vielzahl von Einflussfaktoren unterliegen, und haben daher immer in gewisser Weise ***hypothetischen Charakter.*** Dennoch ist die Entwicklung von zukunftsbezogenen Einschätzungen unumgänglich, da eine alleinige Extrapolation des Status quo zu falschen Schlussfolgerungen mit Blick auf zukünftige Qualifikationsanforderungen führen könnte.
- Die Vielzahl interaktiver Internetanwendungen und deren Einfluss in zahlreichen Bereichen des Wirtschafts- und Erwerbsarbeitssystems erfordern zwangsläufig eine ***Selektivität der Betrachtungen,*** die sich hier in der Fokussierung auf zwei ausgewählte Wirtschaftsbereiche niederschlägt.
- Der qualitative forschungsmethodische Zugang des Projektes ermöglicht zwar keine gesicherten quantitativen Differenzierungen nach Sektoren oder Branchen, führt aber zu ***empirisch begründeten Hypothesen*** über zukünftige Entwicklungsverläufe und damit verbundene Qualifikationsanforderungen.

1.5 Forschungsteam und Vernetzung

Erfahrungen in der Forschung zur Früherkennung von Qualifikationsentwicklungen und der empirischen Bildungsforschung, die Fähigkeit, schwer fassbare

Sachverhalte zu benennen und in konkrete Thesen und Qualifikationsanforderungen zu „übersetzen“, Erfahrungen mit Blick auf Change-Management-Prozesse in Unternehmen und ein guter Zugang zu Betrieben gehören zu den zentralen Anforderungen an das Forschungsteam. In der Zusammenstellung des Projekt-Konsortiums wurden diese Aspekte ebenso berücksichtigt wie die umfangreichen Kooperationen zwischen den beteiligten Partnern.

Das Projekt-Team bilden im Bereich der Bildungs- und Qualifikationsforschung erfahrene Forscher, die teils schon langjährig mit der Früherkennungsforschung befasst sowie schon vor Projektbeginn im FreQueNz-Netzwerk integriert waren. Der Projektverbund besteht aus vier Kooperationspartnern:

- ***Ludwig-Maximilians-Universität München (LMU):***
  PD Dr. Bernhard Schmidt-Hertha, Dr. Claudia Strobel
- ***Karlsruher Institut für Technologie (KIT):***
  Prof. Dr. Gerd Gidion, Cüneyt Sandal
- ***Helmut Kuwan – Sozialwissenschaftliche Forschung und Beratung München:***
  Helmut Kuwan, Angelika Graf-Cuiper
- ***Yves Waschbüsch, Forschung & Beratung für Change Management & Kommunikation München:***
  Yves Waschbüsch

Die Zusammenarbeit mit FreQueNz von Beginn des Projektes an war bereits in der Projektausschreibung vorgesehen und erwies sich als äußerst fruchtbar. Insbesondere der intensive Austausch mit anderen Früherkennungsprojekten im Themenfeld „Internet der Dinge“ war nicht zuletzt deshalb von zentraler Bedeutung, als sowohl methodische Herausforderungen teilweise ähnlich gelagert waren als auch inhaltlich Schnittstellen (z. B. im Bereich der Unternehmenslogistik) sichtbar wurden. Dieser Austausch fand zum einen im Rahmen des von FreQueNz unter der Federführung des Fraunhofer-Instituts für Arbeitswirtschaft und Organisation verantworteten Früherkennungs-Workshops und über den ebenfalls vom Fraunhofer IAO herausgegebenen Newsletter statt; zum anderen wurde der Austausch durch direkte Kontakte zwischen Teammitgliedern und den an anderen Früherkennungsprojekten beteiligten Wissenschaftlern vorangetrieben.

In den folgenden Kapiteln dieses Abschlussberichts werden zunächst die Methodik und Vorgehensweise der einzelnen Untersuchungsschritte erläutert (Kapitel 2) und aktuelle Trends und Entwicklungen in der Arbeitswelt im Kontext von Web 2.0 vorgestellt (Kapitel 3). Daran anknüpfend zeichnen wir anhand ausgewählter Praxisfelder betriebliche Anwendungsfelder von Web 2.0 nach, wie sie heute bereits in einigen Unternehmen zu finden sind und für die in Zukunft eine größere Verbreitung erwartet werden kann (Kapitel 4). Auf Basis dieser Anwendungskontexte und der skizzierten Entwicklungsperspektiven für die kommenden Jahre werden daraus ableitbare Qualifikationserfordernisse dargestellt, die für die betroffenen Fachkräfte auf mittlerer Qualifikationsebene relevant sind (Kapitel 5). Schließlich werden Brennpunkte identifiziert, also berufliche Handlungsfelder, die in besonderem Maße von Web 2.0 und neuen Qualifikationsanforderungen betroffen sind (Kapitel 6), bevor abschließend die Reichweite und die Grenzen der Befunde diskutiert werden (Kapitel 7).

2. Konzeption des Projektes

Claudia Strobel/Bernhard Schmidt-Hertha/Helmut Kuwan/
Yves Waschbüsch/Gerd Gidion

Das Gesamtkonzept der Untersuchung verband Sichtweisen unterschiedlicher Akteure in einem multiperspektivischen Ansatz. Es umfasste folgende aufeinander aufbauende Methoden:

1. *(Literatur-)Recherchen,*
2. *Expertengespräche,*
3. *Betriebsfallstudien sowie*
4. *einen abschließenden Workshop.*

Die o.g. Bausteine werden im Folgenden ausführlicher erläutert.

2.1 Recherchen

Die inhaltlichen Recherchen über Neuentwicklungen zu dem komplexen, innovativen Feld Web 2.0 wurden als eine Art „Hintergrundfolie" während der gesamten Projektlaufzeit durchgeführt.

Diese Recherchen zielten vor allem darauf ab, aktuelle Entwicklungen in verschiedenen Branchen und betrieblichen Handlungsfeldern aufzuarbeiten. Insbesondere dienten sie der Identifizierung und Validierung qualifikationsrelevanter Entwicklungen im Web 2.0-Bereich, der Suche nach ersten Anhaltspunkten für damit verbundene Qualifikationserfordernisse und der Identifizierung von Tätigkeitsfeldern und Branchen, die in besonderem Maße von Web 2.0 betroffen sind.

Dabei wurden insbesondere aktuelle Studien zum Thema Web 2.0 beleuchtet und nach relevanten Inhalten und Informationen zu Qualifikationsanforderungen in diesem Themenfeld durchsucht. Für die Recherche wurden u. a. auch fachspezifische Literaturdatenbanken herangezogen, die es erlauben, systematisch nach

Begriffen und Autoren zu suchen und die einen Zugriff auf gedruckte wie auch auf elektronische Literatur ermöglichen.[3]

Die Ergebnisse der Literaturrecherchen waren eine Grundlage für die weiteren Arbeitsschritte und flossen in die vorliegende Darstellung der Projektergebnisse ein. Hauptziel der Literatursichtung war die möglichst vollständige Erfassung des komplexen Themenbereichs Web 2.0 (vgl. auch Kap. 3) für die Erstellung des Leitfadens und die Durchführung der Interviews im nächsten Schritt.

2.2 Experteninterviews

Im zweiten Schritt wurden Expertengespräche als leitfadengestützte qualitative Interviews mit drei zentralen Personengruppen durchgeführt: mit betrieblichen Experten, mit Wissenschaftlern und mit „Querdenkern/Web-Freaks" aus dem IT-Bereich. Die Experteninterviews dienten einerseits der Ermittlung von Expertenwissen und andererseits der Erfassung und Analyse der jeweils subjektiven Perspektiven der Gesprächspartner (vgl. Hopf 2008, S. 589 ff.). Hauptziele der Expertengespräche in diesem Forschungsprojekt waren

1. die Klärung aktueller Einsatzformen von Web 2.0 in Unternehmen und die Erfassung betroffener Tätigkeiten,
2. die Erfassung aktueller und in unmittelbarer Zukunft absehbarer Anforderungen an Fachkräfte der mittleren Ebene, die Web 2.0-Anwendungen nutzen und
3. die Eruierung der in absehbarer Zukunft wahrscheinlichen Weiterentwicklung des Einsatzes von Web 2.0 in betrieblichen Kontexten.

Auswahl der Experten

Bei der Auswahl der Experten für die Interviews wurden mehrere Aspekte berücksichtigt. Die Experten sollten aus verschiedenen Bereichen und Fachrichtungen kommen, über besondere Expertise im Themenbereich Web 2.0 verfügen und aus interaktiven Internetanwendungen resultierende Qualifikationsanforderungen einschätzen können. Dazu wurden in einem ersten Schritt mögliche Institutionen ausgewählt, aus welchen Personen für ein Interview infrage kommen könnten. Dies waren im Bereich der Wissenschaft Universitäten und Forschungseinrich-

3 Zu den verwendeten Datenbanken zählen z. B. FIS Bildung, vgl. http://www.fachportal-paedagogik.de/fis_bildung/fis_form.html, oder auch ERIC, vgl. http://www.eric.ed.gov.

tungen und im Bereich der Arbeitspraxis in erster Linie betriebliche Experten, aber auch einzelne Vertreter der Tarifparteien mit besonderer fachlicher Perspektive. Für die Rekrutierung von IT-Querdenkern wurde eine Internetrecherche durchgeführt.

Neben diesen Recherchen wurde auch nach aktuellen Veranstaltungen zum Thema Web 2.0 (Tagungen, Konferenzen, usw.) gesucht, um durch die Sichtung der Programme mögliche Ansprechpartner für Interviews zu finden.

Alle über diese unterschiedlichen Zugangswege ermittelten Experten wurden per E-Mail über das Projekt informiert und als Interview-Gesprächspartner angefragt.[4] Anschließend wurden die potenziellen Interviewpartner telefonisch kontaktiert und es wurde – sofern die Bereitschaft zum Interview vorhanden war – ein Interviewtermin vereinbart. Insgesamt wurden Interviews mit 21 Experten in der Regel als Einzelgespräch geführt. In einigen Institutionen wurden mehrere Personen in einem Interview befragt. Ein Interview fand – aufgrund des engen Terminplans des Experten – telefonisch statt.

Teilgruppe	**Anzahl der Interviews**
Betriebliche Experten	6
Experten aus der Wissenschaft	9
IT-Experten	6
Gesamtsumme	21[5]

Tabelle 1: Gesprächspartner der Experteninterviews im Projekt

Gesprächsleitfaden

Hauptziele der Experteninterviews waren die Identifizierung von Tätigkeitsfeldern, Branchen und Qualifikationen, die von Web 2.0 besonders betroffen sind, sowie die Ermittlung von Einschätzungen zu den derzeitigen und zukünftig erwarteten Qualifikationsanforderungen für Fachkräfte. Die Literaturrecherche

4 Bei Institutionen, für die kein konkreter Ansprechpartner identifiziert werden konnte, wurde eine allgemeine Interviewanfrage an deren zentrale Kontaktadresse gerichtet und um eine Antwort von einer für das Thema zuständigen Person gebeten.

5 Ursprünglich waren Gespräche mit zwölf Experten vorgesehen. Die höhere Zahl ergab sich daraus, dass an einigen Gesprächen mehr als ein Experte aus einer Institution teilnahm sowie zusätzliche Interviews vereinbart und durchgeführt wurden.

und ihre Ergebnisse dienten bei der Entwicklung des Leitfadens als Hintergrundfolie, um Web 2.0-relevante Bereiche abzudecken. Der Leitfaden für diese Expertengespräche wurde in einem diskursiven Verfahren im Projektteam und entlang der im Projektantrag beschriebenen Praxisprobleme entwickelt und umfasste folgende Themen[6]:

0. Vorstellung des Forschungsprojektes und Hinweise zum Interview
1. Hinführung zum Thema
2. Kernfragen
   2.1 Anwendungsfelder interaktiver Internetanwendungen
   2.2 Aktuelle Qualifikationserfordernisse
   2.3 Rechtliche Aspekte/IT-Sicherheit/Datenschutz
   2.4 Chancen, Folgen und Probleme interaktiver Internetanwendungen
   2.5 Fragen zu betrieblichen Strategien
   2.6 Thesen zum Einsatz interaktiver Internetanwendungen
3. Spekulationsfragen
   3.1 Entwicklungen in (naher) Zukunft
   3.2 Zukünftige Qualifikationserfordernisse
   3.3 Thesen zum zukünftigen Einsatz interaktiver Internetanwendungen
4. Metaebene
5. Ergänzende Aspekte aus Sicht der Experten

Zu Beginn des Interviews wurde das Forschungsprojekt kurz vorgestellt und zum Thema Web 2.0 hingeführt. Weil Experten aus sehr unterschiedlichen Kontexten und mit individuellen Arbeits- und Web 2.0-Erfahrungen befragt wurden, galt unser erster Befragungsaspekt der Expertise des jeweiligen Gesprächspartners in diesem Bereich. Daran anschließend wurden unter dem Gliederungspunkt 2 ***Kernfragen zu aktuellen Entwicklungen der interaktiven Internetanwendungen*** und den damit verbundenen Qualifikationsanforderungen gestellt. Diese Kernfragen zielten darauf ab, zu erfahren, inwiefern die in der Literatur beschriebenen Entwicklungen im Bereich Web 2.0 (wie z. B. bei Back et al. 2009, S. 1 ff.; S. 9 ff.; Tapscott 2008, S. 149 ff.; Kerres 2006) aktuell von Bedeutung sind und damit in naher Zukunft zu Standard-Anwendungen avancieren könnten. Innerhalb dieses Gliederungspunktes wurde auch der Aspekt „Rechte/Sicherheit/Datenschutz" aufgenommen, wozu in der aktuellen Literatur bisher wenig konkrete Aussagen vorhanden sind (vgl. z. B. Kaderali 2005, S. 13 ff.; Faber 2005, S. 79 ff.). Es sollten dadurch – wie auch in anderen Teilen des Leitfadens – Qualifikationsanforderungen bei Fachkräften im direkten, aber auch im indirekten Anwendungsbereich aufgezeigt werden, die in der Literatur kaum benannt werden. Unter dem Glie-

6 Vor dem Einsatz des Leitfadens in den Expertengesprächen wurde er einem Pretest unterzogen.

derungspunkt der Kernfragen wurden den Gesprächspartnern auch einige vom Projektteam entwickelte Thesen vorgelegt, mit der Bitte, diese aus ihrer Expertensicht zu kommentieren. Diese Thesen waren zum Teil pointiert formuliert und hatten das Ziel, die Interviewpartner zu möglichst zukunftsrelevanten Aussagen zu bewegen. Der Gliederungspunkt 3 hatte sogenannte ***Spekulationsfragen*** zum Inhalt, die explizit auf die zukünftig erwarteten Entwicklungen und damit verbundenen Qualifikationserfordernisse abzielten. Diese Fragen gingen bewusst in die Zukunft und damit über den in der Literatur beschriebenen zeitlichen Ist-Stand hinaus. Auch hier wurden neben den Fragen auch wieder Thesen eingesetzt. Auf Basis der Exploration weiter in die Zukunft reichender Entwicklungen und genereller Trends wurden die Experten nach Schlussfolgerungen für Qualifikationsanforderungen gefragt. Schließlich wurden auf einer ***Metaebene*** noch einige Anregungen zum gegenwärtigen Forschungsprojekt erfragt und im Abschluss ***Raum für offene Fragen*** oder noch nicht angesprochene Aspekte gelassen.

Auswertung der Interviews

Die Interviews wurden, sofern die Experten zustimmten[7], auf Tonträger aufgenommen und verschriftlicht. Die Auswertung des Textmaterials orientierte sich an der Methode der qualitativen Inhaltsanalyse nach Mayring (vgl. Mayring 1999). Dabei wurden Kategorien herangezogen, die aus den Literatur- und Theoriearbeiten abgeleitet wurden und notwendig waren, um das Material zu verdichten und zu reduzieren (vgl. Flick 2007). Damit konnte eine systematische Analyse der Interviews realisiert werden, wobei die in der qualitativen Inhaltsanalyse bewährten Strategien der ***Zusammenfassung, Explikation*** und ***Strukturierung*** Anwendung fanden. Die Strategie der Zusammenfassung ermöglicht durch Paraphrasieren und Generalisieren, durch Auslassen, Selektieren und Bündeln von Textstellen eine Reduzierung des Materials (vgl. Mayring 1999). Die Strategie der Explikation erlaubt es, mehrdeutige und widersprüchliche Textstellen durch das Einbeziehen von Kontextmaterial (wie z. B. Projektberichte, Internetauftritte usw.) zu analysieren, zu erklären und zu explizieren (vgl. Flick 2007; Mayring 1999).

Die Ergebnisse der Experteninterviews wurden in der Konzeption und inhaltlichen Ausrichtung der anschließenden Betriebsfallstudien insbesondere in Form von inhaltlichen Thesen berücksichtigt. Diese Thesen wurden als Zwischenstände konzipiert und dienten als Input für die Fallstudien und die Konzeption des Workshops.

---

7 Dies war nur in einem Interview nicht der Fall.

Die zentralen Inhalte der Thesen flossen in die Ergebnisdarstellung dieses Berichtes ein.

Zentrale Ausgangsthesen im Überblick

These 1: Die Rolle des Internetnutzers vom ehemals überwiegend passiven Rezipienten verändert sich hin zum Akteur mit eigenen Beiträgen; daraus ergeben sich neue qualifikatorische Herausforderungen.

These 2: Eine entscheidende Qualifikationsanforderung bei vielen Web 2.0-Anwendungen besteht darin, vielfältige Informationen zu recherchieren, zu selektieren und zu bewerten.

These 3: Internetnutzer werden bei immer mehr Web 2.0-Anwendungen zu Mitgestaltern in Entwicklungs- oder Produktionsprozessen.

These 4: Die Differenzierung zwischen privaten und geschäftlichen Anliegen wird durch die Vielfalt interaktiver Möglichkeiten im Web 2.0 schwieriger.

These 5: Kunden bewerten zunehmend Produkte und Dienstleistungen im Internet. Immer mehr Unternehmen werten diese Kundenbewertungen systematisch aus.

These 6: Bei den meisten Anwendern bestehen mit Blick auf Kenntnisse über Aspekte wie Datenschutz, Vertraulichkeit von Daten, Konstruktion von persönlichen Profilen, Datensicherheit usw. erhebliche Defizite.

These 7: Eine weitgehend sichere Abschottung eines Unternehmens-Intranet vor Zugriffen von außen ist technisch prinzipiell möglich, erfordert allerdings erheblichen kontinuierlichen Aufwand durch IT-Experten.

These 8: Die Bedeutung von Softskills bei Web 2.0-Anwendungen wird oft unterschätzt. Softskills sind auch bei „technologiezentrierten" Dienstleistungen wichtig.

These 9: Web 2.0- Anwendungen sind im Allgemeinen relativ einfach und nutzerfreundlich. Insbesondere bei Jugendlichen und jungen Erwachsenen sind Probleme im Umgang mit der Technik kaum zu erwarten.

These 10: Bei der Kenntnis und Nutzung von Web 2.0-Anwendungen gibt es einen gravierenden „generation gap": Während die große Mehrheit der 19- bis 35-Jährigen die gängigen Web 2.0-Anwendungen kennt und nutzt, ist dies nur bei einer Minderheit der über 50-Jährigen der Fall.

These 11: Web 2.0- Anwendungen werden künftig eher noch einfacher zu bedienen sein. Die Komplexität findet sich auf den Browserprogrammen, nicht bei den Anwendungen.

These 12: E-Commerce wird sich stark ausweiten und immer mehr Sektoren tangieren.

These 13: Unternehmen nutzen Web 2.0-Anwendungen wie z. B. Wikis, Glossare, Videos, usw. zunehmend für ihr internes Wissensmanagement.

These 14: Auch die Nutzung unternehmensübergreifender Informationsportale für Fachkräfte gewinnt an Bedeutung.

These 15: Sharepoint-Anwendungen und Managementsysteme, die als Internetplattform für mehrere Nutzer konzipiert sind, werden stark zunehmen.

These 16: Interaktive Internetanwendungen können die Basis für neue Geschäftsideen mit erheblicher Marktdynamik bilden. Die enorme Dynamik erklärt sich vor allem aus dem systemimmanenten Schneeballsystem.

These 17: Handys werden in der näheren Zukunft vermutlich nicht den PC bzw. Notebooks ersetzen. Ihre entscheidende Restriktion ist die Größenbeschränkung und die damit verbundene mangelnde Nutzerfreundlichkeit bei manchen Funktionen.

These 18: Die semantische Texterkennung und ähnliche content-orientierte Anwendungen werden stark an Bedeutung gewinnen und mittelfristig den Suchmaschinenmarkt sehr stark verändern.

Quelle: Kuwan, H./Schmidt-Hertha, B./Strobel, C./Waschbüsch, Y./Gidion, G. (2009), S. 3 f.

2.3 Betriebsfallstudien

Im Anschluss an die Expertengespräche wurden intensive, mehrtägige Betriebsfallstudien durchgeführt. Diese hatten zum Ziel, ein detailliertes Bild zu Arbeitsplatzanforderungen, voraussichtlichen Qualifikationsentwicklungen und wahrscheinlichen Brennpunkten Web 2.0-basierter Anwendungen zu liefern. Die Betriebsfallstudien waren in dieser Untersuchung als ***umfangreiche Intensiv-Fallstudien*** angelegt, deren Hauptfunktion in ihren vielfältigen Einblicken und Erkenntnissen sowie in ihrer Differenziertheit lag und nicht in einer Quantifizierung von Ergebnissen. In den Fallstudien kamen leitfadengestützte Interviews und ergänzende Untersuchungen wie z. B. Arbeitsplatzbeobachtungen zum Einsatz. Zielführend im Sinne einer Mehrgestaltigkeit von Perspektiven und Erkenntnissen war ein Mix aus eher „traditionellen“ Betrieben und „IT-Pionierbetrieben“.

Die Fallstudien bestanden im Kern aus je zweitägigen intensiven Untersuchungen in den Betrieben und schlossen die Perspektiven mehrerer betrieblicher Akteure sowie eine umfassende Beobachtung konkreter Arbeitsaufgaben von Fachkräften auf der mittleren Qualifikationsebene mit ein. Es ging dabei zum einen um eine praxisbezogene Überprüfung der aus der Recherche und den Expertengesprächen gewonnenen Einsichten und Thesen durch ihre Spiegelung an der Realität innovativer Betriebe. Zum anderen wurde über diese Überprüfung hinaus exemplarisch untersucht, welche inhaltlichen und prozessualen Anforderungen und Qualifikationserfordernisse sich in der konkreten Arbeit mit Web 2.0 bzw. verwandten Anwendungen heute zeigen, welche sich bereits für die nähere Zukunft einer Weiterentwicklung der Anwendungsmöglichkeiten erschließen lassen und in welche beruflichen Bereiche und Tätigkeitsfelder sie voraussichtlich ausstrahlen werden.

Die Durchführung der Betriebsfallstudien umfasste in erster Linie die Rekrutierung geeigneter Betriebe, die Gewinnung der gewünschten Zielpersonen, die Organisation und Durchführung der Fallstudien inklusive Interviews mit den betrieblichen Experten, die projektinterne Dokumentation und Auswertung der Fallstudien sowie ein Thesenpapier zu den Quintessenzen dieses Untersuchungsbausteins. Das genaue Vorgehen wird im Folgenden eingehend dargestellt.

Auswahl der Betriebe

Bei der Rekrutierung und Auswahl geeigneter Betriebe für die Durchführung der Fallstudien wurden folgende Kriterien berücksichtigt:

1. Die Betriebe wurden aus Branchen und Wirtschaftsbereichen ausgewählt, die mit dem Thema Web 2.0 stark verbunden sind, bzw. davon betroffen sind. Die Betriebe sollten Fachkräfte beschäftigen, die über Web 2.0-Erfahrungen verfügen oder diese aktuell gewinnen.
2. Es wurden verschiedene Wirtschaftsbereiche bzw. Branchen für die Betriebsfallstudien herangezogen, um einerseits die Aussagen und Ergebnisse der Fallstudien in unterschiedliche Kontexte stellen und interpretieren und andererseits durch die Heterogenität der gewählten Branchen auch Unterschiede und branchenübergreifende Trends aufzeigen zu können. Um sicherzustellen, dass sich trotz des notwendigerweise exemplarischen Angangs und auch bei einer Anzahl von (lediglich) sechs avisierten Fallstudien zwischen den rekrutierten Fallstudienunternehmen noch gewisse Vergleichsmöglichkeiten ergeben – und um in diesem Sinne mehr inhaltliche „Tiefenschärfe" zu ermöglichen –, sollten sich die Fallstudien auf zwei bis maximal drei Sektoren bzw. Wirtschaftsbereiche beschränken. Wiederholt stellte sich im Rahmen der Expertengespräche die Frage, ob sich dienstleistungsgetriebene Branchen im Kontext von Web 2.0 von denen im Produktionssektor bzw. dem verarbeitenden Gewerbe unterscheiden. Eine Kontrastierung von Unternehmen aus diesen beiden unterschiedlichen Feldern stellte aus diesem Grunde ein weiteres Selektionskriterium dar.
3. Für den Bereich des Produktions- bzw. des verarbeitenden Gewerbes wiesen einige Experten in den Interviews und auch die in der Literatur zu findenden Praxisberichte auf die Kfz- und Zulieferindustrie hin, wo (neben der Bedeutung des Sektors in Deutschland, inkl. hoher Beschäftigtenzahlen auf mittlerer Qualifikationsebene) spannende Web 2.0-bezogene Entwicklungen beobachtet und erwartet werden. Den Einschätzungen der Experten zufolge ist diese Branche quasi prädestiniert für Web 2.0-Anwendungen beispielsweise aufgrund starker Nachfrageschwankungen, ansteigend notwendiger Flexibilität im Hinblick auf Technologien, auf Personalpolitik, Marktforschung und Marketing sowie wegen ihrer vielfältigen Schnittstellen in Fertigungs- und Dienstleistungsprozessen und der Logistik. Recherchen im Rahmen der Branchenauswahl bestätigten diese Einschätzungen; anders als z. B. in der chemischen Industrie

ließen sich ad hoc einige Beispiele von Unternehmen mit Web 2.0-Erfahrungen bzw. entsprechender Präsenz im Internet identifizieren. Die Kfz- und Zulieferindustrie wurde deshalb als einer der Sektoren für die Fallstudien definiert.
Wie in den Literaturrecherchen (vgl. Kap. 3.1) fanden sich auch in den Expertengesprächen immer wieder Hinweise darauf, dass der Sektor IT/Medien bei Entwicklungen im Kontext von Web 2.0 schon aufgrund seiner technologischen Getriebenheit bzw. Abhängigkeit, aber auch des hohen Interaktionsbedarfes wegen eine Vorreiterrolle habe. Aus diesem Grund sollte der „dienstleistungsbranchenorientierte" Teil der Fallstudien in diesem Bereich angesiedelt werden.[8]

4. Als weitere Auswahlkriterien für die Fallstudien-Unternehmen wurden unterschiedliche Betriebs- bzw. Unternehmensgrößen herangezogen: Neben großen Konzernen und Betrieben mit mittlerer Unternehmensgröße wurden auch kleinere Unternehmen einbezogen. Dabei sollte eine gewisse Mindestgröße nicht unterschritten werden (keine Kleinstunternehmen) sowie ein gewisser Komplexitätsgrad betrieblicher Strukturen (nachvollziehbare Prozessstrukturen) gegeben sein.

Unter Berücksichtigung dieser Kriterien konnten nach intensivem Vorlauf und mit erheblichem Aufwand neun (vertraglich vereinbart: sechs) Betriebe für die Durchführung der Fallstudien akquiriert werden.[9]

---

8 Der dritte ursprünglich avisierte, dann aber „gestrichene" Bereich, für den die Experten absehbar starke Entwicklungen mit Blick auf Web 2.0 voraussagten, ist die Finanzdienstleistungsbranche. Hier hat eine sehr intensive und aufwendige Akquise-Phase trotz des dort durchweg großen Interesses am Thema und grundsätzlicher Unterstützungsbereitschaft nicht zum Erfolg geführt. Zum einen fiel der Zeitraum unserer Fallstudienvorhaben mitten in die Finanzkrise: Alle kontaktierten Finanzdienstleistungsinstitute erklärten den Zeitpunkt für extrem problematisch angesichts heftiger interner und teils öffentlichkeitsrelevanter Herausforderungen. Zum anderen wurde unser methodischer Ansatz von Fallstudien mit Interviews mit unterschiedlichsten Akteuren – inkl. Arbeitsbeobachtung/-begleitung und Materialsichtung am Arbeitsplatz – aus Datenschutz- und Sicherheitserwägungen als zu prekär und deshalb nicht umsetzbar abgelehnt.

9 Der Prozess der Akquise von Unternehmen gestaltete sich zum Teil sehr aufwendig und langwierig, weshalb Unternehmen nicht iterativ für die Fallstudien gewonnen werden konnten, sondern parallel angesprochen wurden. Bis zu einer Zusage fanden in manchen Fällen – nach ausführlicher schriftlicher und fernmündlicher Information – Unternehmensbesuche statt, bei denen das Vorhaben in verschiedenen Runden nochmals ausführlich diskutiert wurde. Zum Teil mussten Einwilligungen von Betriebsratsseite vorbereitet und schließlich abgewartet werden; nicht zuletzt mussten die unterschiedlichen Funktionsträger/Interviewpartner in den Unternehmen informiert und überzeugt sowie ein für alle passender Termin gefunden werden.
Da Absagen selbst nach vorab eruierter grundsätzlicher Bereitschaft auch noch nach vielen Wochen, teils Monaten der Vorbereitung möglich waren (und in Einzelfällen z. B. aus Termingründen oder aufgrund eines Wechsels in der Geschäftsführung auch erfolgten), lag die Zahl der in die Akquisephase einbezogenen Unternehmen deutlich über der avisierten Zahl von netto sechs Fallstudien.
Die Überschreitung der vereinbarten sechs Fallstudien erklärt sich daraus. Es wäre nicht vertretbar gewesen, die oft mit erheblichem Aufwand erarbeitete Bereitschaft von Unternehmen zu den auch für sie sehr aufwendigen Fallstudien wegen des Erreichens der vereinbarten Nettofallzahl mit einer Absage unsererseits zu beantworten.

Ablauf der Fallstudien in der Praxis

Bei der Durchführung jeder Fallstudie musste vorab sehr viel Klärungs- und Diskussionsarbeit geleistet werden. Dies beinhaltete neben der Rekrutierung der Betriebe auch viele Vorgespräche mit Geschäftsführern, Informationen für Betriebsräte und Überzeugungsarbeit bei Schlüsselpersonen. Anschließend wurde in Zusammenarbeit mit den teilnehmenden Unternehmen ein Bereich für die Fallstudie ausgewählt, in dem mit Anwendungen des Web 2.0 gearbeitet wird.

Dies waren z. B. die Bereiche Kundenservices, Einkauf, Logistik, Human Resources, Marketing oder ein Bereich aus der Produktion. Für die Interviews im jeweils ausgewählten Bereich wurde ein Querschnitt der Beschäftigten nach inhaltlicher und hierarchischer Position anvisiert; nach Möglichkeit nahmen so u. a. eine Fachkraft, deren Vorgesetzter, ein Kollege in der Prozesskette, ein Mitarbeiter aus dem zuständigen HR-Support sowie ein Experte aus der IT an den Interviews teil (vgl. Abb. 2).

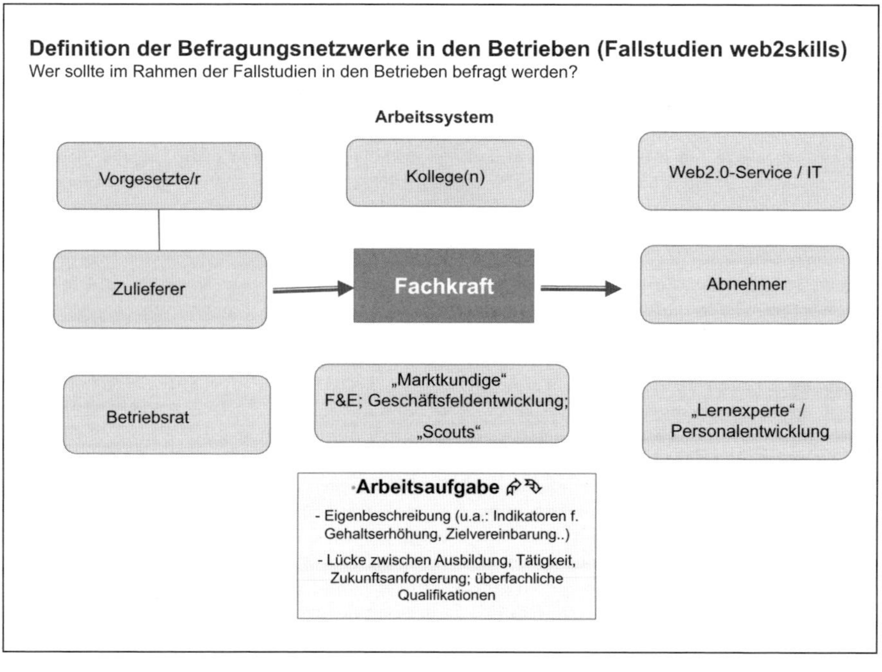

Abbildung 2: Betriebliche Gesprächspartner bei den Fallstudien

Die Fallstudien wurden mit dem Ziel durchgeführt, eine möglichst typische und anschauliche Darstellung der betrieblichen Realität bezüglich der Forschungsthematik anhand eines exemplarischen Ausschnitts zu erlangen. Dafür wurde eine Fachkraft in den Mittelpunkt der Untersuchung gestellt, die in diesem Zusammenhang relevante Tätigkeiten durchführt. Mit dieser Fachkraft wurde eine geeignete, aktuell vorhandene Arbeitsaufgabe besprochen, sodass diese Aufgabe für die Interviewer nachvollziehbar wurde. An dieser Aufgabe anknüpfend wurden die untersuchungsrelevanten Fragen durchgegangen, darunter tätigkeitsbezogene (etwa erfolgsrelevante Anteile der Arbeit, Merkmale für Einfachheit bzw. Komplexität, Veränderungen), arbeitsprozessbezogene (z. B. unter Bezug auf Qualitätshandbücher) und qualifikationsbezogene (Zusammenhang formale Ausbildung und tatsächliche Tätigkeit) sowie auf die Zukunftserwartungen bezogene Fragestellungen. Es wird davon ausgegangen, dass sich die Fachkraft innerhalb eines betrieblichen Kooperationsgefüges befindet. Dieses wurde zum einen durch Kollegen im gleichen „Arbeitssystem" (Abteilung, Team o. Ä.), etwa einem Fertigungsbereich oder einem Vertriebsbereich, gebildet, zum anderen durch Kollegen in der Geschäftsprozesskette, entweder vorgelagert (von denen also Arbeitsaufgaben an die Fachkraft weitergegeben werden, z. B. Zulieferer) oder nachgelagert (an die Arbeitsergebnisse der Fachkraft weitergegeben werden, d. h. Abnehmer). Im Weiteren wurden im Kooperationsgefüge vorhandene weitere Personen in die Fallstudie einbezogen, darunter direkte Vorgesetzte und Mitarbeitervertreter, Experten für IT-Anwendungen, mit denen die Fachkraft zu tun hat, sowie betriebliche Experten für das „Lernen". Um zudem die Thematik künftiger Entwicklungen ansprechen zu können, wurde, falls vorhanden, eine Person einbezogen, die sich in dieser Hinsicht für den Betrieb äußern konnte (z. B. strategische Geschäftsfeldentwicklung). Alle diese Gesprächspartner hatten einen Bezug zu der Tätigkeit der Fachkraft und konnten die auf diese Tätigkeit bezogenen Äußerungen kommentieren, anreichern, erweitern und infrage stellen. In der Summe ergibt sich ein zusammenhängendes, facettenreiches, aber auch punktuelles Bild der betrieblichen Realität hinsichtlich der Untersuchungsfragestellungen. Zu den Gesprächen und der Anschauung vor Ort wurden relevante Dokumente in die Untersuchung einbezogen, welche die thematisierte Arbeitsaufgabe, die Tätigkeiten und die untersuchungsspezifisch relevanten Aspekte betrafen.

Die Interviews, die die unmittelbare Arbeit der Befragten betrafen, dauerten bei der Fachkraft in der Regel eine Stunde, bei allen anderen Gesprächspartnern zwischen einer halben und einer Stunde und fanden entweder am unmittelbaren Arbeitsplatz des Befragten oder in einem Besprechungsraum des Unternehmens statt. Zur konkreten Durchführung dieser Interviews kamen zwei Mitarbeiter aus dem Projektteam (s. u.) in den Betrieb und führten die Gespräche mit den jeweils ausgewählten Personen. Parallel dazu konnten am Arbeitsplatz der ausgewählten Fachkraft – soweit diese einverstanden war – bei der Erledigung einzelner Aufgaben (Prozess-) Beobachtungen durchgeführt werden. Alle Interviews folgten einem Leitfaden; im Schwerpunkt ging es aber jeweils um die aktuellen Arbeitsaufgaben der Befragten, um ihren jeweiligen Bezug zu interaktiven Internetanwendungen sowie um ihre Einschätzungen von Thesen, die im bisherigen Verlauf des Projektes entwickelt wurden (vgl. Kapitel 2.2). Es ging bei den einzelnen Fallstudien im Kern darum, die vorhandenen oder erwarteten Auswirkungen auf die jeweils eigene Arbeit und die damit verbundenen Qualifikationserfordernisse zu erkunden. Die beiden Untersuchungstage zeichneten sich – angepasst an die jeweiligen konkreten Gegebenheiten – durch folgenden Ablauf aus:

Erster Tag der Fallstudie

1. Eröffnungsgespräch mit dem Hauptkontaktpartner, mit dem die Fallstudie vereinbart wurde
2. Interview mit einer der betrieblichen Fach- bzw. Führungskräfte, die die Marktentwicklung beobachtet
3. Interview mit einer Web 2.0-„betroffenen" qualifizierten Fachkraft (in erster Linie: mittlere Fachkräfteebene)
4. Rundgang im Arbeitsbereich der Fachkraft und gegebenenfalls an relevanten Orten
5. Interview mit einem Kollegen der interviewten Fachkraft im gleichen Bereich
6. Arbeitsprozessbeobachtung
7. Interview mit einer Fachkraft im vor- oder nachgelagerten Bereich
8. Tagesabschlussgespräch mit dem Hauptkontaktpartner

Zweiter Tag der Fallstudie

9. Interview mit einem betrieblichen Experten im Bereich IT/Informationsmanagement
10. Interview mit einem betrieblichen Experten im Bereich Personalentwicklung/-qualifizierung
11. Interview mit einem betrieblichen Experten im Bereich strategische Geschäftsfeldentwicklung
12. Gespräch mit einem Mitglied des Personalrats/Betriebsrats bzw. mit einem Mitarbeitervertreter
13. Dokumentensichtung und Dokumentation
14. Gesprächsrunde zur Gesamtbetrachtung der aktuellen Fallstudie
15. Abschlussgespräch mit dem Hauptkontaktpartner

Die Ergebnisse der Fallstudie wurden nach Abschluss der Erhebungen und der Aufbereitung der Inhalte dem Hauptkontaktpartner zur Durchsicht und Freigabe vorgelegt. Alle erkundeten Informationen wurden vertraulich behandelt; es wurden ausschließlich die mit Zustimmung des Unternehmens freigegebenen Inhalte des Berichts im Zusammenhang mit der Projektberichterstattung veröffentlicht. Auf Wunsch fanden sowohl vor der Fallstudie eine Vorbesprechung im Unternehmen als auch nach der Fallstudie eine Präsentation und Erörterung der Ergebnisse im Unternehmen statt.

Die Fallstudien ermöglichten in der Verknüpfung mit den vorherigen Bausteinen eine Identifikation von Bereichen und Tätigkeitsfeldern, die Brennpunkte voraussichtlicher Entwicklungen Web 2.0-basierter Anwendungen werden. Sie bildeten außerdem die Basis für eine exemplarische Identifikation künftiger Kompetenzfelder mit hoher Bedeutung für die mittlere Fachkräfteebene.

2.4 Workshop

Zielsetzung

In dem abschließenden 1,5-tägigen Workshop mit ***Experten aus Wissenschaft und Praxis*** ging es vor allem um die Einordnung und Bewertung zentraler Ergebnisse aus den Recherchen, den Experteninterviews und den Fallstudien und um daraus abgeleitete Thesen über künftige Entwicklungen und zukünftige Qualifikationsanforderungen. Hier sollten die Erfahrungen und Einschätzungen einer heterogen besetzten Runde mehrperspektivisch und interdisziplinär diskutiert werden; weiterhin sollten die in den vorangegangenen Erhebungsschritten gewonnenen Thesen und Ergebnisse vor diesem Hintergrund gemeinsam überprüft, ergänzt und kommunikativ validiert werden.

Auch ging es im Workshop darum, praxistaugliche Anhaltspunkte für den Umgang mit den erwarteten zukünftigen Entwicklungen und sich daraus ergebenden zukünftigen Qualifikationsanforderungen im Kontext interaktiver Internetanwendungen zu gewinnen: Welche Aspekte sind wichtig für eine zukunftsgerechte Unterstützung und Steuerung von Qualifikationen im Zusammenhang mit dem interaktiven Internet? Nicht zuletzt zielte die Veranstaltung auf eine erste Evaluation von Entwicklungsszenarien und auf die Identifikation möglicher „Trend-Bruchstellen" ab; Trend-Bruchstellen sind dabei zu verstehen als externe Faktoren, die erwarteten Entwicklungen im Kontext von Web 2.0 ff. eine neue Richtung geben können.

Auswahl der Teilnehmer

Im Sinne der gewünschten multiperspektivischen Problembetrachtung vor unterschiedlichen Erfahrungshorizonten empfahl sich eine möglichst heterogene Zusammensetzung der Workshopteilnehmer; diese sollten jedoch alle über Workshop- und Diskussionserfahrungen verfügen.

Ziel war es, dass die letztendliche Teilnehmerschaft in ihrer Gesamtheit die folgenden, teils komplementären Perspektiven zu repräsentieren vermochte:

- den Blickwinkel der Wissenschaftler bzw. Bildungsforscher,
- die Sichtweise der Entrepreneure bzw. der Spezialisten für Geschäftsmodelle der Zukunft,
- den Blick der IT-Spezialisten,
- die Wahrnehmung der Unternehmenspraktiker bzw. des Konzern-Knowhows,
- die Einschätzung der „Querdenker“ mit Erfahrungen in der Zukunftsbetrachtung aus gegebenenfalls anderen Bereichen.

Die eingeladenen Teilnehmer bildeten dabei jeweils nicht nur eine der gewünschten Perspektiven ab, sondern verfügten überwiegend über Erfahrungen und Know-how in mindestens zwei der genannten Kompetenzbereiche.

Zum inhaltlichen Workshop-Programm

Folgende Inhalte waren Bestandteile des Workshops:

1. Intro
   - Begrüßung /Organisatorisches
   - Who is who? Vorstellungsrunde
   - Kurz-Präsentation zum Projekt und Projekthintergründen
   - Einstimmung /Kick-off zum Thema Web 2.0
2. Ausgewählte Thesen/Ergebnisse aus bisherigen Untersuchungsbausteinen
   - Vorstellung aggregierter Thesen zu bisherigen Ergebnissen
   - Sammlung von Ergänzungen, Kommentierungen, Widersprüchen aus Teilnehmerperspektive
   - Diskussion und ausführliche Bewertung
   - Validierung, Priorisierung nach Zukunftsrelevanz in fünf Jahren
3. Beiträge/Erfahrungen der Gäste zum Thema Web 2.0-Qualifikationen aus ihrem Arbeitsbereich

4. Web 2.0 in der betrieblichen Praxis heute und morgen
   - Intro zu Web 2.0-Anwendungsfeldern auf Basis bisheriger Untersuchungsergebnisse
   - Arbeit in zwei Gruppen (Einteilung nach Web 2.0-Anwendungsfeldern)

   Leitfragen:
     - Welche (zusätzlichen) konkreten Anwendungsbereiche/Formen interaktiver Internetanwendungen sind heute relevant (Beispiele)?
     - Welche (gegebenenfalls impliziten) Qualifikationen sind dafür heute bereits bedeutsam und erforderlich?
     - Was davon betrifft heute bereits die Fachkräfteebene?
     - Wie sehen Entwicklungen in diesen Bereichen mit Blick auf morgen aus?
     - Welche (gegebenenfalls impliziten) Qualifikationsanforderungen stellen sich damit im Jahr 2015?
   - Plenum: Vorstellung der zentralen Ergebnisse aus beiden Arbeitsgruppen
   - Diskussion und Konsolidierung der Ergebnisse im Hinblick auf erforderliche Qualifikationen
   - Was sind die wichtigsten „Basisqualifikationen“ für 2015?
   - Was sind spezifische Qualifikationen für ausgewählte Berufsgruppen/Bereiche 2015?
   - Für welche Bereiche/Gruppen werden die Qualifikationsanforderungen besonders gelten? Einschätzungen und Begründungen
   - Trendbruchereignisse

Methode und Auswertung des Workshops

Der Workshop fand am 25./26. Februar 2010 in Nürnberg statt. Neben Inputs in Form von Präsentationen und einzelnen kreativtechnischen Methoden wurde im Wesentlichen „klassisch“ mit Metaplanmethode gearbeitet; diese kam sowohl in moderierten Arbeitsgruppen zu den vereinbarten Themen als auch in moderierten Plenumsdiskussionen zum Tragen.

Sowohl die Diskussionen im Plenum als auch die in den Arbeitsgruppen wurden mit Zustimmung der Befragten auf Band aufgezeichnet, überwiegend transkribiert und in internen Ergebnisprotokollen und -übersichten ausgewertet. Außerdem erfolgte eine Dokumentation der im Plenum und den Arbeitsgruppen erarbeiteten Inhalte in Fotos und Abschriften. Quintessenzen der Befunde haben als „Kondensat“ ausgewählter Ergebnisse unmittelbar Eingang in den vorliegenden Abschlussbericht gefunden.

2.5 Zusammenspiel der Methodenbausteine und Erstellen des Berichts

Das hier gewählte Vorgehen ermöglichte einem ***kaskadierenden Prinzip*** folgend den Einbezug von Zwischenergebnissen in den jeweils nächsten Arbeitsschritt. So waren die Recherchen einerseits eine kontinuierliche projektbegleitende Auswertung wissenschaftlicher Quellen, dienten aber andererseits insbesondere auch als Input für die Vorbereitung und Durchführung der Experteninterviews. Deren Ergebnisse wiederum flossen in die Konzeption der Betriebsfallstudien ein. Ergebnisse aller drei Methoden lieferten schließlich den Input für den Workshop.

Der vorliegende Abschlussbericht bezieht die ***Ergebnisse aller vier Methodenbausteine*** ein und enthält eine integrierte Darstellung der Ergebnisse.

3. Trends und Entwicklungen im Kontext von Web 2.0 in der Arbeitswelt – Zusammenschau aus Literatur und Praxis

Yves Waschbüsch/Claudia Strobel

Die im Folgenden vorgestellten aktuellen Trends und Entwicklungen sind die Bilanz einer synoptischen Auswertung der Ergebnisse aus den vier Untersuchungsbausteinen. Im Schwerpunkt stützen sich die Ergebnisse aus 3.1 und 3.3 auf Befunde aus der inhaltlichen Recherche, während Kapitel 3.2 die empirischen Ergebnisse der Experteninterviews, der Betriebsfallstudien und des Workshops in den Mittelpunkt stellt.

Die inhaltlichen Recherchen erfassten während der gesamten Projektlaufzeit den komplexen und innovativen, von schnellen Neuentwicklungen betroffenen Gegenstand Web 2.0 im Unternehmen und die damit zusammenhängenden Qualifikationserfordernisse. Dabei konnte festgestellt werden, dass nur eine geringe Zahl gedruckter Publikationen zum Thema Web 2.0 vorliegt (vgl. Weitere Literatur zum Themenfeld). Dies liegt zum einen daran, dass über dieses verhältnismäßig neue Phänomen erst in Veröffentlichungen der letzten Jahre berichtet wird, aber auch daran, dass über Web 2.0 und seinen Kontext viele Informationen online bzw. in Web 2.0-nahen Quellen zu finden sind (z. B. in Blogs). Des Weiteren ist bei der Literaturrecherche aufgefallen, dass ein großer Teil der Publikationen das Thema Web 2.0 in der Freizeit der Menschen anspricht (insbesondere der Kinder und Jugendlichen) oder sich mit dem Einsatz von Web 2.0-Elementen in Lernszenarien beschäftigt (vgl. z. B. Gapski/Gräßer 2009, S. 9 ff.; Gaidies 2009, S. 33 ff.; Lange 2009, S. 97 ff.; Schulmeister 2008; Trinder et al. 2008; Schmidt/Mayer 2005). Die Thematisierung von Web 2.0 in Unternehmen erfolgt in der Literatur häufig in Form von Fallstudien (vgl. z. B. Hilzensauer/Schaffert 2009,

S. 203 ff.; Mielke/Schulte/Neus 2009, S. 158 ff.; Dibbern 2009, S. 171 ff.; Cmehil 2008, S. 181 ff.; Böcking 2008, S. 193 ff.) und bezieht sich meist auf die Arbeit von wissensintensiven Berufen und Akademikern.

Die mit Web 2.0 verbundenen Qualifikationsanforderungen werden in der einschlägigen Literatur bislang in nur sehr geringem Umfang thematisiert.[10] Anscheinend stellen die mit Web 2.0 verbundenen Möglichkeiten in Unternehmen, Freizeit und Bildungskontexten noch wissenschaftliches Neuland dar und faszinieren durch die bloße Vielzahl möglicher Einsatzfelder und Nutzungsweisen. Die damit verbundenen beruflichen Anforderungen an die Nutzer von Web 2.0 werden bislang kaum explizit angesprochen und sind auch aus den in verschiedenen Veröffentlichungen beschriebenen Anwendungsfeldern und -kontexten nicht direkt abzuleiten.

Zusammenfassend lassen sich aus der wissenschaftlichen Fachliteratur zu Web 2.0 drei inhaltliche Schwerpunkte identifizieren.

1. Insbesondere mit Blick auf Kinder und Jugendliche liegt das Nutzungsverhalten im Privatbereich im Fokus wissenschaftlichen Erkenntnisinteresses. Zentral sind hier v. a. die Fragen nach den Nutzungsmöglichkeiten, Nutzungsarten, Nutzergruppen sowie der Verdrängung anderer Medien durch Web 2.0. In diesem Kontext werden auch mit Web 2.0 verbundene Risiken thematisiert, die insbesondere Aspekte des Persönlichkeits- und Datenschutzes betreffen.
2. Diese Risiken scheinen für didaktisch inszenierte Einsatzformen von Web 2.0 in Lehr-Lern-Arrangements keine wesentliche Rolle zu spielen. Zumindest stehen in diesem zweiten großen Schwerpunkt wissenschaftlicher Arbeiten zu Web 2.0 die Chancen interaktiver Internetanwendungen zur Gestaltung innovativer Lehr-Lern-Angebote im Vordergrund. Die Forschungsarbeiten hierzu sind überwiegend als Fortführung der wissenschaftlichen Auseinandersetzung mit E-Learning und Mobile-Learning zu verstehen.
3. Ähnlich wie in den Publikationen zum Einsatz von Web 2.0 in Lernszenarien dominiert auch in den Veröffentlichungen zu Web 2.0 in Unternehmen eine eindeutig optimistische bis überschwängliche Grundhaltung. Zumindest diejenigen Wissenschaftler und Autoren, die sich intensiv mit dem Einsatz von Web 2.0 in Unternehmen bzw. den Auswirkungen von Web 2.0 auf Unternehmen auseinandersetzen, betonen fast immer die enorme Relevanz dieser neuen Internetanwendungen für Unternehmen insgesamt. Sie sehen die Öffnung der Unternehmen für Web 2.0 bzw. die unternehmensseitige

10 Einzige Ausnahme hier ist eine Publikation des BMBF aus dem Jahr 2009, auf die später noch ausführlich eingegangen wird (siehe Kapitel 3.3).

professionelle Auseinandersetzung mit den Möglichkeiten, die interaktive Internetanwendungen bieten, als eine unbedingte Notwendigkeit und unausweichliche Konsequenz, um auf zunehmend globalisierten Märkten zu bestehen. Öffentlich geförderte Forschungsprojekte verfolgen dabei fast ausschließlich eine induktive Forschungsstrategie, d. h. sie stützen sich auf Fallstudien und schließen daraus auf eine allgemeine Relevanz von Web 2.0 für Unternehmen. Quantifizierende Analysen liegen bislang nur von kommerziellen Marktforschungsunternehmen und Beratungsagenturen vor, wobei die inhaltliche Tiefe dieser Studien jedoch sehr begrenzt ist und sie v. a. eine – oft methodisch wenig transparente – Momentaufnahme des Status quo darstellen. Differenziertere Betrachtungen, beispielsweise verschiedener Branchen, Sektoren oder Unternehmensbereiche, sowie Risikoanalysen liegen dagegen kaum vor. Lediglich die vielfältigen und zahlreich publizierten Fallstudien aus Unternehmen bzw. Unternehmensbereichen lassen vorsichtige Rückschlüsse auf besonders betroffene Bereiche und Branchen zu.

In keinem der drei genannten Forschungsschwerpunkte spielen mit Web 2.0 verbundene Qualifikationsanforderungen bislang eine wesentliche Rolle, im Kontext von Web 2.0 am Arbeitsplatz wird diese Frage bislang überhaupt nicht thematisiert, auch wenn verschiedentlich deutlich wird, dass der strategische Einsatz von Web 2.0 in Unternehmen auch gewisser struktureller Voraussetzungen bedarf, wie z. B. einer offenen Kommunikationskultur (vgl. z. B. Buhse 2008).

Einzelne Organisationen oder Personen, die eine dominante Position in der wissenschaftlichen Debatte einnehmen würden, lassen sich in keinem der drei genannten Bereiche identifizieren. Es zeichnet sich allerdings in diesem Forschungsfeld ein hohes Maß an Interdisziplinarität ab. Das Thema Web 2.0 mit den genannten Schwerpunkten wird sowohl von Medien- und Kommunikationswissenschaftlern als auch von Wirtschafts- und Sozialwissenschaftlern aufgegriffen. Insbesondere mit Blick auf den Einsatz von Web 2.0 in Bildungskontexten beteiligen sich auch Erziehungswissenschaftler und Psychologen an den einschlägigen Forschungsaktivitäten.

Mit der Frage nach Qualifikationserfordernissen hinsichtlich des professionellen Einsatzes von Web 2.0 in Betrieben betritt die Studie insgesamt wissenschaftliches Neuland. Weder für akademische Berufe noch für Fachkräfte der mittleren Ebene liegen hierzu Forschungsbefunde vor, auch nicht für einzelne Branchen oder Arbeitsbereiche. Umso bedeutsamer und herausfordernder ist die wissenschaftliche Untersuchung aktueller und insbesondere zukünftiger Qualifikationsanforderungen für Fachkräfte im Kontext von Web 2.0.

3.1 Entwicklungen der letzten Jahre

„Die ‚2.0-Bewegung' hält Einzug in die Unternehmenswelt und den Arbeitsalltag" (Back/Heidecke 2009, S. 1).

Diese Formulierung bringt auf den Punkt, worüber sich zahlreiche Experten aus der Medien- und Wirtschaftsforschung einig zu sein scheinen: Zahlreiche Untersuchungen und Studien zeigen die große Bedeutung, die Web 2.0-Anwendungen in und für Unternehmen haben bzw. haben können (z. B. Zerfass u. a. 2009; TNS Infratest 2009; BMWi 2008).

Unternehmen nutzen Web 2.0 als Marketing- und Marktforschungsinstrument, im Vertrieb, in der PR-Arbeit, in der internen und teilweise auch in der externen Kommunikation und vor allem in der Analyse des Konsumentenverhaltens, um Produkte und Dienstleistungen entsprechend anzupassen (vgl. Rüddigkeit 2006; BMBF 2007, S. 1 ff.). Denn „Wikis, Weblogs, Social Networks & Co. bergen erhebliche Potenziale für einen effizienten und flexiblen Umgang mit Wissen und für die Zusammenarbeit in und zwischen Unternehmen" (Dufft 2008, S. 172).

In einer repräsentativen Umfrage im Auftrag von CoreMedia zur Nutzung und Einschätzung von Web 2.0 in Unternehmen des wissensintensiven verarbeitenden, produzierenden und dienstleistenden Gewerbes[11] stimmten 60 % der 156 befragten leitenden Angestellten dieser deutschen Unternehmen der Aussage zu, dass Web 2.0 künftig zum Unternehmensalltag gehören wird (vgl. Dufft 2008, S. 171 ff.).

Eine Umfrage des Bundesministeriums für Ernährung, Landwirtschaft und Verbraucherschutz zur Internetnutzung von Unternehmen zur Vorauswahl bei Personalentscheidungen stellt heraus, dass etwa ein Drittel der befragten Unternehmen bereits heute soziale Netzwerke und über ein Viertel das Internet als Informationsquelle bei Neueinstellungen nutzen (vgl. BMELV 2009).

Auch McKinsey Quarterly (2009) stellt eine zunehmende Bedeutung und Nutzung von Web 2.0-Technologien in Unternehmen fest. In dieser Studie wurden mittels Online-Fragebogen 1695 Geschäftsführer aus verschiedenen Industriezweigen und Regionen weltweit befragt, wobei die veröffentlichten Dokumentationen keine Rückschlüsse auf die genaue Zusammensetzung der Stichprobe, die Gesamt-

11 Befragt wurden Unternehmen mit mehr als 100 Mitarbeitern z. B. aus den Bereichen chemische Industrie, Maschinen- und Fahrzeugbau, Fernseh- und Nachrichtentechnik, Finanzdienstleistungen, Forschung & Entwicklung, Gesundheitswesen, Kultur, Sport und Unterhaltung.

population sowie die Repräsentativität der Studie zulassen. Die Ergebnisse verweisen darauf, dass die Nutzung von Blogs und Wikis innerhalb von zwei Jahren stark zugenommen hat (Blogs: 2007: 17 % → 2009: 46 %; Wikis: 2007: 10 % → 2009: 32 %). Fachbereiche, die nach dieser Studie Web 2.0 besonders stark nutzen, waren IT und Marketing. Über 60 % bzw. über 70 % der befragten Unternehmen gaben an, in diesen Bereichen Web 2.0 zu nutzen (vgl. McKinsey Quarterly 2009). Etwas mehr als die Hälfte der befragten Unternehmen geht davon aus, dass sie in den nächsten drei Jahren verstärkt in Web 2.0-Technologien investieren werden (vgl. McKinsey Quarterly 2009).

Diese Zahlen sprechen einerseits für die sehr große Bedeutung, die interaktive Internetanwendungen bereits heute haben. Ebenso unstrittig bleibt dabei aber auch, dass die Verbreitung von Web 2.0-Anwendungen in verschiedenen Sektoren, Bereichen und Unternehmen sich mit unterschiedlicher Dynamik vollzieht, wenngleich nicht mehr nur besonders innovative Pioniere sich mit diesen Anwendungen und den Möglichkeiten befassen, diese in das eigene Unternehmen zu transferieren und zu nutzen. Während sich für einzelne Branchen wie z. B. die Medienbranche durch Web 2.0 neue Geschäftsfelder erschließen, spielen Web 2.0-Applikationen in anderen Wirtschaftssegmenten (z. B. Einzelhandel) nur in einzelnen Tätigkeitsfeldern eine wesentliche Rolle.

Eines der wichtigsten Felder für Web 2.0 in Unternehmen ist der Bereich des Marketings, der vielfach als Treiber für die Einführung von Web 2.0-Anwendungen gesehen wird (vgl. Buhse 2008). Bereits 56 % aller Marketingverantwortlichen „sind davon überzeugt, dass Web 2.0-Anwendungen in einigen Jahren zum Unternehmensalltag gehören werden" (ebd., S. 153).

In der oben erwähnten Studie von McKinsey Quarterly (2009) wurde herausgestellt, dass jeweils etwa ein Drittel der Unternehmen für die Produktentwicklung häufig Wikis, Blogs und Social Networking nutzen. Auch für das Wissensmanagement und die Verbesserung der Unternehmenskultur wurden Wikis unter den Web 2.0-Anwendungen am häufigsten genannt und werden von knapp der Hälfte der befragten Unternehmen eingesetzt.

Andere Unternehmen dagegen setzen Web 2.0 nicht gezielt ein, sind aber durch die Kommentierung von Produkten und ein – jenseits des klassischen Brandings – im Netz entstehendes Unternehmensimage unmittelbar von Web 2.0 betroffen, was für das Gesamtunternehmen dann ebenso gilt wie für einzelne Abteilungen und Mitarbeiter. Um Kunden zu erreichen, kommen nach der Studie von McKinsey Quarterly (2009) Social Networking und Blogs am häufigsten zum Einsatz.

Die hier angeführten empirischen Befunde sprechen dafür, dass von Web 2.0 wissensintensive Berufe und insbesondere der Dienstleistungssektor besonders betroffen sind (vgl. BMBF 2007). Naheliegender Vorreiter im Einsatz von Web 2.0 ist die IT-Branche; so werden z. B. zur Dokumentation im Rahmen der Softwareentwicklung Wikis eingesetzt (vgl. Heidecke/Back 2008). Ein weiterer wichtiger Bereich ist die Medienbranche, wo Wikis und Weblogs (sogenannte Blikis) genutzt werden, die eine vereinfachte Inhaltserstellung und eine zielgerichtete Informationsdistribution ermöglichen sowie die Produktion und Veröffentlichung von Nachrichten erlauben (vgl. Katzenbach 2008). Auch Bibliotheken profitieren von den interaktiven Internettechnologien auf ihrem Weg hin zur Virtualisierung. Dabei werden Blogs, Podcasts, Web-Feeds und Wikis eingesetzt, um das Angebot zu erweitern, neue Zielgruppen (z. B. Personen mit Behinderung) und Räume (z. B. dünn besiedelte Regionen) zu erschließen (vgl. Kaiser 2008, S. 9 ff.). Darüber hinaus unterstützen Web 2.0-Anwendungen – wie z. B. Wikis – Bibliotheken in ihrer Zusammenarbeit und Vernetzung untereinander und mit anderen Einrichtungen (vgl. ebd.). Im konkreten Arbeitsalltag scheinen allerdings primär spezialisierte und akademisch gebildete Bibliotheksmitarbeiter mit diesen Web 2.0-Applikationen befasst zu sein.

Ein weiterer Einsatzbereich von Web 2.0 ist das Personalmanagement (vgl. Langdecker 2008, Jäger/Porr 2008). Das Internet hat die Personalarbeit verändert, vorhandene Möglichkeiten erheblich erweitert und für Personalverantwortliche teilweise völlig neue Möglichkeiten geschaffen (z. B. Jobbörsen, Jobportale, E-Learning, oder im Wissensmanagement). Anwendungen im Kontext von Web 2.0 bieten den Unternehmen neue Möglichkeiten, passgenauere Kandidaten für das Unternehmen zu finden, in direkten Kontakt mit diesen zu treten, die Effektivität in der Auswahl zu erhöhen, die Mitarbeiter und Multiplikatoren als authentische Botschafter zu binden sowie ehemalige Mitarbeiter, Multiplikatoren und potenzielle Wiedereinsteiger zu fördern (vgl. Jäger/Porr 2008, S. 13 ff.).

Auch innerhalb von Unternehmen spielt Web 2.0 eine große Rolle bei Informationsaustausch und Wissensmanagement. Berufsbezogene Online-Communities ermöglichen, dass Menschen aufgrund gemeinsamer Interessen und Problemstellungen miteinander kommunizieren und ihr Wissen und ihre Erfahrungen austauschen und so voneinander und miteinander lernen (vgl. Zinke 2006). Dabei bestehen wesentliche Vorteile darin, dass durch asynchrone Kommunikationstools eine zeitlich versetzte Kommunikation möglich wird, die Teilnahme freiwillig ist und ein Lernen nach Bedarf stattfindet (vgl. ebd., S. 179 ff.).

Ein erheblicher Teil der Untersuchungen und Publikationen in diesem Feld konzentriert sich auf die Potenziale von Web 2.0 in Unternehmen bzw. die Risiken, die sich für die Unternehmen aus einer Nicht-Nutzung dieser Internettechnologien ergeben (vgl. z. B. Back 2008). Beinahe alle Unternehmen sollten und müssten sich mit dem Innovationspotenzial dieser Anwendungen auseinandersetzen, um nicht hinter den Entwicklungen zurückzubleiben (vgl. Back/Heidecke 2009, S. 1 ff.), so der Tenor der einschlägigen Publikationen. Dabei dürfen allerdings die im Hinblick auf die Etablierung von Web 2.0-Anwendungen in Unternehmen relevanten Barrieren nicht übersehen werden. Hindernisse und Gründe, die gegen Web 2.0 sprechen, sind v. a. im unklaren Nutzen, den nicht abschätzbaren Sicherheitsrisiken, der fehlenden Kontrolle über die Inhalte und der fehlenden Offenheit der Mitarbeiter zu finden (vgl. Dufft 2008, S. 178). So sind hierarchische Strukturen, Datenschutzprobleme, Ängste angesichts der „Unkontrollierbarkeit" des Web nur einige Beispiele für Faktoren, die mit dafür verantwortlich sind, dass einige Unternehmen sich den mit Web 2.0 verbundenen Möglichkeiten (noch) verschließen (vgl. auch Back u. a. 2009).

Das interaktive Internet hat zu einem rasanten Tempo von Veränderungen und Innovationen in vielen Bereichen des beruflichen und privaten Lebens geführt. Durch die Energien und Potenziale der globalen Vernetzung beschleunigen sich diese Entwicklungen noch zusätzlich. Fast alle im Rahmen dieses Forschungsprojektes mitwirkenden Experten rechnen mehr denn je auch in der Zukunft mit massiven Änderungen in der Wirtschafts- und Arbeitswelt. Mehr denn je gilt ihnen zufolge aber auch, dass derjenige in der Gesellschaft erfolgreich agiert, der eine hohe Veränderungsbereitschaft zeigt und in der Lage ist, sich auf kontinuierlichen Wandel und die Veränderungen einzustellen. Genau dies vertiefe aber gleichzeitig die Kluft zwischen denen, die zu den Gewinnern, und denen, die zu den Verlierern in globalisierten Gesellschaften und Wirtschaftskreisläufen gehören.

Die vielfältigen Einsatzmöglichkeiten und -formen von Web 2.0-Applikationen in Unternehmen bleiben nicht ohne Auswirkungen auf das Aufgaben- und Anforderungsprofil von Mitarbeitern (vgl. auch Kap. 3.3 und Kap. 5), deren Arbeitsplätze von diesen Technologien tangiert werden. In der aktuellen wissenschaftlichen Diskussion wird Web 2.0 bereits jetzt eine branchenübergreifende und außerordentlich hohe Relevanz attestiert, die, so die Annahme, weiter an Bedeutung zunehmen wird. Gegenüber der sich in verschiedenen Studien widerspiegelnden Euphorie hinsichtlich der Reichweite und Bedeutung von Web 2.0 für Unternehmen erscheint jedoch auch eine gewisse Skepsis angebracht, zumal sich bemerkenswerte Parallelen zu anderen technikgetriebenen Innovationen zeigen (z. B. E-Learning), deren langfristige Bedeutung erst nach einem anfänglichen Hype und einer damit einhergehenden Überschätzung der Leistungsfähigkeit sowie einer darauffolgenden Ernüchterungs- und Konsolidierungsphase sichtbar wurde (vgl. Hasebrook 2003).

Nichtsdestotrotz sprechen die genannten Studien und die Meinung der Experten für eine bereits heute starke Betroffenheit verschiedener Unternehmen und Handlungsfelder von Web 2.0 und machen die damit einhergehenden Veränderungen u. a. in den Bereichen Marketing, Wissensmanagement, Forschung und Entwicklung oder Unternehmenskommunikation deutlich. Gleichzeitig ist davon auszugehen, dass sich auch mittelfristig unterschiedliche Entwicklungsverläufe hinsichtlich der Etablierung interaktiver Internetanwendungen in Unternehmen zeigen werden.

Die zahlreichen Beispiele für den Einsatz von Web 2.0 in Unternehmen – wie sie aus verschiedenen Publikationen vorliegen – bieten einen ersten Anhaltspunkt für besonders betroffene Sektoren. Der gesichteten Literatur konnten insgesamt 70 Anwendungsbeispiele aus namentlich genannten Unternehmen entnommen werden, die in einer groben Zuordnung (oft handelt es sich um Großkonzerne, deren Produkt- und Dienstleistungspalette mehrere Branchen umfasst) auf Schwerpunkte in folgenden Bereichen verweisen:

- IT und Medien (27 Beispiele)
- Elektronik und Elektrotechnik (7 Beispiele)
- Kraftfahrzeughersteller und -zulieferer (6 Beispiele)
- E-Commerce-Anbieter (6 Beispiele)
- Traditioneller Einzelhandel (6 Beispiele)
- Lebensmittel-Großhandel (4 Beispiele)
- Finanzdienstleister (3 Beispiele)
- Gesundheitswesen (3 Beispiele)

Die Beispiele aus dem Bereich Elektronik und Elektrotechnik waren primär aus US-amerikanischen Großkonzernen entlehnt, und auch die erwähnten E-Commerce Firmen (z. B. eBay) hatten ihren Sitz überwiegend in den USA. Ebenso bezogen sich die Beispiele aus dem traditionellen Einzelhandel überwiegend auf US-amerikanische Firmen, was auch als Hinweis darauf interpretiert werden kann, dass US-amerikanische Unternehmen Web 2.0-Technologien schon wesentlich häufiger für Marketing- und Kommunikationszwecke einsetzen. Für Deutschland kann in den genannten Branchen noch nicht von einer starken Verbreitung von Web 2.0 ausgegangen werden, zumindest liefern die Beispiele aus der Literatur keinen Anhaltspunkt hierfür. Dagegen verwiesen die meisten Beispiele aus der Kfz-Branche (inkl. Zulieferer) auf deutsche Firmen, weshalb dieser Sektor –

ebenso wie der dominante IT- und Medien-Bereich – aus der Literatur heraus als besonders von Web 2.0 betroffen anzunehmen war.

3.2 Trends in der Unternehmenspraxis

Werden im Folgenden Darstellungen, Erkenntnisse und Ausführungen von Experten angeführt, so verstehen sich diese nicht als quantifizierbare Extrapolationen gegenwärtiger Beobachtungen oder als exakte Prognosen; vielmehr geht es dabei um qualitative Einschätzungen der in den verschiedenen empirischen Untersuchungsbausteinen mitwirkenden Experten aus heterogenen Fachgebieten. Berücksichtigt wurden ausschließlich diejenigen „Zukunftsthemen", die sich, wenn auch zuweilen kontrovers diskutiert, sozusagen wie ein roter Faden durch alle Projektbausteine zogen.

Aufgrund des hohen Tempos erwarteter Veränderungen haben wir für dieses Forschungsprojekt als Betrachtungshorizont das Jahr 2015 (und keinen späteren Zeitpunkt) ausgewählt. Zwar sind angesichts der hohen Dynamik und Interkorrelationen von Entwicklungen auch für diesen Betrachtungshorizont Entwicklungen grundsätzlich schwer abschätzbar, aber für die kommenden fünf Jahre scheinen Annäherungen möglich: Für viele Aspekte der Web 2.0-Diskussion sind heute bereits prototypische Phänomene und Entwicklungen in der Arbeitswelt beschreibbar.

Nachdem die Dynamik der nachfolgend geschilderten Entwicklungen von vielen Einflussgrößen abhängig ist, können zwar Richtungen von Entwicklungen beschrieben werden, *quantifizierende Aussagen* sind aber auf Basis dieser Untersuchungsanlage nicht möglich.

Die meisten der im Rahmen der Untersuchung behandelten Trends betreffen die gesamte („qualifizierte") Arbeitswelt. Eine sinnvolle und tragfähige ***Differenzierung zwischen mittlerer*** Fachkräfteebene und anderen qualifizierten Ebenen (z. B. Akademikern) erscheint nur sehr bedingt möglich; viele Anwendungen, die heute zunächst im akademischen Umfeld eine Rolle spielen, können schon morgen in die mittlere Fachkräfteebene „diffundieren". Soweit relevante Unterschiede nach Qualifizierungsebenen, Wirtschaftsbereichen oder auch Tätigkeitsfeldern zu erkennen sind, werden sie thematisiert. Alle beschriebenen Trends sind mit sehr großer Wahrscheinlichkeit bis 2015 auch für eine Mehrzahl der Beschäftigten auf mittlerer Fachkräfteebene relevant.

Für die Betrachtung zukünftiger Entwicklungen ist eine weitere Differenzierungsfrage bedeutsam: Wie unterscheidet man *trennscharf* und sinnhaft zwischen *generellen Trends* im Kontext des weltweiten Internets und spezifischen Trends, die das *interaktive Internet,* also ***Web 2.0 ff.*** betreffen? Hier bieten sich nur pragmatische Lösungen an. Wir haben uns entschieden, auch diejenigen Entwicklungen mit zu berücksichtigen, die nicht zwingend nur dem Kontext des ***interaktiven*** Internets im offenen „Worldwide Web" zuzurechnen sind, aber wesentlichen Einfluss auf Aspekte interaktiven Agierens im Netz und vernetzter Teilhabe implizieren.

1. Ein von sehr vielen Experten in den Interviews, Fallstudien und im Workshop genannter Trend betrifft das „Cloud Computing", dem für die kommenden Jahre immer größere Bedeutung zugemessen wird. „Cloud Computing erlaubt die Bereitstellung und Nutzung von IT-Infrastruktur, von Plattformen und von Anwendungen aller Art als im Web elektronisch verfügbare Dienste" (Baun et al. 2010a, S. 1). Programme und Daten liegen dabei in der „Cloud", also in virtualisierten Rechenzentren außerhalb des eigenen Unternehmens. Die Nutzung der gewünschten IT-Infrastruktur erfolgt unmittelbar über das Netz. Stetig weiter verbesserte Technologie wird dieser Entwicklung weitere Dynamik verleihen. Die Erwartung der Experten ist, dass sich so die Kosten für die Unterhaltung, Wartung und den Schutz eigener Server und Programme in Unternehmen deutlich senken lassen; gleichzeitig entfallen aufwendige Anpassungen der IT-Infrastruktur bei Umstrukturierungen in Unternehmen.
   Neben den hier angesprochenen Chancen bestehen auch einige Risiken, die sich einerseits daraus ergeben, dass der Nutzer aus der Vielzahl der Angebote den passenden Dienst auswählen muss, und die andererseits in den Bedenken zu Sicherheit und Vertraulichkeit von Daten bestehen (vgl. Baun et al. 2010b, S. 95–98). Sicherheitsfragen werden von den Experten kontrovers wahrgenommen: Manche Experten sehen die Auslagerung von Programmen und Daten in die ***„digitale Wolke"*** unter Missbrauchsaspekten eher unkritisch: Ihrer Auffassung zufolge birgt gerade der heute oft unprofessionelle Umgang mit lokalen Programmen und Daten durch Unternehmen und ihre Mitarbeiter die weit größere Gefahr für Sicherheitslücken und Datenmissbrauch, und die Betreiber der „Cloud" würden schon aus rechtlichen und aus Wettbewerbsgründen hier sehr hohe Sicherheitsstandards garantieren. Darüber hinaus könne durch die Verschlüsselung von Daten in der Cloud die Sicherheit hoch gehalten werden. Diese Daten seien möglicherweise „sogar sicherer als unverschlüsselte Daten im eigenen Rechenzentrum" (Baun et al. 2010b, S. 96).
   Andere Fachleute halten dem entgegen, dass sich durch das „Cloud Computing" die Wahrscheinlichkeit von gezieltem ***Data-mining und Data-matching,*** also der Gewinnung, dem Abgleich, der Verknüpfung und Nutzung

von unterschiedlichen Daten(-quellen) deutlich erhöhen wird. Dies birgt, so ihre Auffassung, Risiken unrechtmäßiger Datennutzung, wie z. B. beim dann noch umfassender möglichen „Background Check“ potenzieller Bewerber oder beim gezielten Marketing, das kostenintensive Streuverluste aufgrund undifferenzierter Kundenansprache ersetzen soll durch individualisierte, spezifizierte Angebote zum individuell „richtigen“ Zeitpunkt – mit umfassenden Hintergrunddaten zu den anvisierten Kunden.
Der einhelligen Annahme zufolge werden in den kommenden Jahren immer mehr Fachkräfte in der „Cloud“ arbeiten. Dies impliziert je nach obiger Einschätzung Unterschiedliches: entweder, dass der Einzelne dann noch viel bewusster, vorsichtiger und professioneller an seinem komplett vernetzten Arbeitsplatz agieren muss – oder dass mit dem „Cloud Computing“ die anwenderbezogenen Fehlermöglichkeiten im Hinblick auf Anwendungs- und Sicherheitsfragen durch die externen Betreiber der Cloud reduziert werden.

2. Mobiles Internet: Multifunktionale, mobile Geräte mit Internetzugang wie z. B. Smartphones werden sich auch in der Arbeitswelt massiv verbreiten und schon 2015 die heutigen Geräte zu einem erheblichen Teil ablösen, bzw. zum Teil ergänzen; auch dies ist eine These, die bei den befragten Experten breite Zustimmung findet. Das mobile Internet gilt aus Sicht der Experten als einer der wesentlichen Wachstumstreiber für die digitale Wirtschaft, die immer mehr Bereiche des Arbeits- und Wirtschaftslebens mitbestimmen wird.
   Neben den großen Vorteilen, ortsunabhängig suchen, lernen, kommunizieren und arbeiten zu können, sehen einige der von uns befragten Experten aber auch die gegebenenfalls problematische Konsequenz, dass damit noch stärker als heute jeder Einzelne auch in der Arbeitswelt „gläsern“ (da permanent online) und kontinuierlich „ortbar“ wird. Dass dieser Trend zum ***ortsunabhängig möglichen internetgestützten*** Arbeiten die heutigen Formen der Arbeitsorganisation und -prozesse in Unternehmen mittelfristig wesentlich verändern wird, gilt als weitgehend unumstritten.
   Für Unternehmen impliziert die mobile Internetnutzung von Mitarbeitern neue Herausforderungen im Hinblick auf ihre Sicherheitsarchitekturen (z. B. Einbindung mobiler Geräte in Firewalls, Internet-Zugangsbeschränkungen).

3. Neben dem Trend zum mobilen Internet gehen viele der im Projekt befragten Experten davon aus, dass sich die Solitärfunktionalitäten von Geräten relativ zeitnah auflösen werden. Print, PC, Radio, Handy, TV usw. werden zum Teil technisch verschmelzen; deren Content-Anbieter werden (was bereits heute zunehmend beobachtbar ist) wirtschaftlich kooperieren, ihre Inhalte teilen bzw. für unterschiedliche Kanäle bereithalten.

Parallel dazu wird auch die einseitige Nutzung und „Fütterung" von Medien bald der Vergangenheit angehören; ***Medienkonvergenz und Crossmedia*** sind die Schlagworte zu diesem Trend. – In der Einschätzung der Experten wird es in immer mehr Bereichen der Arbeitswelt (auch auf mittlerer Fachkräfteebene) eine verbreitete Anforderung geben, Inhalte und Daten für unterschiedliche Medien verwendbar aufzubereiten; gleichzeitig aber wird auch die Notwendigkeit wachsen, Inhalte multimedial zu gestalten bzw. zu transportieren (Beispiel: Bereits heute erfolgen Stellenausschreibungen und Bewerbungen in Form von Podcasts) und nicht zuletzt, sich in Mischwelten aus realen und virtuellen Versatzstücken zurechtzufinden. Dies setzt neben generellen Medienkompetenzen auch die Kenntnis der je spezifischen Möglichkeiten, der jeweiligen Anforderungen und eine Kenntnis der Logiken der unterschiedlichen Medientypen (Audio, Print, Online...) voraus.

4. Enorme Wachstumspotenziale sehen die im Rahmen unserer Untersuchung einbezogenen Experten beim Thema ***„Social Media".*** Dies umfasst in erster Linie virtuelle soziale Netzwerke, in denen Menschen agieren und miteinander kommunizieren (vgl. Stocker/Tochtermann 2009, S. 62 ff.). Soziale Netzwerke und ihre Tools haben sich aus der Privatnutzung auch in der Wirtschaft und im Arbeitsleben etabliert. Dies wird sich voraussichtlich noch deutlich verstärken. Die Grundfunktionen dieser Social-Networking-Dienste umfassen neben dem Identitätsmanagement (also der Darstellung der eigenen Person) das Kontaktmanagement (Verwaltung von Kontakten und Pflege des Netzwerks), die Expertensuche, die Unterstützung von Kontext- und von Netzwerk-Awareness und die Unterstützung eines gemeinsamen Austausches (vgl. Koch/Richter 2009, S. 69 ff.). Aktuell gibt es noch viele Unternehmen, aber auch ganze Bereiche in der Wirtschaft, die dieser Entwicklung skeptisch gegenüberstehen, sich ihr aber voraussichtlich absehbar nicht entziehen können, so die Einschätzung vieler von uns befragter Experten (vgl. auch Koch/Richter 2009). Hier gilt: Wer nicht aktiv mitgestaltet, wird dennoch passiv im Social Web „verhandelt". Die heute noch verstärkt im akademischen Bereich verbreitete berufliche Nutzung von „Social Media" wird sich absehbar auch auf (zumindest jüngere) Fachkräfte ausweiten, so eine Mehrheit der Experten. Unternehmen müssen in internetgetriebenen, schnelllebigen Märkten eine hohe Antizipations- und Reaktionsfähigkeit unter Beweis stellen. Das interaktive Internet hat in Folge neue Formen der Zusammenarbeit teils befördert, teils hervorgebracht: Fragmentierte, situative und (punktuell) aufgabenbezogene ***Kooperations- und Kollaborationsmodelle*** halten zunehmend Einzug in den Arbeitsalltag und verändern die gewohnten sozialen Arbeitsumgebungen.

5. Neue Online-Kooperationsmodelle, ***„Co-Creation"*** in der gemeinsamen Entwicklung oder in der Umsetzung von Projekten, (auch) internationale Arbeitsteiligkeit sowie maßgeschneiderte Partnerschaften prägen die Zukunft vieler Märkte. Auch für die Fachkraft entstehen immer wieder neue Schnittstellen in der teils virtuellen, teils physischen Zusammenarbeit mit anderen, so die befragten Experten. Der Kollege bzw. Arbeitspartner ist beim selben Projekt und am selben Tag einmal der Büronachbar, einmal der Firmenkollege in Osteuropa und einmal der virtuelle Experte zu einer Spezialfrage irgendwo in Asien.
   An die gemeinsame Internetbasis gekoppelte, ***flexibilisierte und situationsbezogen reagible Arbeitsabläufe und -prozesse*** werden in vielen Bereichen Alltag. Hohe Adaptionsfähigkeit und Flexibilität stellen wichtige Anforderungen auch an Fachkräfte dar.
   Qualifikationen im Kontext ***virtueller Zusammenarbeit mit unterschiedlichsten Partnern*** auch außerhalb des eigenen Unternehmens sowie die konstruktive, zielgerichtete Begleitung (gegebenenfalls Steuerung) dieser Zusammenarbeit werden als Qualifikationsanforderungen für Fachkräfte eklatant wichtig und zukunftsentscheidend.
   Für Unternehmen entstehen damit neue Herausforderungen im Hinblick auf das Personal-, Projekt- und Qualitätsmanagement.

6. Die befragten Experten sind der Auffassung, dass die ***Wertschöpfungsprozesse*** der Zukunft zunehmend in offenen Netzen stattfinden werden („Open Innovation", „User-Driven-Innovation"). „Open Innovation" und Maßschneiderung sind aktuelle Strategien, bei denen potenzielle und tatsächliche Kunden eine neue Rolle zugewiesen bekommen: Kunden sind nicht mehr nur passive Konsumenten, sondern aktive Wertschöpfungspartner. Sie gestalten heute interaktiv und online Produkte oder Dienstleistungen mit und übernehmen teilweise sogar deren gesamte Entwicklung oder Herstellung.
   Ein Grund für diese Strategien ist zum einen die kostenintensive hohe Flop-Rate bei neuen Produkten oder Dienstleistungen: Viele Innovationen treffen nicht das wirkliche Bedürfnis der Kunden; selbst Marktforschung liefert meist nur ungenaue Ergebnisse, so die befragten Experten. So werden Internetnutzer zu „Entwicklungshelfern" und Testnutzern bei der Entwicklung neuer Produkte oder Dienstleistungen.
   Zum anderen öffnen sich Unternehmen auch zur Verbesserung von Dienstleistungen und Produkten für die Außenwelt. (Potenzielle) Kunden und Interessierte aus der „Netzgemeinde" bringen ihre Erfahrungen, Ideen und Verbesserungsvorschläge in Qualitätsmanagementprozesse mit ein.
   Aus betriebswirtschaftlicher Sicht kommt es damit zu neuen Formen der Arbeitsteilung. Diese ***„interaktive Wertschöpfung"*** impliziert nicht nur völlig neu-

artige Geschäftsmodelle, sondern stellt auch bisherige Formen von Arbeitsteilung und Arbeitsorganisation ein Stück weit infrage bzw. auf den Kopf. Viele Mitarbeiter werden ebenenübergreifend in ganz neuer und intensiver Weise Kompetenzen im Umgang mit Kunden/dem Markt benötigen, so die Einschätzung eines Großteils der projektbeteiligten Experten.

7. Ein weiteres, vielfach diskutiertes Thema betrifft Enterprise 2.0, das in variierenden Definitionen die Verwertung von ***„Social Software“*** in Unternehmen für unterschiedliche Zwecke beschreibt, wie z. B. für das Wissens-, Ideen- und Projektmanagement, für die interne und externe Kommunikation, für die Prozesskoordination und für das Prozessmanagement sowie für das Veränderungsmanagement.
   Im Kern geht es dabei um moderne Wissensarbeit, wenn Informationen erzeugt und zusammengetragen, geteilt, gemeinsam genutzt und im Austausch optimiert werden; damit ist Enterprise 2.0 auch ein Instrument zur Veränderung von Unternehmenskulturen hin zu transparenteren Strukturen und flacheren Hierarchien (vgl. Komus/Wauch 2008, S. 76 f.). Für die kommenden Jahre sehen die befragten Experten hier noch deutliche Wachstumspotenziale; einige von ihnen verweisen auch auf die Wettbewerbsbedeutung, die diese Erschließung interner Potenziale durch Vernetzung für viele Unternehmen bedeuten kann. Die Beteiligten im Kontext von Enterprise 2.0 bedürfen entsprechender Kompetenzen im Umgang mit Social Software. Dass auch die Fachkräfteebene branchenabhängig bereits heute – und erst recht in drei bis fünf Jahren – mit diesem Thema konfrontiert sein wird, ist weitgehend Konsens.

8. Die ***Grenzen zwischen Unternehmen und Außenwelt*** verschwimmen zunehmend, so die Einschätzungen der Experten. Dies bedeutet in den diversen Formen der Zusammenarbeit für die Fachkraft mitunter eine schwierige Gratwanderung zwischen dem erwünschten und notwendigen Teilen bzw. der Preisgabe von Informationen und Wissen und der gegebenenfalls gebotenen Zurückhaltung in der punktuellen Zusammenarbeit mit Partnern auf Zeit. Wie bereits dargestellt, ist auch der (potenzielle) Kunde zunehmend häufiger intern mit an Bord: Er ist unmittelbar präsent, angefangen bei der ***webgestützten Entwicklung oder Verbesserung von Produkten und Dienstleistungen,*** über das Online-Kundenmeeting bis hin zur Auftragsverfolgung des Bearbeitungsstatus‘ eines Auftrages. Kundenkompetenz in der „Zusammenarbeit“ mit dem Kunden wird zu einer wesentlichen Qualifikationsanforderung selbst für viele Fachkräfte, die bis dato kaum Kundenkontakt hatten.

9. Interaktive Internetanwendungen durchdringen die Arbeitswelt mehr und mehr. Die Unternehmen wie auch der einzelne Mitarbeiter werden immer mehr „gläsern" und öffentlich: Reputationsmanagement im Sinne des „Managements von Hoheitsrechten" hinsichtlich der eigenen öffentlichen Präsenz im interaktiven „World Wide Web" wird deshalb nicht nur für Unternehmen, sondern auch für viele Fachkräfte immer wichtiger, so der Konsens der befragten Fachleute.
   Erwartungen an Unternehmen und an Fachkräfte, unternehmensinterne Prozesse ***öffentlich*** zu machen, verstärken sich (z. B. Webcam in der Autowerkstatt). Die Gepflogenheiten hinsichtlich der Web 2.0-Nutzung in öffentlichem und privatem Raum dringen selbst in vorher abgeschlossene Unternehmensbereiche vor, wenn z. B. Expertiseprofile offen gepflegt und gehandelt werden.
   Für Fachkräfte wächst darüber hinaus ganz generell die Notwendigkeit ihrer aktiven Präsenz im Internet, um nicht abgekoppelt zu sein von arbeitsbezogen wichtigen Netzwerken und (oft unternehmensübergreifenden oder -unabhängigen) ***Interaktionsprozessen,*** aber auch von notwendiger Information. Gleichzeitig hinterlässt jede Form der Internetnutzung Spuren im Netz; die Fachkraft mit Internetanschluss wird zunehmend gläsern und öffentlich.
   Die befragten Experten sind sich einig, dass das Internet bereits heute die Rekrutierungs- und Akquise-Plattform für viele Fachkräfte darstellt; sei es für punktuelle Kooperationen oder für einen „festen" Arbeitsplatz. Mit allen genannten Aspekten wächst für die Fachkräfte zwar die Bedeutung entsprechender Reputationspflege inklusive positiver Referenzen im Netz, parallel dazu nimmt aber auch die Gefahr von Manipulationen (bis hin zum Mobbing) via Internet zu.

10. ***Hybride Formen der Gewinnung und Nutzung von Information*** nehmen den Experten zufolge zu: Immer mehr internetbasierte Anwendungen stützen sich auf die Konvergenz von menschlichem Know-how bzw. personalen Fähigkeiten und selbsttätig elektronisch bzw. maschinell erzeugten Kompetenzen: Computer, die in Systeme eingebettet sind, um diese zu steuern oder zu regeln („Embedded Systems" z. B. zur Steuerung der Lagerhaltung oder zur Auftragsverfolgung) durchdringen die Berufswelt mehr und mehr.
    Anwendungen aus dem interaktiven Netzwerk verknüpfen sich dabei mit Anwendungen aus dem „Internet der Dinge". Auch Fachkräfte werden Teil dieser hybriden Prozesse und müssen den professionellen Umgang damit beherrschen, so die Experten.

11. ***Kontextrelevante und personalisierte Informationsbeschaffung*** gelten als potenzialstarke Wachstumstreiber der nahen Zukunft; sie öffnen neue Geschäftsmodelle für Service-, Software- und nicht zuletzt für Geräteanbieter

(z. B.: via Klick: umfassende Infos zu fotografierter Umgebung; personalisiert selektierte und für den individuellen Bedarf aufbereitete Information [gegebenenfalls bezahlte Inhalte /„paid content"]).
Nachdem die Frage nach der Selektion und Bewertung verfügbarer Daten in einer informationsüberfluteten Welt eine zentrale Herausforderung darstellt, werden diesen neuen Geschäftsfeldern hohe Zuwachsraten von den Experten attestiert. Dies betrifft den privaten, aber auch den beruflichen Bereich. Die effiziente Beschaffung und Verwertung bedarfsgerechter Information stellt eine Basisanforderung an alle Beteiligten auf der „qualifizierten Ebene" der Arbeitswelt dar.
„Semantic Search" (also die „semantische Suche" des erwarteten Web 3.0) beschreibt eine Form optimierter Suche, bei der Meta-Informationen bei der Suche mit berücksichtigt werden: Sowohl der inhaltliche, kontextuelle und strukturelle Rahmen jeder Suchanfrage und jedes Beitrags werden einbezogen als auch die Beziehungen der Daten, Autoren, Inhalte, Beiträge zueinander. Dies zielt auf einen höheren Automatisierungsgrad, wenn Geschäftsprozesse elektronisch abgewickelt werden, und reicht von einfachen Suchanfragen bis hin zu zusammengesetzten Leistungen und Repräsentation von Zusatzinformationen (vgl. Grütter 2008, S. 75 ff.). Diese Form der „Meta-Suche" wird im Alltag und im Arbeitsleben sehr stark zunehmen, so die weit verbreitete Einschätzung der Experten.

12. Dass ***reale*** und ***digitale Welten*** und mit ihr ein Stück weit ***reale*** und ***virtuelle Persönlichkeiten verschmelzen*** werden, sehen nicht wenige Fachleute unserer Studie als einen ernst zu nehmenden Zukunftstrend. Dass wir keine vollkommen künstliche Welt (wie z. B. bei „Second life") um uns herum haben werden, sondern dass wir einen Ausschnitt der realen Welt mit zusätzlichen Informationen aus der virtuellen Welt anreichern (z. B. dergestalt, dass wir an einem Ort stehen und virtuell 3D-Ansichten der Häuserumgebung hinter einer Mauer anschauen können, die sich synchron zu unseren Bewegungen anpassen) – dies wird nach Auffassung der Experten zu einem wichtigen und spannenden Zukunftsthema mit vielen Geschäftsmöglichkeiten und -modellen avancieren.
Internetgestützte Systeme werden demnach nahezu allumfassend unser Leben begleiten und zunehmend auch die Struktur unseres Denkens prägen. Für viele Experten stellen sich hier verstärkt Fragen nach sinnvollen Konzepten zum Schutz vertraulicher oder sensibler privater Daten.

13. Eine sehr deutliche ***„digitale Spaltung der Gesellschaft"*** („Digital Divide") besteht nach Generationen, sozialem Status und nach Bildungsniveau (vgl. z. B. Riehm 2009, S. 50; Gapski 2009, S. 9 ff.; Initiative D21 2009). Die Experten sind

sich weitgehend einig darüber, dass der sich ankündigende tief greifende und nachhaltige Trend zu interaktiven Internetnutzungen die Wirtschafts- und Arbeitswelt in wenigen Jahren entscheidend umformen wird. Allerdings werden ihrer Auffassung zufolge sowohl der Zugang zu interaktiven Netzanwendungen als auch die Kompetenzen im Umgang damit die Gesellschaft spalten: Bei Jugendlichen (den „Digital Natives") ist der ***Umgang mit „Social Media"*** bereits heute sehr weit verbreiteter Standard; wesentliche Anteile der Kommunikation laufen über entsprechende Kanäle.
Interaktive Internetanwendungen prägen aber auch in wachsendem Maße das Mediennutzungsverhalten bei Menschen mit qualifizierten Bildungsabschlüssen bzw. höherer Bildung und höherem sozialen Status (den ***„Digital Immigrants"***), so die Expertenauffassungen. Mit der zunehmenden Etablierung Web 2.0-gestützter Anwendungen in beruflichen ebenso wie in privaten Bereichen wird die Abkopplung der „Nicht-Nutzer" entsprechender Technologien noch verstärkt.

Die skizzierten aktuellen Trends und Entwicklungen gründen wesentlich in der Annahme, dass es in den kommenden Jahren keine elementaren Ereignisse geben wird, die zu grundlegenden Veränderungen der Rahmenbedingungen dieser Entwicklungen führen.

Unter welchen Umständen aber verlaufen die skizzierten zukünftigen Entwicklungen anders als hier angenommen? Was sind denkbare und mögliche Einflussfaktoren oder Störereignisse, die den avisierten Trends eine andere Richtung geben oder sie sogar umkehren könnten?

Zusammen mit den Experten wurden folgende mögliche ***„Trendbruchereignisse"*** identifiziert und diskutiert. Ein wichtiger Zusatznutzen dieser Betrachtungsperspektive liegt darin, dass sie ein Stück weit dabei hilft, die „Robustheit" und Signifikanz der vorgestellten Trends zu evaluieren.

- Als ein erstes solches Phänomen, das dafür sorgen könnte, dass die Entwicklungen – wenn sie nicht ausbleiben – sich doch zumindest deutlich verlangsamen, benennen die Experten das ungelöste Problem ***wachsenden Energieverbrauches*** und damit steigender Energieknappheit. Ressourcen schwinden, Energiekosten steigen, und die CO2-Debatte sorgt darüber hinaus dafür, dass Energieeffizienz und Nachhaltigkeit als Themen zusätzlich an Gewicht gewinnen (die Bedeutung von „Green IT" steigt). Nachdem der jährliche Energiebedarf ebenso wie die CO2-Emissionen aller weltweiten Rechenzentren und IT-Endgeräte tendenziell enorm steigen, könnte dies auch mit Blick auf die energieintensiven interaktiven Internetanwendungen Folgen haben im Sinne einer Verlangsamung ihres Entwicklungstempos und ihrer Verbreitungshäufigkeit.

- Ähnliche Wirkungszusammenhänge sehen die Experten mit Blick auf die noch nicht endgültig absehbaren Folgen der Wirtschaftskrise; sie verzögere womöglich Entwicklungen auch im Web 2.0-Kontext bzw. könne sie in manchen Bereichen gar aufhalten.
- Ein denkbares weiteres Trendbruchereignis wäre den Einschätzungen der Experten zufolge ein ***massiver Angriff auf das „www“*** durch z. B. hochgradig schädliche und verbreitungsaktive Viren. Die Sicherheit des www ist volatil: Stetig neue Technologien, professionelle Angriffe von „Piraten“, aber auch die Attraktivität des Netzes für politischen Missbrauch bis hin zum Terrorismus sorgen für eine hohe Netzanfälligkeit. So könnte ein „Supergau“ (z. B. ein Terrorangriff auf die weltweite Infrastruktur der Netze mit der politischen Wirkmacht des Terrorangriffes auf das World Trade Center 2001) im Extremfall dazu führen, dass zumindest punktuell und für eine gewisse Zeit nationale Restriktionen eingeführt werden und die Kommunikation eingeschränkt wird. Dass sich die grundsätzlichen Entwicklungen damit stoppen oder umkehren ließen, glaubt keiner der Experten.
- Ähnlich schätzen die meisten Experten die Initiativen zur ***Verschärfung des Datenschutzes*** ein. Zwar könne es vorübergehend zu Abschottungen nationaler Märkte kommen; dass damit aber dauerhaft und transnational Einschränkungen im interaktiven Internet durchgesetzt werden könnten, hält eine Mehrheit für unrealistisch.
- Als ein sehr wesentliches Thema, das zwar nicht die weltweiten Entwicklungen insgesamt, wohl aber national vielerorts die Entwicklungen wesentlich tangieren könnte, wird die bereits diskutierte Frage der Teilhabe und des Zugangs zum www bzw. zu interaktiven Internetanwendungen diskutiert: Die ***Abhängigkeit der Teilhabe von gesellschaftlichen und sozialen Strukturen*** könnte, so die Experten, neben den Fragen nach der ***Verträglichkeit von Innovation und Beschleunigung*** (u. a. durch Web 2.0) und die nach den ***Komplexitätsgrenzen*** in der Gesellschaft dafür sorgen, dass es zu sozialen und gesellschaftlichen Konflikten kommt und die skizzierten Trends sich stark verzögern oder im Einzelfall gar nicht eintreten.

3.3 Voraussetzungen und Konsequenzen der Web 2.0-Nutzung

Für die im Rahmen dieser Untersuchung in den Mittelpunkt gestellten ***Fachkräfte*** auf ***mittlerer Qualifikationsebene*** bedeuten diese Entwicklungen vor allem eines: Die meisten von ihnen werden, soweit nicht bereits geschehen, früher oder später von den Entwicklungen betroffen sein und als ***Akteure im interaktiven Internet*** unterwegs sein. Entsprechende Hinweise hierfür finden sich teilweise bereits in der Literatur, die entsprechenden Trends wurden aber vor allem in den Experteninterviews benannt.

Mit dem Aufkommen von Web 2.0 ist v. a. „eine neue Art der Wahrnehmung und Nutzung des Internets verbunden" (Kerres 2006, S. 1), die Interaktivität in den Mittelpunkt stellt und auf die Generierung von Inhalten durch eine breite Masse von Nutzern abzielt (vgl. Kapitel 1.1). Die technischen und gesellschaftlichen Entwicklungen, wie beispielsweise der Anstieg der Erwerbstätigen in informationsbezogenen Tätigkeiten, gehen einher mit einer Informationsflut im Internet und haben zur Folge, dass sich die Kommunikationsformen und -gewohnheiten, sowie die Partizipationskultur durch die Nutzung dieser Medien und Anwendungen stark verändern (vgl. Kurz 2007). Damit ist mehr und mehr eine aktive Partizipation der Nutzer im Internet möglich, sodass User zu Autoren und Rezipienten zu Produzenten werden, die aktuelle Inhalte einbringen (vgl. Kerres 2006).

Darüber hinaus gibt es immer mehr und vielfältigere Möglichkeiten der Vernetzung, Gruppenbildung, der kooperativen Produktion von Inhalten, der Herstellung von Öffentlichkeit und der Lenkung von Aufmerksamkeit, der Verwaltung und Erschließung von Informationen und Wissen bis hin zur Selbstdarstellung (vgl. Kerres 2006; BMBF 2007). Prozesse der Wissensorganisation und Wissenskommunikation können durch Web 2.0 flexibilisiert und verbessert werden, Betriebe können die kooperativen Formen des Web 2.0 in der Ausbildung und in der betrieblichen Praxis nutzen (vgl. BMBF 2007). Allerdings kann der Einsatz interaktiver Internetanwendungen auch zu Irritationen oder Widerständen führen, wenn Wissen geteilt werden soll und die exakte Zuordnung eines Textes zu einem Autor nicht mehr möglich ist (vgl. Kurz 2007, S. 10).

Bei interaktiven Internetanwendungen geht es nicht mehr nur um die Nutzung von Informationen, sondern um eine aktive Gestaltung von Inhalten, um Kommunikation, um gemeinsames Arbeiten und um soziale Interaktion in Gemeinschaften im virtuellen Raum[12] (vgl. BMBF 2007). Für Mitarbeiter in Unter-

12 Unter virtuellem Raum wird hier die – alternativ zu der direkten physischen Begegnung, dem Austausch über gedruckte Dokumente oder der konventionellen unmittelbaren audiovisuellen Übertragung (Telefon) – erfolgende Kommunikation in einem Internet-basierten, synchronen oder asynchronen, teilweise durch elektronische Agenten vermittelten Umfeld verstanden; der virtuelle Raum wird durch ein programmbasiertes Portal mit eigenem interaktiven Interface sowie hinterlegten (dynamischen) Serverstrukturen gebildet und kann von den Kommunikationspartnern nach eigener Intention aufgesucht und genutzt werden; die Interaktionen werden automatisch dokumentiert und archiviert.

nehmen (v. a. Wissensarbeiter) ist neben dem selbst organisierten, informellen Lernen insbesondere die Aufklärung über vorhandene Möglichkeiten und Risiken notwendig. Darüber hinaus ist Anwendungskompetenz gefordert, aber auch die Motivation, interaktive Anwendungen zu nutzen (vgl. Back 2008). Als Erfolgsfaktoren für den Einsatz von Web 2.0-Anwendungen werden v. a. Vertrauen zwischen den Akteuren (z. B. in Social Networks), Zuverlässigkeit und Qualität von Plattformen, Privatheit (z. B. durch passwortgeschützte Bereiche und zielgruppenbegrenzte Freigabe von Informationen) und Benutzerfreundlichkeit genannt. Um datenschutzrechtliche Aspekte zu beachten, ist für die Nutzer von Web 2.0 ein vertrauenswürdiges Identitäts- und Rollenmanagement in den jeweiligen Internetumgebungen notwendig (vgl. BMBF 2007).

Auch unternehmensspezifische Besonderheiten spielen eine große Rolle, also die Ausgangslage hinsichtlich der Kommunikationskultur und die Entwicklungsstufe der technischen Arbeitsinfrastruktur (vgl. Back 2008). Oftmals müssen in Unternehmen erst die notwendigen Voraussetzungen für den nachhaltigen Einsatz von Web 2.0 geschaffen werden. Dazu gehört zum einen die Transparenz betrieblicher Abläufe und Prozesse und zum anderen die Schaffung von Möglichkeiten für die einzelnen Mitarbeiter, sich durch die Veröffentlichung individuellen Know-hows und von Problemlösungsvorschlägen Anerkennung innerhalb des Unternehmens zu verschaffen (vgl. Danowski et al. 2007, S. 17 ff.).

Nicht IT-affine Mitarbeiter müssen behutsam an die Technologie herangeführt und Vorbehalte sollen schon im Vorfeld durch entsprechende Kommunikationsmaßnahmen abgebaut werden (vgl. Heidecke/Back 2008). Kontaktangst wird verringert durch Oberflächen, die dem Prinzip „WYSIWYG" („What You See Is What You Get") folgen, außerdem hilft das Vorhandensein von Inhalten beim Erstkontakt dabei, Nutzern den Einstieg zu erleichtern, so dass schon vor der offiziellen Einführung einer Anwendung Inhalte eingestellt werden sollten (vgl. Heidecke/Back 2008). Bei der Einführung neuer interaktiver Internetanwendungen im Kontext von Web 2.0 geht es auch darum, die Mitarbeiter ausprobieren, experimentieren und selbst entdecken zu lassen. Für die anschließende aktive Nutzung wirkt im Unternehmen ein Klima des Vertrauens sowie eine konstruktive Feedbackkultur förderlich (vgl. Heidecke/Back 2008).

Aktuell gibt es nur sehr wenige Publikationen, die sich explizit mit den neuen Anforderungen im Zusammenhang mit interaktiven Internetanwendungen befassen. Eine neue Diskussion um die Medienkompetenz umfasst bisher nur in Ausschnitten das Phänomen Web 2.0. Diese Diskussion betrifft insbesondere die Bereiche „Information und Wissen", „Kommunikation und Kooperation", „Identitätssuche und Orientierung“ und „Digitale Wirklichkeiten und produktives Handeln“ (vgl. BMBF 2009).

Im Themenfeld „Information und Wissen“ geht es darum, den eigenen Informationsbedarf zu erkennen, unterschiedliche Informationsquellen zu beurteilen, zu selektieren und zu nutzen sowie Wissen über die Herstellung und Verbreitung von Informationen zu erlangen (vgl. BMBF 2009, S. 4 f.). Das Themenfeld „Kommunikation und Kooperation“ beinhaltet die Kompetenzen, einen sozial verantwortlichen Umgang mit anderen Menschen und ihren Kommunikationsabsichten im Netz zu pflegen, informationsverarbeitende Prozesse zu nutzen, um Beziehungen zu pflegen und kollektive Ziele zu erreichen und bewusst zwischen privaten und öffentlichen Bereichen im Netz zu unterscheiden (vgl. BMBF 2009, S. 5). Das dritte Themenfeld, die „Identitätssuche und Orientierung“ fokussiert die „Entwicklung der Persönlichkeit als ein Sich-ins-Verhältnis-Setzen zur Welt“ (BMBF 2009, S. 6). Es wird gefordert, sich mit den unterschiedlichen Rollenbildern in den interaktiven Medien auseinanderzusetzen, technologische Kompetenzen als selbstverständlichen Teil des Anwendens digitaler Medien sowie die Rechte einer informationellen Selbstbestimmung zu kennen (vgl. BMBF 2009, S. 6). Als vierter Bereich werden „digitale Wirklichkeiten und produktives Handeln“ gesehen. Darunter wird gefasst, dass sich die Menschen in virtuellen Welten bewegen und sich mehr oder weniger komplexe IT-Anwendungen aneignen sollen, multimediale wort- und schriftsprachliche, visuelle und auditive Ausdrucksformen beherrschen und Chancen, Innovationskraft, Risiken und Verluste der Anwendungen beherrschen und in das eigene Handeln einbeziehen können (vgl. BMBF 2009, S. 7).

Wie gezeigt wurde, zielte die Literaturrecherche v. a. auf Anhaltspunkte für die Identifizierung von Tätigkeitsfeldern und Branchen, die in besonderem Maße von Web 2.0 betroffen sind, auf die Identifizierung und Validierung qualifikationsrelevanter Entwicklungen im Web 2.0-Bereich sowie auf die Suche nach ersten Anhaltspunkten für damit verbundene Qualifikationserfordernisse. Explizite Aussagen zu Entwicklungen auf der Ebene mittlerer Fachkräfte enthält die untersuchte Literatur nicht. In welchen Anwendungsfeldern, mit welchen Qualifikationsanforderungen und in welchen „Brennpunkten“ der Wirtschaft und des Arbeitslebens Web 2.0 eine besondere Rolle spielt bzw. spielen wird, stellte den Kern der empirischen Erhebungen dar und wird in den folgenden Kapiteln des Abschlussberichts ausführlich diskutiert.

4. Web 2.0 in unterschiedlichen Anwendungsfeldern: Anwendungsbeispiele und Erfahrungen aus der Praxis

Gerd Gidion/Yves Waschbüsch/Helmut Kuwan

Die potenziell ***enorme Dynamik*** interaktiver Internetanwendungen basiert vor allem auf dem systemimmanenten „Schneeballsystem", durch das Ideen, Informationen und Meinungen ***in Rekordzeit verbreitet und unmittelbar ausgetauscht*** werden können. Ein fiktives Rechenbeispiel verdeutlicht dies: Ein Impulsgeber informiert mit einem Klick in einer Online-Community zehn Personen, von denen jede die Information über Chat-Groups wiederum an zehn weitere Personen weitergibt. Bereits mit der achten Weiterleitung dieser Art werden im Prinzip nahezu alle Internetnutzer im Bundesgebiet erreicht. Eine vergleichbare Dynamik ist auf der Basis herkömmlicher Medien kaum vorstellbar.

Einen unmittelbaren und zeitlich kaum verzögerten Niederschlag finden diese Ideen nicht nur im WWW, sondern auch in konkreten Handlungen – bspw. im Kontext sogenannter „Flashmob-Aktionen". Neben der Reichweite interaktiver Internetanwendungen sind ihre vielfältigen ***medialen Gestaltungsoptionen*** und die nahezu ***unendlichen Echtzeit-Vernetzungs- und Interaktionspotenziale*** der Grund dafür, dass Web 2.0-Anwendungen Einzug halten in immer mehr Bereiche des Wirtschafts- und Arbeitslebens – und ein Ende nicht absehbar erscheint.

Diese Anwendungen stellen die Basis für neue Geschäftsideen und Produktentwicklungen mit erheblicher Marktdynamik dar, sie fungieren als „Turbomotoren" für Marketing, Imagepflege, für Personalrekrutierung und Wissensmanagement; sie sind Grundlage für Prozessoptimierungen und für die Ausschöpfung und Nutzung kreativer „Reservoire" und weltweiten Erfahrungswissens.

Die folgend vorgestellten Anwendungsfelder und -beispiele stützen sich auf Informationen und Erläuterungen aus den Expertengesprächen, auf konkrete Beispiele aus den Fallstudien sowie auf Teilnehmerbeiträge im Rahmen der Workshopdiskussionen.

4.1 Primär technologisch induzierte Anwendungsfelder

Die möglicherweise entstehende Bedeutung von Web 2.0-Phänomenen innerhalb von Arbeitstätigkeiten zeigt sich, so ist anzunehmen, zunächst als nachgeordnetes, eventuell auch als schleichend hinzukommendes Merkmal. Es ergibt sich aus den Veränderungen der verwendeten Arbeitsprozesse, Arbeitsmittel und Produkte. Einige Aspekte haben sich in diesem Zusammenhang stark und grundsätzlich verändert. So sind in den Arbeitsumgebungen ***neue technologische Möglichkeiten*** und Implikationen entstanden, z. B. die Auswertung und Nutzung der Interaktionen in vernetzten Umgebungen durch spezifische ***elektronische Tools.*** Zu denken sei etwa an die Nutzung aktueller Fahrzeuginformationen bei der Reparatur eines neuartigen Modells, die unter Einschluss der in Foren veröffentlichten Erfahrungen anderer Fachleute zu einem konkreten Reparaturvorgang aufzufinden sind.

In dieser Weise hat sich die dauerhafte Existenz umfassend erfasster ***individueller und prozessualer Daten*** ergeben. In der Summe bedeuten diese die Etablierung vollständiger Wirklichkeiten im Netz, die sich zum Teil parallel und in Bezug zu den physisch realen Wirklichkeiten zeigen. Neben den Produktinformationen beispielsweise zu einem Fahrzeug lassen sich auch ***marktbezogene Daten*** ermitteln, die etwa die Möglichkeit eröffnen, sich vorzeitig auf kommende Herausforderungen – z. B. Reparaturfälle – einzustellen. Auch die ***Sichtweisen von Kunden und Wettbewerbern*** sind feststellbar. So haben sich bei vielen Menschen (auch in ihrem Beruf) neue Gewohnheiten etabliert, die etwa eine unmittelbare Interaktion von Laien in vernetzten Umgebungen als Alltags- und Daueraktivität mit sich bringen. In der Folge verschieben sich Wertzuordnungen und Machtverhältnisse. Offene Communities beeinflussen die Märkte und werden selbst durch (verdeckte) Akteure beeinflusst.

Im Rahmen dieser grundsätzlichen Veränderungen sind drei technologische Bereiche zu differenzieren, in denen die Bedeutung von Web 2.0-Phänomenen zu betrachten ist: erstens die ***physischen Technologien*** im betrieblichen, privaten und öffentlichen Gebrauch, zweitens die ***Informations- und Kommunikationstechnologien*** als Basis der Web 2.0-Anwendungen sowie drittens die im ***Internet der***

Dinge sich abzeichnenden technologieverursachten Vorgänge im Netz, die mit dem Web 2.0 korrespondieren.

4.1.1 Physische Technologien

Die physischen Technologien im betrieblichen, privaten und öffentlichen Gebrauch (wie Kraftfahrzeuge, Fertigungsanlagen, Transportsysteme) haben selbst Merkmale angenommen, die eine mit ihnen verbundene Nutzung von interaktiven, vernetzten Anwendungen nahelegen, möglich machen und teilweise sogar erzwingen. So schaffen die technologischen Bestandteile die Voraussetzung für eine entsprechende Interaktion, etwa durch die Ausstattung mit Datenerfassungssystemen, durch technologiebezogene Kommunikationsmittel sowie durch eine aus der Interaktion erfolgende Manipulation und Gestaltung. Beispielsweise ist ein modernes Produktionssystem mit vielfachen Technologiebestandteilen ausgestattet, die eine sinnvolle ***Erweiterung der maschinengenerierten Daten*** um von ***Menschen erzeugte Interaktionen*** bewirken. Beispiele dafür sind etwa die Kommunikation zur Schichtübergabe, die Diskussion zur Lösung akuter Problemstellungen unter Beteiligung von Personen, die sich an unterschiedlichen Orten befinden, oder die Auseinandersetzung zur Klärung anlagenspezifischer Merkmale mit einem Hersteller. Hersteller physisch-technischer Komponenten haben entsprechende elektronische Ressourcen aufgebaut; im Verbund mit denselben können sich die Web 2.0-artigen Nutzungen etablieren.

Zahlreiche Arbeitsplätze sind inzwischen mit ***vernetzten Equipments ausgestattet,*** die prinzipiell eine ***arbeitsbezogene vernetzte Interaktion*** mit anderen Personen ermöglichen. Sie können auf diesem Wege auch auf die Eingaben anderer durch spezifische ***Such- und Auswertungsfunktionen*** zurückgreifen. Eigene Anmerkungen können sie in diesem Zusammenhang dokumentieren, verschlagworten und „veröffentlichen“. So enthält eine Darstellung der technologischen Konstellationen in aktuellen Arbeitsumgebungen prinzipiell häufig Anteile, innerhalb derer sich die Web 2.0-Phänomene einfügen können. Das bezieht sich zum einen auf ***eigene Arbeitsinhalte*** der an diesem Ort Tätigen (zur Akquise, zur Priorisierung von Aufgaben, zur spezifischen situativen Information, zur Planung und Abstimmung, zum Projektmanagement, zur Kooperation, zur Dokumentation, zum Transfer und zur Integration etc.). Es bezieht sich zum anderen auf die Einflüsse anderer Akteure, die sich mit einem jeweiligen Arbeitsplatz verbinden (durch Vernetzung, durch die vorhandenen Infrastrukturen, durch Formen der Virtualisierung – etwa die Darstellung einer Produktionsanlage im Netz). Beispielsweise kann es sich um den technischen Service eines Herstellers handeln, der aus der Ferne einen

Kunden in der Produktionsanlage bei der Lösung der dortigen Probleme unterstützt.

4.1.2 Informations- und Kommunikationstechnologien

Die weitgehend durchdiffundierten Informations- und Kommunikationstechnologien (IT) schaffen eine generelle Grundlage für die Nutzung interaktiver Vernetzungen in der Arbeitstätigkeit. So sind Arbeitsplätze neben den eigentlichen Arbeitsmitteln vielfach mit IT-Hardware, Netzwerkzugängen und standardisierten bzw. spezifischen Softwareanwendungen ausgestattet. Zudem verfügt eine Reihe von Arbeitsplätzen über IT-Anwendungen, die eine umfassende ***interaktive Einbindung*** selbst verursachen, etwa Navigationssysteme oder Datenbankanbindungen. Die technologischen Grundlagen des Web 2.0 sind von daher vielfach gegeben; ihre Verwendung ist nicht nur aus dem beruflichen, sondern (oftmals mehr noch) aus dem ***außerberuflichen Bereich*** gewohnt. Die weitgehend vorhandene technische Möglichkeit, so ist anzunehmen, begünstigt die Nutzung dieser Option.

Fachkräfte haben im Rahmen ihrer Arbeitstätigkeit zudem mit internetbasierten Anwendungen zu tun, die sie als ***eigene Arbeitsumgebung*** (Arbeitsort, Arbeitsraum) ansehen. Der Arbeitstag wird begonnen mit dem LogIn in (mehrere) elektronische Umgebungen, die vielfach kontinuierlich bestehen bleiben. Teilweise besteht diese Verbindung ohnehin dauerhaft. Das elektronische Netz stellt in der Arbeitstätigkeit vielerorts eine gewohnte, teilweise als ***selbstverständlich wahrgenommene Umgebung*** dar; auch die interaktiven (Web 2.0-artigen) Komponenten gehören gegebenenfalls zu diesem gewohnten Rahmen. Wenn eine berufliche Tätigkeit heute bereits informationstechnologisch vernetzt ist, wird sie tendenziell auch durch das Web 2.0 tangiert und damit zumindest teilweise öffentlich. Ein Teil der Arbeitshandlungen wird umfassend ***elektronisch dokumentiert*** und persönlich rückverfolgbar archiviert, dabei machen die (im Sinne des Web 2.0-Phänomens) interaktiven Kommunikationen nur einen Teil aus, der aber prinzipiell logisch zugeordnet werden kann. Umgekehrt nutzen Arbeitskräfte die vernetzten Funktionen (z. B. auch die Eingaben von Kollegen) für die ***Steuerung der eigenen Arbeit,*** etwa für Priorisierungen.

Um die Arbeitstätigkeiten mit adäquaten Unterstützungen im interaktiven Netzwerk zu versehen, haben sich verschiedentlich ***neue Expertenfunktionen*** entwickelt, die etwa als Service-Entwickler, Analysten, Koordinatoren oder Supporter tätig sind. Es lassen sich prinzipiell hinsichtlich der Netzwerkanbindung innerhalb der Unternehmen die drei Gruppen der ***Spezialistenfunktionen***, der ***invol-***

vierten und der außen vor bleibenden Funktionen differenzieren. So finden sich in einem betrieblichen Umfeld sowohl Werkstattkräfte (ohne interaktive Nutzung des Netzes) als auch Servicetechniker (als Nutzer des interaktiven Netzes) und Wissensdienstleister (als Gestalter und Förderer des interaktiven Netzes).

Obwohl sich in der Realität bereits deutliche Phänomene einer entsprechenden Nutzung zeigen, erwarten Fachkräfte für ihr Arbeitsumfeld kaum, dass die Gesamtheit der individuellen Eingaben in interaktive Netzwerke per komplexer Algorithmen die ***Steuerungsprozeduren großer Systeme*** (etwa Verkehrsregulierung, der Energieversorgung, etc.) auslösen und lenken. Hier zeigt sich ein deutlicher Verbindungsbereich zu den als „Internet der Dinge" bezeichneten Phänomenen.

4.1.3 Internet der Dinge

Die Web 2.0-Phänomene lassen sich grundsätzlich kaum separiert von den Entwicklungen im Zusammenhang des „Internets der Dinge" erkunden. Hier handelt es sich um Technologien wie ***RFID***[13] und ***Transponder***[14] oder auch Online-Diagnose-Systeme. Dazu gehören nicht nur Ortungs- und Lokalisierungsservices, die die Auswertung von Meldungen ermöglichen, sondern auch weitere daraus hervorgehende Dienste. Weitere Technologien sind die mobile Fernsteuerung und das ***ambulante Monitoring,*** das z. B. zur Erfassung von Körperdaten für die therapeutische Behandlung oder für Trainingszwecke eingesetzt wird. Nur wenige Akteure erwarten hier, dass Eingaben in interaktive Netzwerke nicht nur per Schrift, Bild und Ton, sondern auch aus den Werten ***zusätzlicher Erfassungstechnologien*** (z. B. für Stress- und Anspannungswerte, Motorenwerte, Satellitennavigation, Kontobewegungen) geschehen werden, obwohl diese Entwicklungen jeweils für sich deutlich entstehen. Wenn sich durch Web 2.0 individuelle Daten auch automatisch verbreiten (etwa die individuellen bzw. materialbezogenen Ortsaufenthalte und -wechsel oder die kontinuierlichen medizinischen Diagnosen und Eingriffe etc.), dann kann davon ausgegangen werden, dass diese Datenbestände auch wirtschaftlich wertschöpfend durch berufliche Fachtätigkeit nutzbar gemacht werden.

Aufgrund der übergeordneten Verläufe im Internet der Dinge und im Web 2.0 werden Erwartungen an Unternehmen und Fachkräfte gerichtet, ihre ***internen***

---

13 RFID ist die Abkürzung für „Radio Frequency Identification". Dies bezeichnet ein technisches System, das es ermöglicht, Daten ohne Berührung und Sichtkontakt zu lesen und zu speichern.

14 Eigenaktive Lokalisierungs-Meldung von Sachgegenständen in Netzwerken.

Prozesse öffentlich zu machen (z. B. hinsichtlich des Lieferzustands eines bestellten Gutes, des Fertigstellungsgrades eines Auftrags etc.). In diesem Zuge ergibt sich eine erweiterte ***Sichtbarkeit*** der eigenen Arbeit im Internet der Dinge wie im Web 2.0.

Die Webcam am Arbeitsplatz und in der Werkstatt ist bislang nur selten vorzufinden, scheint sich jedoch technologisch (etwa als Ausstattungselement von Laptops) zu etablieren. So verknüpfen sich die Anwendungen aus dem interaktiven Netzwerk mit Anwendungen aus dem Internet der Dinge. Beispielsweise werden Fahrzeugdaten mit der offenen Kundenkommunikation verknüpft und entsprechende Wartungsanfragen personalisiert und kontextualisiert erstellt und zugeliefert.

Zusammenfassend ist davon auszugehen, dass das Web 2.0

- eine gewohnte, teilweise ***unbemerkte Umgebung*** darstellen wird; generell werden entsprechende Standardfunktionen am Arbeitsplatz aufgenommen werden; dabei kommt es vor allem zu neuen „gewöhnlichen" alltäglichen Handlungen;
- in spezifischen Aufgaben die jeweiligen anders gerichteten ***Fachtätigkeiten erheblich verändern*** wird, etwa im Kundenkontakt, in der Archivierung und Dokumentation, in rechts- und sicherheitsrelevanten Arbeiten;
- aufgrund der allgemeinen Verbreitung Tätigkeiten professionalisieren wird, etwa die Tätigkeit als Service-Entwickler, als Analyst, als Koordinator oder Supporter; die professionalisierten Profile werden sich den bereits vorhandenen Berufsprofilen zuordnen.

4.2 Anwendungen im Kontext von Aufbau- und Ablauforganisation und Prozessen

Mit der Expansion von Web 2.0-Anwendungen in immer mehr Anwendungsbereiche entstehen auch für viele Fachkräfte der mittleren Qualifikationsebene neue Rahmenbedingungen für ihre Arbeit, andere Prozesslogiken in der Bearbeitung von Aufträgen und neue Anforderungen an die Fähigkeit zur Kooperation in virtuellen Welten. Dies betrifft insbesondere die folgenden wesentlich Web 2.0-getriebenen Aspekte, die anhand von Fallbeispielen näher erläutert werden sollen:

- Vereinfachung und Unterstützung ***organisationaler Prozesse*** und ***Prozessmanagement*** via Web 2.0;
- Webbasierte ***virtuelle Kooperationen, Online-Kollaboration, „Sharepoints"***.

4.2.1 Vereinfachung und Unterstützung organisationaler Prozesse und Prozessmanagement

Viele Web 2.0-Anwendungen zur Unterstützung ***organisationaler Prozesse*** verbreiten sich zunehmend; vor allem der kaufmännische Sektor und der gesamte Dienstleistungs- und Office- bzw. Bürobereich sind hier betroffen. Im Rahmen der Fallstudien und Expertengespräche wurden dazu einige Beispiele aus dem unmittelbaren Anwendungsbereich von Fachkräften in diesen Bereichen (und darüber hinaus) genannt:

Ob es beispielsweise um die ***simultane Abstimmung von Terminen*** für ein standortübergreifendes Meeting geht (z. B. via „Doodle“), um die gemeinsame ***Bearbeitung eines Einladungstextes*** zu einer Konferenz mit verschiedenen Kunden (z. B. via „Google Documents“, „Writeboard“ oder „AjaxWrite“), um die abteilungsübergreifende gemeinsame ***Online-Kalkulation*** einer Firmenveranstaltung (z. B. „ThinkFreeCalc“), um unternehmensinterne ***Projekt-Blogs*** zur Koordination und Dokumentation eines Projektes zum Ideenmanagement – oder auch um den interaktiven ***„Online-Marktplatz“*** bzw. das „Schwarze Brett“ im Intranet, wo u. a. „Fitness-Mitmach-Foren“ oder „Suche & Biete“-Anzeigen der Mitarbeiter auffindbar sind: Web 2.0-Anwendungen sind inzwischen auf mittlerer Fachkräfteebene vielfach gelebter Alltag in zahlreichen Unternehmen, ohne dass diese Anwendungen unbedingt als Web 2.0-Tools wahrgenommen werden.

Wesentliche Unterschiede zeigen sich in den definierten Anwendungsbereichen; diese können z. B. ausschließlich auf die unternehmensinterne Nutzung beschränkt sein oder auch die umfassende gemeinsame Nutzung mit externen Partnern oder Adressaten ermöglichen.

Eine weitere Anwendung in diesem Kontext stellen ***Online-Konferenzen*** und ***Online-Meetings*** dar, bei denen standortunabhängig die Bildschirme der jeweiligen Partner miteinander geteilt werden (z. B. mit „Adobe Acrobat Connect Pro“ oder „tevia Online-Meeting 2.0“). Dies geschieht vor allem im Sinne der Reduktion von Reiseaufwand und -kosten und zugunsten einer größeren Flexibilität.

Während einer Fallstudie bei einem Unternehmen aus dem Mediensektor wurde beispielsweise eine solche standortübergreifende Online-Konferenz mit Fachkräften auf Kundenseite durchgeführt, um die Nutzung der Angebote und Funktionalitäten einer angebotenen kostenpflichtigen Website gemeinsam zu erörtern und zu diskutieren.

Web 2.0 kommt heute zunehmend auch zum Einsatz im Rahmen von ***Prozessmanagement und -optimierung;*** das Schlagwort ***„Enterprise 2.0“*** wird in diesem Zusammenhang immer wieder genannt.

Die Bemühung um eine Optimierung der Geschäftsprozesse hat dabei zwei Dimensionen:

- Zum einen geht es um die ***technische Automatisierung*** von sich stetig wiederholenden Prozessen und um ***Standardisierung,*** wo immer das für Teilprodukte und Produktionsprozesse sinnvoll und machbar erscheint. Gleichzeitig müssen diese Standardisierungsbemühungen offen sein für permanente Anpassungen und Verbesserungen, die durch das Netzwerk der Beteiligten aufgedeckt werden.
- Darüber hinaus stellt sich aber auch die Frage, wie der ***„Workflow“*** und die Zusammenarbeit bzw. die Schnittstellen zwischen den im Geschäftsprozess beteiligten Menschen bestmöglich gestaltet und organisiert werden können: Wie gelingt es, durch den Einsatz von ***„Social Software“*** Projekte besser zu koordinieren, Effizienzverbesserungen zu erzielen und vorhandene Potenziale besser bzw. voll auszuschöpfen? Wo ist welche Form der Zusammenarbeit sinnvoll und wie (soweit notwendig) regelbar? Es geht letztendlich also auch darum, sowohl die unterschiedlichen und vielfältigen Kompetenzen aller Beteiligten an einem Projekt zu integrieren als auch ihre Expertise aufzunehmen, systematisch zu koordinieren und einen effizienten Austausch bzw. gemeinsame Lösungen von Aufgaben sicherzustellen – „Crowd Sourcing“ ist eines der „Buzzwords“ zu dieser Form der Erschließung des Wissens Vieler.

Zunächst zum Web 2.0-gestützten Management komplexer Prozesse im Sinne des ersten Aspektes, der Optimierung von Prozessen durch Standardisierung. Ein Beispiel aus den Fallstudien:

Eine Fachkraft arbeitet am Empfang eines Kfz-Betriebes. Über einen ***Online-Terminkalender*** (Funktion innerhalb von „Google Enterprise“) können Kunden Terminwünsche einstellen. Dieser Kalender wiederum ist verknüpft mit einer branchenspezifischen internen interaktiven Software („Bungert P2“), mit deren Programm-Modulen sich durch die Fachkraft im Verbund mit Kollegen alle Geschäftsprozesse transparent nachverfolgen und steuern lassen – von z. B. der Auftragsannahme, der Disposition der für den Termin benötigten Mitarbeiter über die Steuerung des (Ersatzteil-) Lagers bis hin zur teilautomatisierten Faktura.

Der zweite Gesichtspunkt der Prozessoptimierungsbemühungen, der auf Öffnung der Prozesse für die Erschließung von Mitarbeiterpotenzialen und Synergien, aber auch auf Erschließung und Nutzung externen Know-hows zielt, sei im folgenden Beispiel kurz skizziert (in Kapitel 4.4 zum Informations- und Wissensmanagement ist dieses Themenfeld ausführlich beschrieben).

Einer der Experten erläutert am Beispiel der Aufgaben seiner Büroassistentin, dass man für die Organisation der Kommunikation im Unternehmen mittlerweile viele Web 2.0-Tools verwende: In den ***„Yellow Pages“*** des Unternehmens werden – unter anderem von der Büroassistentin – Daten zu Ansprechpartnern für unterschiedlichste Fragen und Themen gepflegt (auch für Kunden- und Lieferanten nutzbar); ***Wikis*** zu FAQs für potenzielle Kunden werden ebenso wie unterschiedliche interne Foren zur Selbsthilfe angeboten (in diesem Fall z. B. ein Forum für Office-Mitarbeiter, in dem Fragen zur Organisation von Meetings, Hoteltipps bei Kundenbesuch oder Probleme mit neuer Software diskutiert werden). Eine unternehmensweit gemeinsam genutzte ***Bookmark-Sammlung*** zu Wettbewerbern unterstützt die Markt- und Wettbewerbsbeobachtung. Eine Aufgabe der Büroassistentin besteht darin, mit an die Bookmarks geknüpften ***RSS-Feeds*** zu ausgewählten Fragestellungen permanent auf dem Laufenden zu bleiben und ihren Vorgesetzten über wichtige Dinge ad hoc zu informieren. Im Rahmen von (Internet-)Recherchen ist es u. a. auch ihre Aufgabe, relevante Texte mit Schlagworten zu versehen (***„Tagging“***); gemeinsam mit anderen Nutzern im Unternehmen werden – so der Experte – Themen- und Sachverzeichnisse erstellt, in denen jeder Einzelne seine persönlichen Lesezeichen („Bookmarks“) setzen könne (Tool: „Delicious“).

Die Organisation solcher aufgabenorientierten Netzwerke und die Förderung von „kollektiver Intelligenz“ impliziert eine Verflachung von Hierarchien in den Unternehmen und notwendige größere Verantwortungsspielräume für jeden Einzelnen, der im Netzwerk an einem Projekt mitarbeitet.

In den Fallstudien und Expertengesprächen hat sich gezeigt, dass diese Web 2.0-gestützten Tools zwar aktuell noch stärker im akademischen Qualifikationsumfeld genutzt werden, die Anwendung dieser Tools zur Unterstützung organisationaler Prozesse, so die in der Untersuchung befragten Experten, werde sich jedoch eher kurz- als mittelfristig in der Mehrzahl aller office- und der dienstleistungsnahen Bereiche auch auf mittlerer Fachkräfteebene ausdehnen. Für Mitarbeiter in diesen Bereichen werden entsprechende Anwendungen und ihre Fortentwicklungen zu Standardtools im täglichen Geschäft, so ein breiter Konsens. Das Zusammenwirken bzw. die Konvergenz von teilautomatisierten Prozessen und menschlichem Agieren respektive Know-how zeigt sich hier besonders markant – nicht ganz so augenfällig sind die dadurch implizierten Qualifikationsanforderungen.

Die sich daraus ergebenden Anforderungen sind vielschichtiger Natur: Dazu zählen die Kenntnis der Systeme und ihrer Funktionen, ihrer Grenzen sowie impliziter Gefahren. Ebenso kommt es an auf die kompetente gleichzeitige Zusammenarbeit mit Maschinen und anderen menschlichen Akteuren; wichtig sind auch Kompetenzen im Umgang mit Transparenz, Kunden- und Serviceorientierung, Fähigkeiten zum Selbstmanagement sowie insbesondere prozessuales, aufgabenübergreifendes Denken. Hohe Bedeutung messen die Experten außerdem der Offenheit für Neues, kommunikativer Kompetenz und Versiertheit sowie einem umfassenden Bewusstsein der eigenen Rolle und des eigenen Tuns im Netzwerk bei.

4.2.2 Webbasierte virtuelle Kooperationen/Online-Kollaboration/ Sharepoints

Ein zweites wichtiges Feld von Anwendungen im Kontext von Aufbau- und Ablauforganisation und Prozessen markieren webbasierte virtuelle Kooperationen/ Online-Kollaboration/„Sharepoints".

Ganz gleich ob es um Zusammenarbeit in Teams oder um Kooperation im Kontext von Projekten geht: Ein nachhaltig erfolgskritischer Faktor ist die Qualität und Aktualität des Austausches zwischen den beteiligten Personen. Selten sind alle Beteiligten (inklusive gegebenenfalls benötigter externer Expertise) physisch an einem Ort zugegen. Die Fähigkeit zur virtuellen ***webbasierten Kooperation,*** also zur Zusammenarbeit unterschiedlicher Partner an verschiedenen Orten via Internet ist nicht zuletzt deshalb mittlerweile zur konstitutiven Voraussetzung für viele berufliche Kontexte avanciert. Kollaborationsplattformen sind bereits heute notwendige Arbeitsgrundlage des Tagesgeschäftes, z. B. in der Medienindustrie.

Ein Praxisbeispiel aus der Welt der Mediendienstleistungen: Ein Dienstleistungsunternehmen im Medienbereich bietet seinen Firmenkunden ein internetgestütztes Tool auf einer gemeinsamen Plattform an; dieses Tool dient dazu, alle Marketinginhalte (Bilder, Texte etc.) an einer zentralen Stelle medienneutral zu konsolidieren und dann auf Basis der operativen Marketingplanung zu entscheiden, über welche Vertriebswege die Inhalte ausgeleitet bzw. publiziert werden. Das digitale Foto oder der Werbetext können also parallel für z. B. den gedruckten Katalog, den Online-Shop, die Zeitschriftenanzeige oder für „Mobile"-Marketingaktionen verwertet werden und sind in einer zentralen Datenbank für alle Medienkanäle abgelegt.[15]

---

15 Es gibt nur noch ***eine*** Oberfläche und es bedarf nur noch ***einer*** Anmeldung im System; alle Daten liegen im System in einem externen Rechenzentrum.

Die Arbeit im Online-Tool auf der gemeinsamen Plattform ermöglicht die gleichzeitige Nutzung von Daten für unterschiedliche Kanäle. Der (externe) Firmenkunde, der Zulieferer (z. B. Fotografen, die ihre Fotos direkt von der Kamera in das Netz übertragen), wie auch unterschiedlichste Mitarbeiter im Unternehmen mit ihren verschiedenen Funktionen und Aufgaben haben (regulierte) Zugriffsrechte auf dieser gemeinsamen Plattform: Produktmanager und Kundenberater nehmen spezifische Markt- und Kundenanforderungen auf, strukturieren diese und stimmen sie mit der Softwareentwicklung ab[16], damit die Plattform optimal für den Kundenbedarf maßgeschneidert werden kann. Mitarbeiter der Produktion (z. B. Druckvorlagenerstellung) tragen Sorge dafür, dass die Herstellungsprozesse in der operativen Abwicklung möglichst effizient und optimal ablaufen und die verschiedenen Produktionsteams technologisch und prozessual abgestimmt arbeiten. Mediengestalter arbeiten mit der Plattform (teils in internationalen Kooperationsnetzwerken) an der Bildretusche. Um die Arbeit dieser Mediengestalter soll es im Folgenden gehen:

Im aktuellen Beispiel werden im Rahmen eines Auftrages mehrmals pro Woche jeweils etwa 50 Bilder bzw. Fotos vom Firmenkunden in die gemeinsame Datenbank hochgeladen; die Zugriffsmöglichkeiten sind wie dargestellt systemgestützt geregelt. Ein Team von Mediengestaltern ist mit der Retusche bzw. Bearbeitung der Bilder beauftragt. Dazu werden durch die Teamleitung konkrete Aufgaben entlang der spezifischen Kundenwünsche verteilt – und dem Kunden die jeweils zuständigen Mediengestalter als Ansprechpartner benannt.[17]

Der einzelne Mediengestalter greift auf die Bilder in der zentralen Datenbank zu und bearbeitet sie entlang vorgegebener Richtlinien im Team. Ein Teil der Bildretusche findet automatisiert und programmgestützt statt. Einzelne Bearbeitungsschritte können entweder parallel oder nacheinander im Team erledigt werden. Soweit eine iterative Bearbeitung notwendig ist, muss der Kollege, der seine spezifische Aufgabe ausgeführt hat, das Bild im System zur Weiterbearbeitung freigeben. Die einzelnen Bearbeitungsabläufe werden dabei weitgehend systemgestützt gesteuert und sind dort transparent. Je nach Auftrag arbeiten die Mediengestalter gemeinsam mit Kollegen im Team vor Ort oder auch mit den internationalen Kollegen zusammen.

16 Bei der begleitenden Softwareentwicklung liegt also ein Schwerpunkt im Bereich ***business process management,*** dem Modellieren von Geschäftsprozessen und dem Übersetzen der Geschäftsprozesse in technische Workflows, mit denen dann auch die Kunden arbeiten.

17 Die Teamleitung koordiniert die Aufgaben, moderiert die Kundenkommunikation auf der „Metaebene" und kümmert sich gegebenenfalls um die Bearbeitung von Reklamationen. Je nach Komplexitätsgrad von Projekten koordiniert, steuert und überwacht ein Projektmanager die teilweise auch an Mediengestalter-Kollegen einer Tochterfirma im europäischen Ausland ausgelagerten Bearbeitungsschritte.

Abstimmungen mit den Kollegen wie auch mit Kunden erfolgen partiell direkt über die gemeinsame Plattform, teils in einem Nebeneinander diverser, teilweise digitaler Kommunikationswege (bspw. E-Mail, Chat via Skype, Festnetz-Telefon, direkte persönliche Kommunikation). Da alle Prozessbeteiligten auf der gemeinsamen Plattform arbeiten, findet auch die Qualitätskontrolle dort statt. Die fertig bearbeiteten Bilder werden schließlich entsprechend gekennzeichnet und dem Kunden über die Datenbank zur Verfügung gestellt.

Bei sehr komplexen Aufträgen kooperieren die Fachkräfte auch zum Teil online mit Kollegen aus anderen Berufsfeldern, wie z. B. Softwareentwicklern, Projektmanagern oder Fotografen, die ihre Fotos wie dargestellt unmittelbar in Echtzeit via Netz übertragen und in die gemeinsame Datenbank einspeisen. In dieser vernetzten Arbeit werden Teamqualifikation in besonderem Maße gefordert: Die Fähigkeit zur prozessübergreifenden virtuellen Kooperation in interdisziplinär zusammengesetzten Teams ebenso wie die Fähigkeit zur virtuellen Zusammenarbeit in einem temporären Team.

Weitere Beispiele für neue Formen ***unternehmensübergreifender Kollaboration*** sind in manchen Berufsfeldern – auch auf mittlerer Fachkräfteebene – inzwischen Standard: In mehreren Fallstudien berichteten IT-Fachkräfte bzw. Programmierer von der allgemein üblichen Praxis, fachliche Probleme mit anderen Spezialisten in entsprechenden Internetforen gemeinsam zu diskutieren und online zu bearbeiten, einzelne Bausteine fremder Programmierungen soweit verfügbar zu adaptieren und für die eigene Programmierung zu verwenden oder auch schwierige Detaillösungen im Rahmen eigener komplexer Programmierungen online von externen Spezialisten erstellen zu lassen.

Exemplarisch sei noch auf ein weiteres, in einem Expertengespräch zitiertes Beispiel einer solchen „Sharepoint-Anwendung", also der Arbeit auf einer gemeinsamen Online-Plattform verwiesen:

In einem international aktiven Großunternehmen wurden zur optimierten Bearbeitung der Auftragseingänge weltweit 40.000 Aufträge online eingerichtet und anschließend von Fachkräften im Sharepoint gemeinsam bearbeitet. Vor der Entwicklung des Sharepoints seien hier unzählige Faxe verschickt worden. Gegenüber der Kommunikation über Fax oder E-Mail bewirkten die Sharepoints eine enorme Beschleunigung und geringere Fehleranfälligkeit.

Da verschiedene Nutzer simultan mit einer gemeinsamen Plattform, gemeinsamen Files und einer gemeinsamen Ablage arbeiten, entsteht, so der Experte, eine kompakte Binnenwelt, in der z. B. alle Aufträge von Sachbearbeitern nachbearbeitet werden könnten und allen Beteiligten die von anderen vorgenommenen Änderungen sofort zur Verfügung stehen.

Mit der Web 2.0-bedingten ***Umstellung der Geschäftsprozesse*** und der ***Ablauforganisation*** sowohl in den Unternehmen als auch auf Kundenseite ergeben sich für alle Prozessbeteiligten neue Herausforderungen in der Zusammenarbeit mit Kollegen, Kunden und Partnern. Dies betrifft die Arbeitsprozesse selbst, deren Transparenz im Netz, die Kooperationsfähigkeiten jedes Einzelnen, IT-Technologien, die Notwendigkeit zu Flexibilität und Reaktionstempo sowie die Kompetenzen im Umgang mit (stetig präsenten) Kunden.

Aus Sicht der *auf* und *mit* der Plattform arbeitenden Fachkräfte in den Fallstudienunternehmen impliziert die interaktive Online-Zusammenarbeit darüber hinaus folgende Aspekte:

- Das traditionelle Sender-Empfänger-Prinzip von einst wird zum Teil aufgelöst durch Formen virtueller Kommunikation, die sich, da nicht mehr zeitversetzt, immer mehr einem „normalen Gespräch" annähern und dies zum Teil ersetzen; Abstimmungsprozesse beschleunigen sich, gleichzeitig berge die (oft reduzierte) zwischenmenschliche Kommunikation manchmal Missverständnis-Potenziale.
- Die permanente Erreichbarkeit durch die neuen Medien hat auf Kundenseite hohe Erwartungen an permanente Verfügbarkeit und prompte Reaktionen mit sich gebracht, was ein gewisses Stresspotenzial in sich birgt.
- Gleichzeitig sehen einige Fachkräfte in der Möglichkeit, im Notfall auch von unterwegs oder zu Hause auf die Server der Firma zugreifen zu können, einen großen Vorteil – insofern, als dies einen gewissen Grad an Freiheit sowohl bezogen auf den Arbeitsort als auch auf den Zeitpunkt der Erledigung bestimmter Arbeiten bietet; im Notfall können Arbeiten noch erledigt werden, ohne die Büroräume aufsuchen zu müssen.
- Der Standardisierungsgrad der Arbeiten erhöht sich nach Auffassung der Experten in vielen Bereichen; gleichzeitig erfordert die durch die Interaktivität getriebene Schnelllebigkeit der Märkte, Produkte und der Tools eine hohe und stetige Lern- und Anpassungsbereitschaft.
- In der internationalen Teamarbeit ist das Verständnis für die kulturellen Besonderheiten sowie die Fähigkeit zur Zusammenarbeit mit Kollegen aus anderen Kulturkreisen bedeutsam. Ohne diese Kompetenzen erhöht sich demnach das Risiko von Missverständnissen und Konflikten durch die gleichzeitigen Einschränkungen der virtuellen Kommunikation und der interkulturell unterschiedlichen Kommunikations- und Arbeitsweisen.

Für die kommenden Jahre ist – ungeachtet der Unsicherheit künftiger Entwicklungen – davon auszugehen, dass webbasierte Formen der interaktiven Kooperation und Kollaboration sich auch auf mittlerer Fachkräfteebene noch deutlich ausweiten werden.

4.3 Anwendungen im Kontext von Human Resources- bzw. Personalmanagement

Bei der Annäherung an das Thema Web 2.0 im Kontext von Human Resources- bzw. Personalmanagement gilt es, zwischen den Anwendungsfeldern aus *Unternehmensperspektive,* Anwendungsfeldern mit Blick auf die *im Personalbereich Beschäftigten* und schließlich Anwendungsfeldern mit Blick auf *Fachkräfte allgemein* zu unterscheiden.

Die Fallstudien und die Experteninterviews offenbaren, dass Web 2.0 im Kontext von Human Resource Management in einem Teil der Unternehmen bereits intensiv genutzt wird. Keiner der Experten bezweifelt, dass sich Web 2.0-Anwendungen und ihre Weiterentwicklungen im Personalmanagement in den kommenden Jahren noch nachhaltig ausweiten werden.

Perspektive der Unternehmen und der im Personalbereich Beschäftigten

Zunächst zu Anwendungsfeldern aus Perspektive der Unternehmen (deren operative Umsetzung die Beschäftigten im Personalbereich unmittelbar berührt): Web 2.0 spielt hier mittlerweile eine Rolle in vielen Bereichen – von der Personalbeschaffung und -auswahl über das Personalcontrolling, die Personalentwicklung und die interne Betriebskommunikation bis hin zu betrieblichen Betreuungs- und Serviceleistungen wie z. B. Angeboten im Gesundheitsmanagement.

Web 2.0-gestützte ***Stellenausschreibungen*** für qualifizierte Jobs, vorwiegend im akademischen, aber zunehmend auch im Fachkräftebereich sind längst verbreitete Unternehmenspraxis. In der Regel werden sie auf den Websites der Unternehmen, in fachlich orientierten Portalen oder Jobbörsen, aber auch in den Portalen beruflich orientierter sozialer Netzwerke (z. B. „LinkedIn“, „Xing“) platziert. Neben der „klassischen“ interaktiven Stellenausschreibung, die z. B. die Erstellung von Online-Bewerbungsmappen ermöglicht, finden sich inzwischen auch Jobangebote bspw. in Form von Podcasts auf Videoportalen, bei denen Bewerbungsunterlagen wiederum in Form von Podcasts oder Videoclips eingefordert werden.

Einzelne Firmen bieten Interessenten zusätzlich sogenannte ***Karriereplattformen*** in sozialen Netzwerken an (z. B. „Siemens AG Careers" auf Facebook), wo man sich über das Unternehmen, dortige Entwicklungs- und Karrierechancen etc. informieren sowie sich mit anderen (Interessenten und Unternehmensmitarbeitern) austauschen kann. Andere Karriereplattformen im Netz bieten neben Karriere-Links und Infos zu Karriere-Events (z. B. Messen) an, dass Bewerber ihren Lebenslauf, persönliche Daten und Bewerbungsdokumente eingeben bzw. hochladen können und danach branchengefiltert von Unternehmen Jobangebote erhalten, die zu ihrem Profil passen (z. B. „Romling.com"). Diese Angebote zielen heute noch im Schwerpunkt auf den akademischen Bereich; einige Experten gehen jedoch davon aus, dass u. a. wegen des absehbaren Fachkräftemangels in vielen Bereichen entsprechende Plattformen bald auch für den Fachkräftebereich eine Rolle spielen werden.

Blogs, Foren und soziale Netzwerke dienen inzwischen verbreitet als ***Fundus für die gezielte Personalsuche,*** ganz gleich, ob es um die punktuelle projektbezogene Suche nach spezifischem Know-how und spezifischen Qualifikationen geht, ob generell nach „High Potentials" in bestimmten Berufsfeldern gesucht wird oder ob Bewerber für regionale Bedarfe ausfindig gemacht werden sollen.

Das interaktive Internet eröffnet die Möglichkeit gezielten ***„Profilings"*** im Rahmen der Personalsuche. Durch die Kombination einer Vielzahl verfügbarer Daten aus unterschiedlichen Quellen (z. B. Communities, Blogs, Foren, Plattformen) können Informationen zu potenziellen Kandidaten für offene Stellenangebote zusammengeführt und ausgewertet werden. Längst hat sich diese Option auch als Geschäftsmodell etabliert: Professionelle Personalberater, „Headhunter" und Personaldienstleister bieten entsprechende „Screenings" an und verkaufen sie an Unternehmen. Sie verkaufen vorsortierte Kontakte – entsprechend dem gesuchten Profil und inklusive einer Vorabprüfung aller irgendwie verfügbaren personenbezogenen Daten potenzieller Bewerber im Netz.

Selbst wenn es nicht um diese umfassenden Recherchen geht, so erklären doch sehr viele Experten, dass das ***„Googeln" potenzieller Kandidaten*** und Bewerber inklusive der „Sichtung" ihrer eventuellen Profile, Beiträge und Referenzen im gesamten Kontext des interaktiven Internets in einer sehr großen Zahl der Unternehmen mittlerweile stark verbreitet sei, selbst wenn manche Formen der Profilerstellung schon aus rechtsverwertbaren Gründen überwiegend nicht offiziell geschähen.[18] In vergleichbarer Weise liefere das „Mitarbeiter-Googeln", so ein Experte, in manchen Fällen inoffiziellen Input z. B. für entlohnungsrelevante Jahresmitarbeitergespräche oder die Entscheidung über eine Beförderung.

Zur Eingrenzung eines unter Umständen sehr hohen Bewerberaufkommens und entsprechenden Aufwands bei der Personalsuche bieten einige Unternehmen inzwischen ***webbasierte interaktive „Self-Assessments"*** an (z. B. „CyPRESS" bei Gruner+Jahr, DAK, Commerzbank). Dabei erhält ein potenzieller Bewerber Einblick in das Unternehmen, seine Geschäftsfelder sowie mögliche Tätigkeitsbereiche und kann anhand diverser interaktiver Aufgaben und Übungen einschätzen lassen, wie es um seine Eignung mit Blick auf die gestellten Anforderungen steht; das systemgenerierte Feedback zu seinen Ergebnissen bleibt vertraulich und wird ausschließlich dem Bewerber persönlich zugestellt. Dieses Verfahren bietet Unternehmen, aber auch interessierten Bewerbern die Möglichkeit, Personalauswahl- und Bewerbungsprozesse effizient und günstig vorzubereiten.

Bis dato, so ein Experte, werde dieses Verfahren noch (von wenigen Unternehmen) in erster Linie im Rahmen der Vorauswahl von Führungsnachwuchskräften, teils aber auch schon zur passgenaueren Rekrutierung von Fachkräften oder von Auszubildenden eingesetzt. Mittelfristig sieht er in dieser Form Web 2.0-basierter „persönlicher Eignungstests" ein sich weit verbreitendes Verfahren für die Vorauswahl von Bewerbern in vielen Bereichen der Fachkräfteebene, aber auch als ein Angebot für Beschäftigte in ausgewählten Fachbereichen, die den Status ihrer Qualifikationen bzw. potenziellen Qualifikationsbedarf (diskret) ermitteln wollen.

Im Kontext von Personalentwicklung sei auch hingewiesen auf die immer populäreren ***Konzepte für E-Learning mit Web 2.0-Technologien*** wie Podcasts, Blogs oder Videos.

Wie in Kapitel 4.4 im Kontext der Diskussion um Trends des Informations- und Wissensmanagements dargestellt, fungieren Web 2.0-basierte unternehmensinterne ***Kompetenzdatenbanken*** als wichtige Tools zum synergetischen Manage-

---

18 Ein Experte berichtet von einem ihm bekannten Unternehmen, in dem Experten bei sensiblen Stellenbesetzungen damit beauftragt wurden, „undercover" zu überprüfen, ob Bewerber in den letzten Jahren irgendwelche Daten im Netz löschen ließen. Wenn ja, wurden diese Daten wiederhergestellt und gegebenenfalls inoffiziell für die Entscheidung gegen den Bewerber verwertet. Dies sei u.U. auch eine Praxis, wenn es um sensible Besetzungen im Fachkräftebereich gehe (bspw. Einsatz in sicherheitsrelevanten Einrichtungen oder politisch sensiblen Kontexten...). Dieser Experte geht davon aus, dass vergleichbare Praktiken früher oder später auch bei „normalen" Bewerbungen oder zur Einschätzung von Mitarbeitern angewandt werden könnten.

ment der in einem Unternehmen verfügbaren Ressourcen. Gleiches gilt für unternehmensübergreifende (internationale) Kompetenzdatenbanken, die für spezifische Anforderungen konzipiert und gepflegt werden.

Web 2.0-Tools spielen mittlerweile auch im ***Management Performance*** und im ***Leistungsmonitoring*** eine Rolle. Nach ersten Gehversuchen mit der ***„digitalen Personalakte"***, die eine gleichzeitige, parallele Bearbeitung von Personalakten mit einem ausgeklügelten System aus Lese- und Schreibberechtigungen für mehrere Mitarbeiter im Personalbereich gestattete, haben sich durch Web 2.0 die Optionen erweitert: Durch die „Verlinkung" dieser Tools mit dem WWW eröffnen sich, so ein Experte, neue Möglichkeiten z. B. für das marktvergleichsorientierte Management von Konditionen und Löhnen bzw. Gehältern oder die marktorientierte Wertschöpfungsbeitragsrechnung. Grundlage dafür sei eine systematische Verknüpfung eigener Daten mit Fremddaten aus dem interaktiven Internet.

Wie in Kapitel 4.5 zu Marketing und Reputationsmanagement ausführlich thematisiert, nutzen Unternehmen Web 2.0-Plattformen und Foren sehr gezielt zur ***Identifikation entscheidender Imageparameter*** und zu entsprechendem Marketing – inklusive adäquater Wettbewerbspositionierung. Dies gilt sowohl mit Blick auf Kunden und die Öffentlichkeit, es gilt aber auch mit Blick auf die Anwerbung erwünschter Fachkräfte durch ein attraktives Image und die Bindung bzw. das „Commitment" der eigenen Mitarbeiter. Im Idealfall, so ein Experte, bringe man die Mitarbeiter dazu, als positive Botschafter für das eigene Unternehmen in den Web 2.0-Umgebungen zu wirken: Wenn Informationen glaubwürdig mit einem „sozialen Wert" verknüpft seien, gewännen sie an Bedeutung. Lese man, dass der virtuelle Partner oder „Freund" bei Facebook oder Xing positiv über sein Unternehmen spreche, erhielte dies für den Betreffenden eine vollkommen andere Bedeutung, als wenn das Unternehmen sich selbst präsentiere.

Zur Perspektive der Fachkräfte

Eine weitere relevante Perspektive beim Blick auf die Anwendungsfelder im Kontext von „Human Resources" ist die auf dem Markt der Fachkräfte selbst:

Über die ***Bedeutung der digitalen Reputation*** auf dem Arbeitsmarkt der Zukunft wird ausführlich in Kapitel 4.5 berichtet. Um dies vorwegzunehmen: Auch für Fachkräfte auf der mittleren Qualifikationsebene wächst die Bedeutung von Fragen der ***Präsenz und Sichtbarkeit*** im Netz, von positiver ***Imagepflege*** sowie einem kontinuierlichen ***Monitoring*** des eigenen Rufs.

Ebenso wichtig werden die (u. U. auch strategische) Vernetzung mit anderen und die Pflege von Referenzen in der virtuellen Welt. Kontakte und Referenzen sind, so ein Experte, das ***„virtuelle soziale Kapital"*** der Bewerber und Beschäftigten im Arbeitsmarkt. Dass ein Mitarbeiter „nicht bei Null" anfange, sondern z. B. zur Lösung schwieriger Aufgaben auf Netzwerke zurückgreifen könne, werde mit Sicherheit zu einem relevanten Einstellungs- oder Bewertungskriterium für qualifizierte Fachkräfte auf allen Ebenen.

Für Mitarbeiter im Personalmanagement werden umfassende Web 2.0-Anwendungs-Qualifikationen zunehmend unabdingbar, selbst wenn das eigene Unternehmen heute noch eher zu den „Nachzüglern" dieser Entwicklung zählt. Dies bedeutet, dass sie umfassende Kompetenzen im Einsatz der verfügbaren Tools benötigen, aber auch qualifiziert mit den Begleitfragen wie z. B. den rechtlichen Rahmenbedingungen und Datenschutzanforderungen umgehen müssen.

Für Menschen auf der Suche nach einem Arbeitsplatz und für Beschäftigte auf der mittleren Qualifikationsebene hängt die graduelle Notwendigkeit der Web 2.0-Expertise heute noch sehr stark zusammen mit

- dem Verbreitungsgrad von entsprechenden Web 2.0-Anwendungen in den unterschiedlichen Wirtschaftsbereichen und Arbeitsfeldern sowie mit der
- „Web 2.0-Affinität" der jeweiligen Unternehmen.

In der Welt von Medien, Informations- und Kommunikationstechnologien sind entsprechende Qualifikationen absehbar ein „sine qua non". In weniger technologiegetriebenen, „traditionelleren" Feldern bleibt anzunehmen, dass sich das im Privaten schnell wandelnde Mediennutzungsverhalten auch auf die Arbeitswelt auswirkt und entsprechende Web 2.0-Anwendungen absehbar auch hier kein „Nischenphänomen" bleiben.

4.4 Anwendungen im Kontext von Informations- und Wissensmanagement

Im Kontext der Web 2.0-relevanten Anwendungen von Informations- und Wissensmanagement zeigt sich der vorliegenden Untersuchung zufolge eine Reihe von Entwicklungen, die sich voraussichtlich verbreiten und tief greifend auswirken. Insbesondere geht es dabei um

- die vollständige oder teilweise ***Veröffentlichung von Kommunikationsprozessen,*** Personendaten und netzverbundenen Aktivitäten als Basis von und durch Web 2.0;

- die ***Nutzung der veröffentlichten Datenbestände*** zur Untersuchung, Steuerung und Bewirtschaftung durch Dritte, die wiederum selbst erfasst werden;
- die Akzeptanz der Existenz einer allgemein verfügbaren, individuell nicht vollständig nachvollziehbaren ***Wissensinfrastruktur*** sowie deren weitgehend unreflektierte (bzw. unreflektierbare) Nutzung.

Während der erste Aspekt ein mit dem Phänomen Web 2.0 selbst verbundenes Merkmal benennt, bezieht sich der zweite Aspekt auf eine mit hoher Wahrscheinlichkeit eintretende Folge: die Sekundärnutzung der mit dem Web 2.0 verfügbar werdenden Daten, Informationen und Wissensanteile, weniger mit Bezug auf die einzelne Information, sondern insbesondere im Hinblick auf die ***Auswertung kollektiver Strukturen*** und trendartiger Entwicklungen (z. B. die Häufigkeit der Thematisierung eines bestimmten Produktelementes in Foren). Der dritte Aspekt bezieht sich auf eine anzunehmende Konsequenz, die sich aus der vielfachen, eklektisch zusammengesetzten Nutzung ergibt: Die Bereitschaft, sich in einer weitgehend undefinierten Wissensdomäne zu bewegen und daraus arbeitsrelevante Informationen zu entnehmen, führt zu der ***prinzipiellen Anerkennung der für den Nutzer nicht durchschaubaren Herkunft*** und Gütesicherung der Quelle des Web 2.0.

Bezogen auf den seit vielen Jahren in der Diskussion befindlichen Begriff des „Wissensmanagements" stellen Web 2.0-Phänomene eine Form der Realisierung wesentlicher Anteile dieses Konzeptes dar – allerdings sind diese für ein „Management" nur schwer greifbar und steuerbar. Die ***Diffusionsrichtung der Nutzung von Web 2.0-Anwendungen*** – aus der privaten Nutzungsgewohnheit in die berufliche Nutzung hinein – und die aufwendigen Bemühungen um eine ***organisationale Abgrenzung*** der Verbindungen (in Varianten von Intranet-Applikationen) hängen mit der schwierigen Steuerung des Umgangs mit dem Wissen in interaktiven vernetzten Anwendungen zusammen. Unter dem Aspekt des Informations- und Wissensmanagements sind drei Themen der Web 2.0-Phänomene abzugrenzen: erstens die Entstehung, Entwicklung und Nutzung elektronischer Wissensdomänen, zweitens das Spannungsgefüge zwischen kreativer Generierung und verlässlicher Gütesicherung von Wissen in vernetzten Anwendungen und drittens die in Organisationen diesbezüglich aktivierten Sicherheitssysteme und -prozeduren.

4.4.1 Digitale Wissensressourcen

Die Web 2.0-Phänomene haben eine besondere Wirkung auf die Entstehung, Entwicklung und Nutzung elektronischer Wissensdomänen. Hier handelt es sich um kooperativ genutzte Speichersysteme und Datenbanken sowie um elektronische Archive und -kataloge, deren oftmals ***eigendynamisch angelegtes Wachstum*** auf die ***aktive Teilhabe zahlreicher Akteure*** und Autoren angewiesen ist. So werden in einem Produktionsbetrieb die Erfahrungen der Fachkräfte in datentechnischer Verknüpfung mit den professionell generierten und über ein formales Berechtigungssystem eingegebenen Informationen kombiniert. Bereits in der Ausbildung wird die ***Verwendung des elektronischen Produktionslernsystems*** eingeübt. Diese Systeme sollen das gesamte relevante und situativ erforderliche Wissen enthalten und verfügbar machen, welches die Auszubildenden für ihre Lernaufgaben und die Fachkräfte für ihre Arbeitstätigkeit benötigen. Die oftmals spezifischen, teilweise kurzlebigen Inhalte lassen sich nur durch die Zuarbeit vieler Personen zusammenstellen, die in einer abgestuften Berechtigung von der offiziellen Anweisung bis zur informellen Kommentierung Eingaben in das System vornehmen. Die zuverlässige und effiziente Verwendung bedarf intelligenter Systemüberwachung und -steuerung, etwa durch redaktionelle Strukturen und die ***Qualifizierung nebenamtlicher „Autoren“.***

In den Arbeitssystemen, zu denen entsprechende Wissensressourcen verfügbar sind, akzeptieren und nutzen die Fachkräfte diese Wissensinfrastruktur auch für ihre Arbeit. Dabei zeigt sich zumeist ein Bestreben nach genereller Öffnung der Nutzungsreichweite (beispielsweise für die Verwendung von Suchmaschinen, insbesondere Google, und die Verwendung größerer lexikalischer Ressourcen, insbesondere Wikipedia), obwohl es sich damit um Wissensinfrastrukturen handelt, die für die Fachkräfte in ihrer Gesamtheit individuell nicht nachvollziehbar bzw. überschaubar sind – anders als beispielsweise ein gedruckter Tabellenband oder eine offizielle Bedienungsanleitung. Die Fachkräfte müssen im Falle der Nutzung offener bzw. umfangreicher Wissensmanagementsysteme in diesem Sinne hybride Wissensformen (offiziell gleich langsam, informell gleich schnell, aber nicht abgesichert) und anonyme, technische Auswahlprozeduren (von Suchmaschinen) einschätzen und bewältigen.

4.4.2 Auswirkungen von Web 2.0 auf das Wissensmanagement

Aus den Web 2.0-Phänomenen im Informations- und Wissensmanagement entsteht ein Spannungsfeld aus einerseits ***strukturiertem,*** andererseits ***spezifischem, situativem*** und ***exklusivem Wissen.*** Diese Spannung ergibt sich zwischen der kreativen Generierung von Informationseingaben durch zahlreiche Akteure und der verlässlichen Gütesicherung, beispielsweise durch redaktionelle Funktionen und technische Vorgaben. In den Informations- und Wissensmanagementsystemen wandelt sich die Nutzungsrichtung: Während vormals Wissen gezielt zur Verfügung gestellt wurde, ergibt sich die Nutzung zunehmend aus der Suche nach Informationen, die in zuvor für die jeweilige Anfrage nicht strukturierten Quellen erfolgt. Die Zusammenstellung der vorhandenen Informationen entsteht anlässlich der Suchaktivität, auch die Aktivierung von Beiträgen durch beteiligte Personen wird aufgrund der Nachfrage angeregt. Gleichzeitig etablieren sich professionelle Akteure, die Web 2.0-affine elektronische Anwendungen entwickeln und einführen, deren Nutzung für Fachkräfte unabweisbar attraktiv oder erforderlich ist. Diese Anwendungen enthalten elektronische Auswahlprogramme für Wissensressourcen, Personalisierungsdienste oder Strukturierungshilfen für unüberschaubare Informations- und Wissenssysteme.

Wenn das professionelle Wissen in entscheidenden Bestandteilen im interaktiven Netzwerk hinterlegt und gehandelt wird, ***verliert das in den Personen und örtlichen Teams vorgehaltene Wissen relativ dazu an Bedeutung.*** Auf der anderen Seite ergeben sich durch die Möglichkeiten der Wissensmanagementsysteme auch Optionen zur Darstellung individueller Kompetenzprofile, die sich als Datenbanken für ein erweitertes Kompetenzmanagement nutzen lassen – somit die individuellen Wirkungsradien in der Arbeitstätigkeit erweitern. Zugleich wächst die Bedeutung der Kompetenz zur ***adäquaten situativen Zuordnung erforderlicher Informationen*** und diesbezüglich geeigneter Quellen bzw. Akquiseprozesse sowie der erforderlichen Transferleistungen. Professionelles Handeln unter Verwendung umfangreicher dynamischer Wissensmanagementsysteme ist auf diese Kompetenz angewiesen.

4.4.3 Risiken des Informationsmanagements im Web 2.0

In organisationalen Umgebungen entstehen spezielle ***Sicherheitssysteme und -prozeduren*** als Reaktionen auf Web 2.0-Phänomene. Sie streben die Etablierung bzw. Beibehaltung geschützter elektronischer Gemeinschaftsbereiche an, die etwa als Intranetanwendungen eingerichtet werden. Im Falle der notwendigen Öffnung in außerorganisationale interaktive Anwendungen werden Sicherheitsvorkehrungen entwickelt, die Risiken und Gefährdungen abfangen sollen.

Die Gefährdungen beziehen sich erstens auf einige allgemein und umfassend diskutierte Risiken, wie bspw. durch ***Computerviren,*** Phishingroutinen, Trojanerprogramme und sonstige Spionageanwendungen, zweitens auf an sich unstrittig vorhandene, aber wenig greifbare Phänomene wie etwa ***Rechtsbedrohungen*** (Abmahnungen aufgrund unbeabsichtigter Schutzrechtsverletzungen, Haftbarkeit für Folgen von Interneteingaben etc.) oder „gläserne“ Prozesse und Personenprofile, die sich aus der Gesamtheit im Netz recherchierbarer Informationen ergeben, und drittens beziehen sich die Gefährdungen auf eher unklare Risiken wie z. B. ***Sekundärnutzungen*** (Wettbewerber verfolgen den Lagerbestand eines Konkurrenten mittels dessen Kundeninformation), ungewollte Folgen von Verknüpfungen (elektronische Zusammenführung eines Produktes mit bestimmten Zielgruppen, Informationen oder anderen Produkten) oder interessengeleitete Wettbewerbsbeeinflussungen (z. B. organisierte Bewertungen in Foren und Blogs).

In verschiedenen Fällen versuchen Unternehmen, interaktive Netzwerke mit der Potenz des ***Web 2.0 in einem abgeschlossenen Raum*** (dem Intranet, in kooperativen Fällen auch einem unternehmensübergreifenden, gesicherten Netz) zu aktivieren. So wird von einem an unserer Untersuchung teilnehmenden Unternehmen eine technische Web 2.0-Anwendung betrieben, die in sich hierarchisch aufgebaut und geschlossen, aber dennoch weltweit verfügbar ist und sich prinzipiell dem visionären Konzept der kollektiven dynamischen Intelligenz verschrieben hat. In anderen Fällen agieren ***Unternehmen als aktive Treiber*** in dem auch aus ihrer Sicht nicht steuerbaren Umfeld des Web 2.0. Sie versuchen dabei selbst, durch spezifische Expertise in Teilbereichen die Kontrolle zu behalten. Diese Kontrolle wird zudem auch als Dienstleistung für Dritte angeboten.

Angesichts der Konstellation in vielen Unternehmen stellt sich die Frage nach den ***Grenzen der Abschottung*** von Informations- und Wissensmanagementsystemen. In einigen Fällen ist eine solche Abgrenzung mit den Arbeitserfordernissen nicht vereinbar, wenn sich etwa die Fachkraft in zahlreiche externe Umgebungen einloggen muss, um dort Informationen auch in aktuellen Blogs und Wikis zu recherchieren. In anderen Fällen bestehen intensive Kooperationen mit externen Partnern, deren Inhalte wiederum in zum Teil Web 2.0-artigen Anwendungen ausgetauscht werden. In einigen Fällen bewirken die Kunden selbst eine Öffnung, indem sie etwa eine Fertigungsanlage aus der Ferne betreiben wollen und auch die diesbezügliche Kommunikation offen gestalten.

In den Fallstudienunternehmen ergibt sich ein heterogenes Bild. In einem Großteil der Fälle bestehen ***wenig Bedenken gegenüber Web 2.0***-artigen Anwendungen, die Gefährdungen werden aus unterschiedlichen Gründen als wenig relevant angesehen und weitgehend ignoriert (weil sie alle betreffen, weil sie aus dem privaten Umgang gewohnt sind, weil ihre Folgen nicht bekannt sind). In diesem Sinne beziehen viele der in den Fallstudien aufgesuchten Fachkräfte Web 2.0-Anwendungen auch unabhängig von einem unmittelbaren Nutzen zur Bewältigung des Arbeitsalltags in die Tätigkeit ein, indem sie private Gewohnheiten auf die Arbeitsumgebung übertragen. Umgekehrt ist die Teilhabe und Mitwirkungsbereitschaft gemindert, wenn außerhalb der Arbeitstätigkeit kein Umgang in Web 2.0-Umgebungen bzw. auch im Internet generell besteht.

Bei den Fachkräften bestehen jedoch kaum Vorstellungen über zukünftige Entwicklungen im Web 2.0; eine Mitgestaltungsmöglichkeit wird generell nicht erwogen. Auch die relativ nahe liegende Annahme, dass sich sukzessive aus den im Netz zusammengetragenen Daten und Informationen personale Repräsentationen (Avatare) entwickeln, wird nicht bedacht.

In anderen Fällen werden rigide Begrenzungen praktiziert, die teilweise die Arbeitstätigkeit selbst behindern. In den Gesprächen scheint sich eine Tendenz abzuzeichnen, dass ***Experten eher zu den restriktiveren Nutzungsmerkmalen neigen:*** Beispielsweise lehnen IT-Fachkräfte manchmal privat die Nutzung von Web 2.0- und Social Media-Anwendungen ab.

In der Summe verwundert die vorgefundene Situation, dass die ***IT-Laien*** weitgehend ***vorbehaltlos*** (geradezu naiv) mit den Web 2.0-Anwendungen umgehen (soweit sie überhaupt Zugang zu vernetzten IT-Systemen haben), während sich ***die Sachkundigen (IT-Spezialisten) zurückhalten bzw. verweigern,*** sofern sie nicht selbst zu den innovationsfreudigen Treibern der Anwendungen oder zu den „Nutznießern“ der Folgeprobleme gehören.

4.5 Unternehmens- und personenbezogenes Marketing, „Reputationsmanagement“

Die außerordentlich rasche Verbreitung von positivem wie negativem Feedback in den hochgradig austauschintensiven Web 2.0-Umgebungen im Internet kann sowohl das Image von Unternehmen als auch den Ruf von Einzelpersonen rasant in Kalamitäten oder zu Höhenflügen bringen, ohne dass „natürliche Kreisläufe“ mithalten.

Communities, Weblogs, Podcasts, Wikis, Twitter usw.: ***Nutzergenerierte und nutzergesteuerte Inhalte*** erobern das Internet mehr und mehr und werden zu einer ***wesentlichen Bestimmungsgröße*** für das Ansehen und die Reputation von Organisationen und Einzelpersonen. In rasantem Tempo und mit enormen Reichweiten werden generierte Inhalte ungeachtet ihrer Herkunft und Qualität öffentlich.

Experten aus unserem Forschungsprojekt zufolge setzt sich ein Handwerker, der über „Blauarbeit" oder „MyHammer" (Internetportale zur gezielten Handwerkersuche) einen Auftrag annimmt, im selben Moment dem „Wagnis" aus, bewertet zu werden. Fortan muss er, um Einfluss auf seine Öffentlichkeitswirkung zu nehmen, „monitoren", was über ihn publiziert wird und seine Reputation im Netz selbst möglichst professionell und hochreagibel managen. Was für den Handwerker gilt, trifft selbstredend für jedes Unternehmen und ebenso für jeden Arbeitnehmer im Netz zu. Arbeitsmarkt- und Bewerbungschancen von Fachkräften zum Beispiel sind zunehmend ebenso abhängig von positiver Präsentation und Resonanz im Internet, wie dies für Wettbewerbschancen von Unternehmen gilt.

Dabei verschwimmen die Grenzen zwischen privaten und beruflichen Anwendungen. Jeder Mitarbeiter eines Unternehmens agiert im Internet, selbst wenn er privat dort unterwegs ist, gewissermaßen als Firmensprecher, soweit seine Zugehörigkeit zu einem Unternehmen identifizierbar ist. Dies impliziert Risiken für Unternehmen, bedeutet aber auch für den Einzelnen, sich jederzeit über die Öffentlichkeit seines Tuns im Netz und dessen Außenwirkung bewusst sein zu müssen. So können selbst Beiträge von z. B. Firmenkollegen das Image des Einzelnen wesentlich beeinflussen. Erste Unternehmen haben u. a. aus diesen Gründen Regeln für den Umgang mit den „Social Media" entwickelt und verpflichtend für ihre Mitarbeiter eingeführt (z. B. IBM: „IBM Social Computing Guidelines" oder Intel: „Intel Social Media Guidelines").

Bis ins Jahr 2015, davon gehen die Experten unseres Forschungsprojektes aus, werde professionelles Reputationsmanagement nicht nur für Firmen und ausgewählte Beschäftigtengruppen, sondern für die Mehrzahl aller Beschäftigten vom Sachbearbeiter bis zum leitenden Angestellten ein Thema sein.

Zunächst zur Frage nach professionellem ***Reputationsmanagement von Unternehmen*** (das auch die Frage nach den Qualifikationen aller Beschäftigten, nicht nur derer im Kontext von z. B. Marketing, Unternehmenskommunikation oder Vertrieb betrifft):

- Eine erste wesentliche Anforderung besteht den Experten zufolge im professionellen Know-how für die Gestaltung und das Management der Präsenz des Unternehmens im Internet und in interaktiven Online-Umgebungen. Mindestens ebenso bedeutsam wie der ***Auftritt selbst*** seien die ***Reichweite*** der Internetpräsenz und die ***Präsenz in den „richtigen" Kontexten,*** also zum Beispiel in relevanten Foren und auf attraktiven Plattformen via passender Links.
- Neben professionellen Websites mit entsprechenden Verlinkungen gehören dazu mittlerweile für viele Unternehmen u. a. auch Firmenblogs (***„Corporate***

Blogging"), in denen individuelle Repräsentanten des Unternehmens (z. B. ausgewählte Mitarbeiter, Auszubildende, Verantwortliche für imageträchtige Projekte) den Dialog mit der interessierten Öffentlichkeit pflegen; die bloggenden Mitarbeiter repräsentieren ihr Unternehmen und geben ihm ein persönliches Gesicht.

- Wachsendes Interesse findet das ***systematisch gestützte Monitoring und Management*** des eigenen Firmenimages: Im Markt existieren unterschiedliche Tools, um im Internet automatisiert z. B. Geschäftskontakt-Plattformen wie Xing oder LinkedIn, aber auch Chats, Foren, Blogs oder Newsgroups auf bestimmte Begriffe und deren semantische Kontexte abzusuchen (z. B. „TNS Web LedgeTool", „Webreputation.com"). Auf diese Weise werden beispielsweise relevante Imageparameter bei interessanten Zielgruppen ermittelt. Auch können ***Wettbewerber*** auf diese Weise unter die Lupe genommen werden. Auf Basis der ausgewerteten Informationen lassen sich Rückschlüsse für gezieltes Marketing und eine adäquate Wettbewerbspositionierung treffen.
- Über entsprechende Tools lassen sich auch ***hocheffizient Präferenzen der Nutzer*** z. B. von Foren oder Plattformen ermitteln. Die (Image-)Positionierung des eigenen Unternehmens lässt sich so passgenau auf diese Präferenzen abstimmen. Gleiches gilt für das Marketing bei der Einführung oder dem „Relaunch" von Produkten und Dienstleistungen, aber auch für die Imagepflege mit Blick auf erwünschte künftige Mitarbeiter.
- Ein wichtiges Instrument zur positiven „Stimmungsmache" ist das ***„virale Marketing":*** Dieses beschreibt Kampagnen, die darauf angelegt sind, Botschaften in einem relevanten Interessensumfeld (z. B. in den Foren sozialer Netzwerke oder in Videoportalen) ähnlich der Verbreitungsweise eines Virus durch Mundpropaganda der Nutzer im Netz streuen zu lassen. Dazu wird z. B. eine witzige Idee in einem Spot oder Blog platziert – um die Nutzer anzuregen, mit anderen darüber zu reden oder den Link zu verschicken und so geplante (Werbe-) Botschaften zu verbreiten. Auch bei individuellen Akteuren (z. B. dem Fotografen, dem Bäcker oder dem Designer), die ihre Dienste wirkungsvoll platzieren möchten, ist dies bei einer guten Idee ein vergleichsweise günstiges Mittel, wirksam auf sich aufmerksam zu machen.
- Zur professionellen Reputationspflege zählt inzwischen auch die ***Tilgung negativer Spuren im Netz.*** Spezielle Internetagenturen bieten an, störende Einträge, Inhalte und Daten im Internet zu entfernen (z. B. „Web-Killer.de").[19]
- Kritische Entwicklungen konstatieren die Experten dort, wo ***Manipulationen*** zur Image- und Reputationspflege eingesetzt werden: z. B. beim gezielten Lancieren

19 Allerdings bleiben die Daten – wenn auch nicht mehr unmittelbar aufrufbar – unlöschbar; jede Sekunde des „Internetlebens" ist und bleibt irgendwo gespeichert und damit theoretisch wiederherstellbar.

von positiven Feedbacks scheinbarer Kunden zu eigenen Leistungen oder umgekehrt bei lancierten manipulativen Negativ-Feedbacks zu Wettbewerbsleistungen. Auch würden einzelne Kunden Firmen für positive Feedbacks bezahlen, so die Kenntnis der Experten. Schließlich gebe es automatisierte Betrugsprogramme, die z. B. Klickrates manipulieren, damit Rankings verändern und auf diese Weise die Reputation von Firmen mit beeinflussen können.

Professionelles Reputationsmanagement gewinnt auch für den ***Einzelnen*** nach Einschätzung der Experten stark an Bedeutung; die für Unternehmen skizzierten Aspekte gelten in vergleichbarer Weise auch hier.

- Besondere Bedeutung kommt beim persönlichen Reputationsmanagement von Beschäftigten den ***sozialen Netzwerken*** zu. In diesen Netzwerken schaffe man sich ein Image wesentlich über Referenzen. Wie bereits in Kapitel 4.3 angemerkt, stehen ***Kontakte und Referenzen*** für das ***„virtuelle soziale Kapital“*** des Individuums in der Arbeitswelt.
- Neben der Präsenz „am richtigen Ort“ und der Frage von Reichweiten stellt sich auch für Beschäftigte verstärkt die Frage nach ihrem Image im Netz. Plattformen zum ***„Check“ des eigenen Rufes*** im Netz und für dessen professionelle Optimierung (z. B. „Naymz.com“) nehmen als Geschäftsidee heute bereits vorweg, was die Experten als Anforderung für die Mehrzahl qualifiziert Beschäftigter in den kommenden Jahren voraussagen. Insbesondere aus den Fallstudien im IT- und Mediensektor wurde deutlich, dass dieses Thema auch bei den Beschäftigten auf Fachkräfteebene heute bereits sehr präsent ist.

4.6 Einsatzfelder bei der Markt-, Geschäftsfeld- und Kundenentwicklung sowie der Entwicklung von Produkten und Dienstleistungen

Web 2.0 führt zu einer partiellen Öffnung von Forschungs-, Entwicklungs- und Produktionsprozessen in Unternehmen sowie zur optionalen Teilhabe der interessierten Öffentlichkeit. Eine „Demokratisierung“ findet dergestalt statt, dass diese Prozesse für ein unmittelbares Feedback von außen geöffnet werden – bis hin zur virtuellen Mitwirkung der Allgemeinheit, der (potenziellen) Kunden oder eines jeweiligen Fachpublikums.

Im Rahmen dieses externen Entwicklungsinputs bzw. der Mitwirkungs- und Gestaltungsbeiträge von außerhalb des Unternehmens seien drei (nicht vollkommen überschneidungsfreie) Web 2.0-Anwendungsfelder vorgestellt:

1. ***Analysen und Auswertungen zu „Sekundärdaten"*** von Internetplattformen und -foren, wie z. B. zu relevanten nutzergenerierten Inhalten, zu Empfehlungen, Klickraten oder Feedbacks – und zu dem daran anknüpfenden ***interaktiven Dialog*** z. B. auf den Plattformen oder in den Fachforen
2. ***Forschungs- und Entwicklungsprozesse*** und ***Qualitätsmanagement*** mit direkter externer Unterstützung durch Kunden, Partner oder die Web-Gemeinde (inkl. „Co-Creation" und „Crowd Sourcing")
3. ***Web 2.0-gestützte Kundenpflege/interaktives Beschwerdemanagement***

4.6.1 Analysen und Auswertungen von Sekundärdaten

In denjenigen Unternehmen, die heute bereits verstärkt auf Web 2.0-Anwendungen setzen, ist es in zunehmendem Maße gängige Praxis, verschiedenste produkt- oder dienstleistungsrelevante Daten im Netz zu sammeln, zu analysieren und ihre Auswertung für die Entwicklung oder Verbesserung des eigenen Angebotes zu verwenden: Die Marktmacht von z. B. Newsgroups oder Bewertungsplattformen bietet die Chance eines „Bedürfnis-Scans" auf Nachfragerseite, ermöglicht die Analyse von Nachfragepotenzialen und erlaubt eine Überprüfung von Wettbewerbsoptionen (z. B. „Autoplenum" mit Erfahrungsberichten von Nutzern rund ums Auto, „Qype" oder „Dialo" mit standortbezogenen, lokalen Bewertungen zu beispielsweise Restaurants, Zahnärzten, Elektrikern, Werkstätten oder Tierhandlungen u. v. m.).

So berichtet ein Experte davon, dass ein großer Kfz-Hersteller mithilfe eines Marktforschungsunternehmens relevante Internetbörsen, Internetplattformen und Diskussionsforen gezielt durchforsten lässt: Gesammelt und analysiert werden Empfehlungen, Stellungnahmen, kritisches Feedback und Bewertungen zu eigenen Produkten und Dienstleistungen ebenso wie zu denen von Wettbewerbern. Mitarbeiter aus dem Vertrieb des Unternehmens treten in manchen Fällen auch mit den Akteuren in den Foren in Dialog, erläutern Sachverhalte und hinterfragen oder diskutieren mit den dortigen Akteuren deren Einschätzungen.

Alle Inhalte, die Kunden, Kritiker oder potenzielle Käufer einstellen, kommen auf den Prüfstand und werden für die Schärfung des eigenen Angebotsprofils genutzt. Parallel dazu werden Analysen zu Klickraten auf eigenen Webseiten und im Einzelfall Online-Befragungen zum eigenen Angebot ergänzt. Diese analysierten Daten nutzt das Unternehmen darüber hinaus für „Cross sellings": Die aggregierten Daten geben Auskunft darüber, wofür konkrete Kunden (bzw. Kundentypen), die sich für ein bestimmtes Angebot bzw. in diesem Fall einen bestimmten

Fahrzeugtyp entscheiden, außerdem empfänglich sind. Sie lassen Rückschlüsse zu, welche Zusatzgeschäfte mit dem Kunden(-typus) machbar erscheinen und welche Zusatzleistungen das Unternehmen anbieten sollte. Dies betreffe sowohl „After Sales"-Dienstleistungen wie z. B. einen Fahrzeug-Sonderservice vor Reisen als auch zusätzliche Produkte wie Kindersitz, Dachgepäckträger oder Picknickkoffer.

Diese Auswertungen stehen schließlich dem Verkäufer, Vertriebsmitarbeiter oder Kundenbetreuer in den Filialen des Unternehmens zur Verfügung. Diese Mitarbeiter werden ihrerseits angehalten, die relevanten Foren und Plattformen mit zu beobachten.

4.6.2 Forschungs- und Entwicklungsprozesse und Qualitätsmanagement mit direkter externer Unterstützung durch Kunden, Partner oder die Web-Gemeinde

Der Internetnutzer wird bei vielen Web 2.0-Anwendungen selbst zum (Mit-)Produzenten von Produkten oder Dienstleistungen eines Unternehmens. Er liefert Ideen, Tipps, Erfahrungen und Einschätzungen für Innovationen, hilft mit, neue Produkte und Dienstleistungen zu generieren oder weiterzuentwickeln, und „designed" sie gegebenenfalls nach eigenen Vorstellungen und Präferenzen.

Im Kontext dieses Web 2.0-getriebenen Forschungs-, Entwicklungs- und Innovationsmanagements lassen sich drei verschiedene „Typen" unterscheiden: In manchen Firmen werden Innovationen in speziell dazu eingerichteten ***firmeninternen „Social Communities"*** entwickelt, andere Unternehmen hingegen haben Kunden unmittelbar in konkrete Entwicklungsprozesse eingebunden („Co-Creation" als interaktive Wertschöpfung zusammen mit dem Kunden). Einige andere Vorreiter in diesem Themenfeld arbeiten mit Web 2.0-„Communities" im offenen Netz; zu diesen gehört auch das „Crowd Sourcing", das auf die gezielte Nutzung der kollektiven Kreativität, Erfahrung und Intelligenz einer speziellen Gruppe oder „Community" für spezifische Forschungs- und Entwicklungsprojekte und Innovationen abhebt. Die externen Partner im Netz werden dabei sozusagen zu „indirekten eigenen Mitarbeitern" gemacht.

Da die Einrichtung ***Web 2.0-basierter firmeninterner Innovationsplattformen*** und der dortige Einsatz von Instrumenten zum Austausch und Teilen von Informationen und Wissen bereits ausführlich in Kapitel 4.4 diskutiert wurde, soll an dieser Stelle auf eine erneute Erläuterung verzichtet werden.

Co-Creation als interaktive Wertschöpfung zusammen mit Kunden

Bereits seit vielen Jahren sind z. B. im Kfz-Sektor Online-Konfigurationen von Fahrzeugen möglich. Hier gestaltet der Kunde im Rahmen vorgegebener Auswahloptionen „sein“ individuelles Produkt und wird so erstmalig Beteiligter im Produktionsprozess noch vor dem Endprodukt. Weitreichend werden Kunden auch involviert, wenn sie (z. B. via Web-Tests) in Piloten zur Optimierung von Neuentwicklungen oder in „Wünsch-dir-was-Programme“ einbezogen werden.

Die folgenden Beispiele aus den Fallstudien und Expertengesprächen der vorliegenden Untersuchung mögen dies veranschaulichen: Im ersten Fall geht es um die Entwicklung einer bürgerfreundlichen Webseite für eine Stadt, bei dem die Bürger als „Entwicklungshelfer“ und „Testnutzer“ der Website fungierten. Das mit der Konzeption der Website beauftragte Unternehmen hat zunächst einen Piloten mit bestimmten Dienstleistungsfunktionen (z. B. Formularabruf, interaktiver Stadtplan etc.) entwickelt und ihn anschließend „scharf gestellt“: Alle Bürger der Stadt konnten im Anschluss für einige Wochen diese Pilotwebsite testen und ihre Einschätzungen, Ideen und Wünsche webbasiert rückmelden. Auf dieser Basis wurde schließlich die endgültige Website erstellt. Die zuständige Programmierungsfachkraft war in diesem Fall im Team mit einem verantwortlichen „Konzeptionierer“ permanent in die Prozesse der Webseitenentwicklung einbezogen.

Ein anderes, in die Fallstudien einbezogenes Medienunternehmen bietet seinen Geschäftskunden aus dem Bekleidungssektor ein Web 2.0-gestütztes Tool als „Verkaufshilfe“ im Sinne eines interaktiven Modeberatungs-Programms für deren Kunden an: An virtuellen Modellen kann der Kunde interaktiv verschiedene Kleidungskombinationen inkl. Accessoires ausprobieren, bevor er seine Online-Bestellung aufgibt. Neben Programmierern sind hier auf Fachkräfteebene beispielsweise Mediengestalter involviert; sie organisieren, layouten und retuschieren die vom jeweiligen Geschäftskunden zur Verfügung gestellten Bilder auf der gemeinsamen Plattform.

Auf ein ähnliches Beispiel im Web 2.0-Geschäft weist einer der befragten Experten hin – nämlich die Internetfirma „Spreadshirt“. Auf der Internetseite dieses Anbieters können Kunden ihre eigenen T-Shirts und andere Kleidungsstücke selbst designen. Aus einer Auswahl bestimmter Passformen und Größen wählt der Kunde am Bildschirm sein präferiertes Modell aus, das er anschließend selbst gestalten kann. In diesem Prozess können eigene Fotos hochgeladen und als Druckmuster auf dem Kleidungsstück platziert werden; ebenso kann der Kunde die Farbgestaltung bestimmen.

Ein letztes Beispiel zum (in diesem Fall unbeabsichtigten) Qualitätsmanagement mittels Web 2.0 illustriert die von einem anderen Experten erinnerte weltweite Rückrufaktion von Audi bei der Einführung des Audi TT im Jahr 2001. Dies sei das erste berühmte Beispiel für unmittelbare Web 2.0-Folgen in der Industrie gewesen: Damals hätten sich erst in den USA, dann in Europa Audi TT-Fahrer in interaktiven Newsgroups und Internetforen „zusammengerottet“ und betont, das Auto zeige gefährliche Fahreigenschaften. Audi musste in Folge erheblichen Imageschaden hinnehmen, eine weltweite Rückrufaktion starten und alle Fahrwerke umrüsten.

Crowd Sourcing im offenen WWW

Schließlich sei noch der dritte „Typus“ Web 2.0 getriebenen Forschungs-, Entwicklungs- und Innovationsmanagements in Augenschein genommen: die interaktive Zusammenarbeit mit kompetenten Gruppen im Netz, um entweder ein spezifisches Problem zu lösen oder neue Dienstleistungen bzw. Produkte entwickeln zu lassen (das sogenannte ***„Crowd Sourcing“***).

Grundlegende Voraussetzung dafür ist zunächst die Definition von Aufgaben oder Problemen, die sich gemeinschaftlich bearbeiten lassen. Ebenso bedeutsam ist die Motivation derer, deren Unterstützung man sich erhofft.

In mehreren der Fallstudienbetriebe haben IT-Fachkräfte darauf hingewiesen, dass es üblich und verbreiteter Standard sei, im Kontext von Programmierungen grundsätzlich mit verfügbaren Versatzstücken aus anderen Programmen zu arbeiten, die im Netz frei verfügbar sind oder z. B. in Fachforen nachgefragt werden können. Ebenso international üblich sei es, dass sich Fachleute unterschiedlichster Unternehmen gegenseitig bei Problemlösungen unterstützten; man „poste“ sein Anliegen/Problem z. B. in einem interaktiven Fachforum – und die „Expertengemeinde“ unterstütze in der Regel engagiert bei der Problemlösung.

Neben diesen von Einzelnen ausgehenden „CrowdSourcing“-Initiativen nutzen auch Unternehmen die Chancen und Möglichkeiten einer gebündelten Verwertung kollektiver Kreativität und Intelligenz von Externen – wobei es bei diesen Projekten allerdings stärkerer Anreize bedarf, wie z. B. dem Ausloben von Preisen für das beste Konzept bzw. die beste Idee oder direkten pekuniären Anreizen. Vielfach wird die „Crowd“ auch zusätzlich dazu genutzt, das beste Konzept für z. B. ein Produkt oder die beste Idee auszuwählen.

Ein von Experten in den Interviews genanntes „Crowd Sourcing"-Beispiel aus dem Konsumgüterbereich, das gleichzeitig auch die Entscheidungsmacht von Internetusern über die Einführung oder das Design neuer Produkte bestätigt, ist die Praxis der Kaffeerösterei Tchibo. So habe der Kaffeeröster eine ***Community-Plattform*** entwickelt, die vom Unternehmen selbst moderiert wurde („Tchibo Ideas"). Auf dieser Plattform geht es um die gemeinschaftliche Entwicklung und Optimierung von Ideen und ***Lösungen für Alltagsprobleme.*** Erfinder, Designer, Kunden und Konsumenten können Mitglied werden und danach sowohl eigene Aufgabenstellungen einstellen als auch an der Lösung von Aufgaben bzw. Projekten anderer mitarbeiten (Beispiele: fahrbarer Schulranzen, optimierte Biotonne, raffinierter Kabelaufroller). Das Konzept lebt vom Austausch von Wissen, Erfahrung und kreativen Ideen. Die Mitglieder der Community bewerten die Ideen, wählen in einem iterativen Verfahren die besten Konzepte aus; sie entscheiden, was aus ihrer Sicht am Markt fehlt und was sie zu welchen Konditionen kaufen würden. Für die besten Konzepte sind Geldpreise ausgelobt.

4.6.3 Kundenpflege und interaktives Beschwerdemanagement

Web 2.0-Anwendungen spielen komplementär zu anderen Kommunikationskanälen auch im Kontakt mit Kunden eine immer wichtigere Rolle. Durch ihre Unmittelbarkeit und Austauschintensität scheinen sie geradezu prädestiniert für die Kommunikation und Interaktion mit Kunden; damit zählen Kompetenzen zur Einschätzung der jeweiligen Eignung der verschiedenen Kommunikationskanäle sowie das Knowhow im Umgang zu den Primäranforderungen an Fachkräfte im Kundenkontakt.

Ein konkretes Beispiel: Ein Automobilkonzern initiiert ***virtuelle, interaktive Kundenzufriedenheitsanalysen,*** in denen Kunden zu unterschiedlichen Aspekten von Produkten und Leistungen des Konzerns sowie zu seinen Lieferanten und Vertragspartnern befragt werden (Händler/Vertragswerkstätten). Im Fall großer Unzufriedenheit kann ein Problem durch den virtuell Befragten entweder „gepostet" oder direkter Kontakt zu einem Kundenbetreuer oder einem „Beschwerdemanager" hergestellt werden, um das Problem entweder zu lösen, individuelle Kulanzregelungen zu finden oder aber Input zu grundsätzlichen Verbesserungsmaßnahmen zu generieren.

Ein weiteres Beispiel sind die vielen ***CRM-Tools („Customer Relationship Management"),*** mit denen zusätzlich zu vielen administrativen Funktionen (vom Serienbrief bis zur automatisierten Rechnungslegung) immer häufiger ***„Social Networks" für Kunden*** etabliert und Servicefunktionen verknüpft werden.

So bietet Neckermann als großes Versandhaus seinen Kunden auf einer an seinen Online-Shop angedockten interaktiven Kundenplattform („nLounge") an, auf Wunsch mit anderen Kunden in Kontakt zu treten, sich auszutauschen, auf Bilder und Filme des Konzerns zuzugreifen, eigene Inhalte einzustellen etc. Gleichzeitig wird diese Plattform vom Unternehmen u. a. auch genutzt, um mit Kunden in einen engeren, „maßgeschneiderten" Dialog zu treten und Kunden- und Imagepflege zu betreiben.

Viele weitere Anwendungsfelder im unmittelbaren Kundenkontakt wie z. B. das ***virtuelle Terminmanagement, gemeinsame Online-Konferenzen mit Kunden, Sharepoint-Anwendungen*** z. B. zur gemeinsamen Bearbeitung von Dokumenten etc. wurden bereits ausführlich in Kapitel 4.2 („Anwendungen im Kontext der Aufbau- und Ablauforganisation") diskutiert – sie sollen an dieser Stelle deshalb nicht mehr ausführlich dargestellt werden.

Der Grad der Aktivierung von Mitarbeitern, Kunden und der Öffentlichkeit bei der Entwicklung, der Verbesserung und „Maßschneiderung" von Produkten und Dienstleistungen sowie bei konkreten Problemlösungen wird voraussichtlich in den kommenden Jahren noch einmal gravierend zunehmen; hier sind sich die im Rahmen der Untersuchung einbezogenen Experten weitgehend einig. Was heute für einige „Trendsetter"-Unternehmen noch ein ***Differenzierungsmerkmal zum Wettbewerb*** ist, nämlich die extrem schnelle und nahe Verbindung zu den potenziellen Abnehmern von Produkten und Dienstleistungen durch Web 2.0-Anwendungen, wird sich demzufolge in wenigen Jahren auf viele Bereiche ausdehnen und noch gravierend an Bedeutung gewinnen.

Der Handwerker oder Dienstleister vor Ort wird in der Zukunft zunehmend webbasiert mit dem Kunden interagieren: sei es der Drucker in der Textilbearbeitung bei „Spreadshirt", der Programmierer, der den Internetshop gemeinsam online mit dem Kunden entwickelt, die Friseurin, deren Kunden sich auf „Qype" oder „Dialo" zu neuen Produkten austauschen, oder der Immobilienkaufmann, der auf einer webbasierten interaktiven Plattform mit dem Kunden gemeinsam satellitengestützte Fotos des Wunschobjektes aus dem virtuellen Stadtplan heranzoomt, mit „Google street view" die unmittelbare Umgebung besichtigt und später systemgestützt die Mietvertragsbedingungen aushandelt.

Aber auch in mittleren und großen Unternehmen werden Fachkräfte in unterschiedlichen Funktionen von Web 2.0-basierten Innovations- und Entwicklungsprozessen tangiert: sei es auf der Web 2.0-gestützten firmeninternen Innovationsplattform eines Automobilkonzerns, sei es der Verkäufer in einer Werkstatt oder

Filiale, der die „öffentlichen Anregungen" auf Bewertungsplattformen antizipieren muss und gegebenenfalls selbst dort bewertet wird – oder die Touristikkauffrau beim virtuellen Reiseanbieter „Expedia", wo sich Kunden u. a. individuell maßgeschneiderte Reisen zusammenstellen, Bewertungen zu einzelnen Leistungen oder Hotels abgeben und eigene Fotos oder Reiseberichte einstellen können.

Fachkräfte interpretieren und verwerten aggregierte Daten aus dem interaktiven Diskurs, sie werden zu Input-Lieferanten, zu Kooperationspartnern und Lösungshelfern in der „Co-Creation"[21] oder übernehmen die Aufgaben von Moderatoren und Managern des interaktiven Prozesses mit Kunden oder anderen Marktteilnehmern in unternehmensübergreifenden Projekten.

21 Die Gratwanderung zwischen erwünschtem und notwendigem „Knowledge Sharing" einerseits und der Wahrung von Interessen des eigenen Unternehmens andererseits stellt auch hier eine der wichtigen Anforderungen an alle beteiligten Fachkräfte dar.

5. Aktuelle und zukünftige Qualifikationsanforderungen im Kontext von Web 2.0

Helmut Kuwan/Bernhard Schmidt-Hertha/Yves Waschbüsch/
Gerd Gidion/Claudia Strobel

Die zuvor beschriebenen Entwicklungen wirken sich auf Anforderungen an Fachkräfte auf verschiedenen Qualifikationsebenen aus. Im vorliegenden Kapitel werden Ergebnisse der bisherigen Analysen in einer qualifikationsbezogenen Perspektive zusammengefasst und verdichtet und derzeitige sowie zukünftige Qualifikationsanforderungen an Fachkräfte der mittleren Qualifikationsebene näher dargestellt, die mit Blick auf Web 2.0-Anwendungen relevant sind. Dabei geht es auch um eine Klärung der Bedeutungsinhalte der jeweiligen Qualifikationsanforderungen. Die zentralen Fragen, die in diesem Kapitel behandelt werden, lauten wie folgt:

- (1) Welche Qualifikationsanforderungen, die für mittlere Fachkräfte im Kontext von Web 2.0-Anwendungen bedeutsam sind, lassen sich identifizieren?
- (2) Welchen übergeordneten Themenbereichen können die vielfältigen einzelnen Qualifikationsanforderungen zugeordnet werden?
- (3) Wie stellt sich die derzeitige und zukünftige Bedeutung ausgewählter Qualifikationsanforderungen an mittlere Fachkräfte im Kontext von Web 2.0-Anwendungen innerhalb der jeweiligen Themenbereiche dar, differenziert nach den beiden Indikatoren „Anforderungshöhe" und „Verbreitungsgrad"?

Im Folgenden erläutern wir zunächst in einem Kurzüberblick einige eher grundsätzliche Aspekte, die für das Verständnis der in diesem Kapitel dargestellten Inhalte wichtig sind.

5.1 Zentrale inhaltliche Aspekte im Überblick

Bei der Interpretation der Ergebnisse dieses Kapitels sind folgende Aspekte zu beachten:

- Web 2.0-Anwendungen betreffen häufig ***Querschnittaufgaben,*** die sich nicht auf bestimmte Sektoren eingrenzen lassen. Dennoch sprechen die bisherigen Ergebnisse dafür, dass sie in verschiedenen Segmenten unterschiedlich bedeutsam sein können. Entsprechende Unterschiede werden in diesem Kapitel nur kurz erwähnt; eine vertiefende Betrachtung unterschiedlicher Sektoren bzw. Tätigkeitsfelder erfolgt im anschließenden Kapitel 6.
- Die hier betrachteten Qualifikationsanforderungen sind ***nur manchmal unmittelbar und exklusiv Web 2.0-spezifisch.*** Häufiger besteht ein mittelbarer Zusammenhang in dem Sinne, dass der zunehmende Einsatz von Web 2.0-Anwendungen einen erheblichen Bedeutungsgewinn für eine Reihe von Qualifikationsanforderungen erwarten lässt, die auch in anderen (Internet-) Kontexten bedeutsam sein können. Die zusätzliche Dynamik, die als Folge zunehmender Web 2.0-Anwendungen zu erwarten ist, erscheint allerdings so erheblich, dass es aus unserer Sicht nicht vertretbar wäre, die entsprechenden Aspekte außer Acht zu lassen. Deshalb stellen wir in diesem Kapitel sowohl Befunde zu unmittelbar Web 2.0-spezifischen als auch zu mittelbar von Web 2.0-Anwendungen beeinflussten Qualifikationsanforderungen dar, wobei im Text jeweils darauf hingewiesen wird, ob es sich um Web 2.0-spezifische Qualifikationsanforderungen handelt oder nicht. Der deutlich stärkere Fokus dieser Darstellung liegt dabei auf den unmittelbar mit Web 2.0-Anwendungen einhergehenden Qualifikationsanforderungen.
- Vor dem Hintergrund des qualitativ angelegten Untersuchungskonzeptes handelt es sich bei den Einschätzungen in diesem Kapitel nicht um quantitativ gesicherte Aussagen, allerdings auch nicht um Spekulationen. Die Aussagen zur derzeitigen Verbreitung und zur zukünftig erwarteten Entwicklung von Qualifikationsanforderungen sind als ***empirisch fundierte Hypothesen*** zu verstehen, die aus einer integrierten Betrachtung der verschiedenen Untersuchungsbausteine abgeleitet wurden.
- Die Unterscheidung zwischen ***„derzeitigen" und „zukünftigen" Qualifikationsanforderungen*** ist vielfach fließend und oft eher eine Folge ihrer quantitativen Verbreitung in der Arbeitswelt. Praktisch alle im Folgenden genannten Qualifikationsanforderungen sind zumindest in einzelnen innovativen Unternehmen bereits derzeit zu finden. Für Fachkräfte in vielen anderen Unternehmen, die auf bestimmte Web 2.0-relevante Entwicklungen noch nicht reagiert haben, handelt es sich gleichwohl um zukünftige Qualifikationsanforderungen (vgl. weiter unten).

Die folgende Abbildung illustriert die Unterscheidung zwischen derzeitigen und zukünftigen Qualifikationsanforderungen in einer dynamischen Perspektive anhand eines an die Innovationsdiffusionskurve angelehnten fiktiven Beispiels. Dabei wird angenommen, dass sich eine technologische Innovation in einem der Normalverteilungskurve folgenden Diffusionsprozess jedes Jahr in einer weiteren Anwendergruppe durchsetzt.

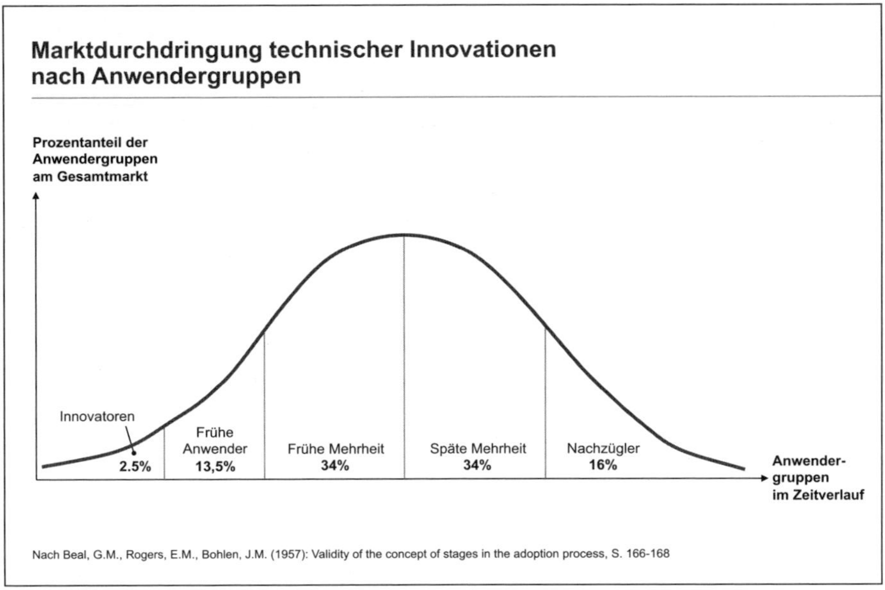

Abbildung 3: Marktdurchdringung technischer Innovationen nach Anwendergruppen

Geht man idealtypisch davon aus, eine technologische Innovation würde zu einer bestimmten Qualifikationsanforderung führen und werde im ersten Jahr ausschließlich von der Gruppe der „Innovatoren“ eingesetzt, so würde es sich in diesem fiktiven Beispiel im ersten Jahr für 2,5 % der Betriebe um eine derzeitige und für 97,5 % um eine zukünftige Qualifikationsanforderung handeln (siehe Abb. 3). Würde sie im zweiten Jahr auch von den „frühen Anwendern“ eingesetzt, so sähen sich nun 16 % der Betriebe (2,5 % + 13,5 %) einer derzeitigen Qualifikationsanforderung gegenüber und 84 % einer zukünftigen. Im fünften Jahr, wenn die Marktdurchdringung abgeschlossen und die Innovation auch von den Nachzüglern angenommen wird, würden sich 100 % der Betriebe einer derzeitigen Qualifikationsanforderung gegenübersehen. – Wie erwähnt, handelt es sich hier um ein idealtypisches Beispiel, da Qualifikationsanforderungen nicht einfach technologiedeterminiert sind, ihre Relevanz mit zunehmender Diffusion in verschiedenen Sektoren unterschiedlich bleiben kann und quantifizierende Aussagen mit den im Projekt gewählten qualitativen Verfahren nicht möglich sind. Die Abbildung zielt darauf ab, zu veranschaulichen, warum Qualifikationsanforderungen, die bereits in der Arbeitswelt vorkommen, dennoch zukünftige Anforderungen darstellen können. Dieses Beispiel verdeutlicht zudem, warum es mit Blick auf zukünftige Entwicklungen erforderlich ist, nicht nur Veränderungen der Anforderungshöhe, sondern auch des Verbreitungsgrads von Qualifikationsanforderungen zu betrachten.

Wie erwähnt, lassen sich aus den verschiedenen Arbeitsschritten dieser Untersuchung, insbesondere aus den Betriebsfallstudien und in einigen Fällen auch aus den Experteninterviews, vielfältige Qualifikationsanforderungen ermitteln, die für mittlere Fachkräfte im Kontext von Web 2.0-Anwendungen bedeutsam sind. Da die Darstellung einer Vielzahl „atomisierter" Qualifikationsanforderungen in einer umsetzungsorientierten Perspektive nicht allzu hilfreich wäre, stellt sich daran anschließend die Aufgabe einer Zuordnung der Einzelaspekte zu übergeordneten Themenbereichen. In einer heuristischen Verdichtung unter Berücksichtigung von Ergebnissen der Literaturrecherche, der Experteninterviews und der Betriebsfallstudien lassen sich die ermittelten Qualifikationsanforderungen insgesamt sieben inhaltlichen Hauptdimensionen zuordnen, die im Folgenden jeweils als Unterpunkte dieses Kapitels näher behandelt werden. Dabei handelt es sich um die Themenbereiche

- Kommunikation im virtuellen Raum,
- Kooperationsfähigkeiten in virtuellen Arbeitswelten,
- Umgang mit Information und Wissen/Informations- und Wissensmanagement,
- Datenschutz, rechtliche Fragen und Vertraulichkeitsanforderungen in Web 2.0-Umgebungen,
- eigenverantwortliches Lernen und parallele Bearbeitung zahlreicher Aufgaben (Multi-Tasking),
- IT-Kompetenzen in Web 2.0-Umgebungen,
- sonstige Qualifikationsanforderungen.

Im Folgenden erläutern wir für jeden der o. g. Unterpunkte zunächst einzelne Qualifikationsanforderungen[20] etwas näher. Zum besseren Verständnis ist dabei auch eine Kurzdarstellung des jeweiligen Anwendungskontextes erforder-

20 Dabei werden jeweils Qualifikationsanforderungen betrachtet, die – wenn auch in unterschiedlicher Weise - für Fachkräfte der mittleren Qualifikationsebene relevant sind.

lich.[21] Danach folgen Einschätzungen zur derzeitigen Verbreitung der vorgestellten Qualifikationsanforderungen. Am Ende jedes Unterpunkts nehmen wir zusammenfassende Einschätzungen zur derzeitigen und zukünftigen Bedeutung ausgewählter[22] Qualifikationsanforderungen an mittlere Fachkräfte im jeweiligen Themenbereich vor; dabei werden sowohl die Anforderungshöhe als auch der Verbreitungsgrad näher betrachtet.

5.2 Kommunikation im virtuellen Raum

Wie in den Kapiteln 3 und 4 bereits dargestellt, findet die Kommunikation zwischen unterschiedlichen Marktteilnehmern wie (potenziellen) Kunden und Unternehmen, mit Zulieferern, Partnern etc. zunehmend im virtuellen Raum statt. Hinzu kommt, dass Kunden immer häufiger Produkte und Dienstleistungen im Internet bewerten. In manchen Sektoren, etwa im Tourismus, haben Kundenbewertungen schon eine längere Tradition. Inzwischen nehmen Kunden auch in anderen Bereichen Bewertungen vor, sei es auf Bewertungsplattformen oder in virtuellen sozialen Netzwerken. Für viele Unternehmen gilt: Wer diese Diskussionen ignoriert, kann seine Marktchancen gefährden, zumal insbesondere die Bewertungen von Freunden und Bekannten den Interessenten meist glaubhafter erscheinen als die Eigendarstellungen von Unternehmen.

Unternehmen können sich entweder in einem schon bestehenden Netzwerk bewegen und versuchen, hier gezielt Personen anzusprechen, oder eigene Communities aufbauen und so die Kunden an das eigene Unternehmen binden. Durch beide Strategien rücken Unternehmen näher an die Kunden heran, erfahren deren Wünsche und Vorlieben, können die Plattformen gezielt für das Marketing nutzen und die Kunden stärker an die eigene Marke oder das eigene Unternehmen binden.

Im professionellen Bereich entwickeln sich vergleichbare Bewertungsprozeduren beispielsweise im technischen Einkauf; hier werden zudem häufig Varianten und technische Spezifika intensiv und kontinuierlich erörtert. Die Diskurse sind teilweise nicht öffentlich und teilweise mit öffentlichen, aber von Privatpersonen

21 Eine ausführlichere Darstellung hierzu findet sich in den Kapiteln 3 und 4.

22 Eine Darstellung zur zukünftigen Entwicklung aller vorgestellten Qualifikationsanforderungen würde zu einer kaum mehr überschaubaren Vielfalt von Einzelbefunden führen; deshalb behandeln wir an dieser Stelle nur ausgewählte Aspekte. Zentrales Auswahlkriterium waren Einschätzungen der betrieblichen Experten, welche Anforderungen des jeweiligen Themenbereichs aus ihrer Sicht als inhaltlich prioritär für die Arbeit von mittleren Fachkräften gelten.

geführten Bewertungsdiskursen kombiniert. So tauschen sich die Anwender von Automatisierungstechnologien herstellerübergreifend aus und nehmen dabei die von Herstellerseite kommenden Beiträge kritisch auf. Auch auf Nutzerseite ist die Teilnehmerzusammensetzung unternehmensübergreifend, wenn es beispielsweise um den Umgang mit neuen Standardanwendungen wie Windows 7 in diversen technischen Systemen geht.

Basisqualifikation: Technische Beherrschung von Web 2.0-Anwendungen, Auswahl geeigneter Web 2.0-Tools und -Umgebungen

Die technische Beherrschung von Web 2.0-Anwedungen, z. B. das Erstellen von Blogs, Tags oder Wikis, die Nutzung von Facebook oder Xing, die Beteiligung an Foren usw. ist eine notwendige Voraussetzung für die Nutzung der virtuellen Kommunikation in Web 2.0-Umgebungen, quasi die „Eintrittskarte in die Web 2.0-Welt". Während nach Ansicht der befragten Experten derzeit nur eine Minderheit der über 50-Jährigen Web 2.0-Anwendungen zu kennen und zu nutzen scheint, sind fast allen Jugendlichen und jungen Erwachsenen die gängigen Web 2.0-Anwendungen aus dem privaten Bereich vertraut. In dieser Hinsicht sind bei jüngeren Fachkräften der mittleren Ebene kaum Probleme zu erwarten, die sich aus fehlenden Anwendungserfahrungen ergeben könnten.

Bereits heute sind Web 2.0-Anwendungen offenbar vergleichsweise einfach und nutzerfreundlich (vgl. näher 5.7). Eine klare Mehrheit der Experten erwartet, dass diese Anwendungen künftig eher noch einfacher zu bedienen sein werden. Intuitive Bedienungsmöglichkeiten gelten als unverzichtbares Kriterium für den Erfolg von Web 2.0-Anwendungen. Entsprechend dürfte auch das Lernen neuer technischer Applikationen oder Oberflächen bei Veränderungen von Web 2.0-Anwendungen zukünftig vergleichsweise unkompliziert erfolgen. Lernen findet hier oft durch „Versuch und Irrtum" statt, also durch Ausprobieren am PC oder durch Hinweise von Freunden, auch in virtuellen sozialen Netzen. Mit Blick auf technische Veränderungen in der näheren Zukunft sind hier also keine nennenswerten Probleme zu erwarten. Allerdings ist zu berücksichtigen, dass hinter der vermeintlichen „Einfachheit" hochkomplexe Systeme, Strukturen und Prozesse existieren, die vielen Anwendern kaum oder gar nicht bewusst sind. Entsprechend ist für eine kompetente, verantwortungsvolle berufliche Verwendung eine über die selbstverständliche Nutzung hinausgehende tiefer gehende Kenntnis dieser Hintergründe erforderlich, die bei der Art und Weise der momentan erfolgenden „Gewöhnung" an Web 2.0 in privaten Anwendungszusammenhängen im Allgemeinen nicht erworben wird.

Die Freiheitsgrade mittlerer Fachkräfte bei der Arbeit mit Web 2.0-Anwendungen sind in verschiedenen Unternehmen sehr unterschiedlich. Während insbesondere viele größere Unternehmen den Fachkräften vorgeben, welche Anwendungen und Umgebungen zu nutzen bzw. zu vermeiden sind, kommt es vor allem in manchen kleineren und mittleren Betrieben vor, dass Fachkräfte der mittleren Ebene dies selbst entscheiden. In diesen Fällen müssen die Fachkräfte bewusste Entscheidungen treffen, welche Anwendungen und Umgebungen für welche Zwecke gut geeignet sind und welche nicht. Diese Anforderung geht über die technische Beherrschung des jeweiligen Tools weit hinaus.

Die Nutzung von Web 2.0-Anwendungen im privaten Bereich geschieht häufig sehr unbefangen: Insbesondere Gefährdungen der Vertraulichkeit und der IT-Sicherheit werden oft nicht reflektiert (vgl. Punkt 5.5). Ohne eine an dieser Stelle ansetzende berufliche Kompetenzentwicklung besteht die Gefahr, dass private Nutzungsmuster auch auf die berufliche Tätigkeit übertragen werden. Für Fachkräfte, die eigenverantwortlich in Web 2.0-Umgebungen arbeiten, ist deshalb in ihrem Kommunikationsverhalten ***eine Kompetenz zur fundierten Chancen- und Risikenabschätzung*** bei der Auswahl unterschiedlicher Anwendungen und Umgebungen (z. B. unternehmensinterne Foren vs. Kundenplattformen oder Xing) von erheblicher Bedeutung. Anders als bei der Beherrschung der technischen Anforderungen scheinen in dieser Hinsicht häufig Defizite zu bestehen.

Die Fähigkeit, geeignete Web 2.0-Tools eigenverantwortlich auszuwählen, scheint derzeit insbesondere für mittlere Fachkräfte im Bereich IT/Media und in innovativen kleinen Unternehmen von Bedeutung zu sein. In naher Zukunft erwarten die Experten einen Bedeutungsgewinn auch in anderen Bereichen. Insbesondere direkt in die Weiterentwicklung von Web 2.0-Applikationen involvierte Unternehmen fördern aktiv neue Möglichkeiten des interaktiven Internets. So besteht die wesentliche Dienstleistung eines Fallstudienbetriebs in der Erschließung von Web 2.0-Umgebungen für die Marketingaktivitäten eines Kunden, dem parallel die Qualifikation zum Umgang mit diesen Umgebungen vermittelt wird. Die auf profunder Kenntnis basierende Auswahl der aus aktueller Sicht geeigneten Anwendungen ist ein wichtiger Bestandteil der Dienstleistung.

Soziale Standards und „Etikette" der Internet-Kommunikation anwenden (Netiquette); adressatengerechte Kommunikation in unterschiedlichen Web 2.0-Umgebungen

In der persönlichen Kommunikation gibt es eine Vielfalt von Signalen, die bei einer rein virtuellen Kommunikation verloren gehen. Insbesondere der Wegfall von Mimik oder dem Klang der Stimme in der virtuellen Kommunikation erhöht die Wahrscheinlichkeit von Missverständnissen. Aus diesem Grund werden in der Internetsprache Symbole und Kürzel entwickelt, die eine facettenreichere Kommunikation ermöglichen sollen:

- ***„Emoticons“:*** Dies sind Kürzel oder Symbole, die Gefühlslagen zum Ausdruck bringen und dadurch versuchen, den Verlust der Mimik in der virtuellen Kommunikation teilweise zu kompensieren. Das bekannteste Symbol ist der „Smiley“.
- ***Abkürzungen,*** die aus dem Englischen abgeleitet sind und die häufig, aber nicht immer, emotionale Reaktionen ausdrücken.

Die Experten gehen davon aus, dass die Fachkräfte mit den Emoticons und den Abkürzungen im Allgemeinen gut vertraut sind; allerdings scheinen sie dazu zu neigen, diese im beruflichen Kontext ähnlich extensiv einzusetzen wie im privaten Bereich. In manchem beruflichen Kontext wirke dies auf die Adressaten eher irritierend. Insofern geht es an dieser Stelle nach Ansicht der Experten vor allem darum, den Fachkräften das Gefühl für die richtige Dosierung zu vermitteln, im Sinne des Leitsatzes „Weniger ist manchmal mehr“.

Einen sehr viel weitergehenden Ansatz stellt die sogenannte „Netiquette“ dar, die etwas vereinfacht als „Knigge für das Internet“ bezeichnet werden könnte. Deren Grundgedanke, der auf soziale Standards für die virtuelle Kommunikation abzielt, findet zunehmend auch Eingang in Unternehmensrichtlinien. Wenngleich diese Richtlinien für die Kommunikation in Web 2.0-Umgebungen zwischen verschiedenen Unternehmen variieren, lässt sich ein Set von Aspekten identifizieren, das von mehreren Unternehmen in ähnlicher Weise thematisiert wird:

- ***Vermeidung von Pseudonymen:*** Unternehmen wie IBM oder Intel erwarten, dass Fachkräfte bei berufsbezogenen Beiträgen in Web 2.0-Umgebungen ihren richtigen Namen nennen;
- ***Nennung des Arbeitgebers:*** Bei berufsbezogenen Beiträgen sollten die Fachkräfte erkennen lassen, für welches Unternehmen sie arbeiten;
- ***moderater, sachlicher Stil:*** Fachkräfte sollen emotionale, heftige Auseinandersetzungen meiden und auch in Kontroversen einen sachorientierten Stil beibehalten;
- ***Einverständnis zum Zitieren einholen:*** Fachkräfte sind gehalten, in ihren Beiträgen Aussagen von Kunden oder Geschäftspartnern nur dann zu zitieren, wenn sie zuvor deren Einverständnis eingeholt haben.

Nach Ansicht der Experten bringen die Fachkräfte eine hinreichende Sensibilität mit Blick auf die o.g. Aspekte nicht immer von sich aus mit. Deshalb sind hier häufig Qualifizierungsbemühungen der Unternehmen erforderlich.

In diesem Bereich zeigt sich wie an anderer Stelle eine Lagerbildung zwischen „Web 2.0-offenen" und „restriktiven" Betrieben. Während beim offenen Umgang mit Web 2.0 akzeptiert wird, dass sowohl adäquate, der Netiquette entsprechende Handlungen existieren, als auch unbeabsichtigt wie gezielt dem zuwiderlaufende Handlungen vorkommen werden, richten die eher restriktiven Akteure ihre Anstrengungen vor allem darauf, nicht-adäquate Handlungen im Web 2.0 zu verhindern. Deswegen versuchen diese Betriebe die Web 2.0-Anwendungen ihrer Fachkräfte durch besondere Regeln und deren Durchsetzung zu kontrollieren oder aufgrund der fehlenden Überprüfbarkeit eine offene Web 2.0-Nutzung zu untersagen. Beispielsweise wird in einem Web 2.0-nahen Fallstudienbetrieb das Erkennen von Akteuren im virtuellen Raum auch über einen längeren Verlauf spezifisch trainiert, um professionelle Einschätzungen vornehmen zu können. In einem anderen Fallstudienbetrieb sind aktive Eingaben in Web 2.0-Umgebungen speziell befugten Personen vorbehalten.

Die dargestellten Kenntnisse der Netiquette sind keine Web 2.0-typische Anforderung, sondern eher eine internetspezifische. Allerdings sind sie auch ein unverzichtbarer Bestandteil der Kommunikation in Web 2.0-Umgebungen und gewinnen durch die mit Web 2.0 rasch wachsende netzbasierte Kommunikationsdichte erheblich an Relevanz in einem breiten Spektrum von Tätigkeitsfeldern. Dies wird u. a. daraus deutlich, dass entsprechende Unternehmensrichtlinien sich oft explizit auf Web 2.0-Umgebungen beziehen.[23]

Adressatengerechte Kommunikation in unterschiedlichen Web 2.0-Umgebungen

Wie erwähnt, kommuniziert der Einzelne im Internet und bei Web 2.0-Anwendungen in differenzierten Rollen und mit heterogenen Personenkreisen. Verschiedenartige Kontexte erfordern unterschiedliches Kommunikationsverhalten. So kann in unternehmensinternen Foren, falls dies dem Unternehmensstil entspricht, u. U. eine wenig formalisierte, dem im privaten Bereich verwendeten Stil ähnliche Kommunikation angemessen sein.[24] Im direkten Kontakt mit Endkunden wiederum dürfte ein solcher Schreibstil im Netz häufig als eher irritierend empfunden werden.

23 Vgl. z. B. die IBM Social Computing Guidelines, veröffentlicht unter http://www.ibm.com/blogs/zz/en/guidelines.html, oder die Intel-Richtlinien, veröffentlicht unter http://www.intel.com/content/www/us/en/legal/intel-social-media-guidelines.html, Abrufdatum jeweils 23.3.2010.

24 Allerdings ist zu berücksichtigen, dass auch intern kommunizierte Informationen fehlerhaft sein können. Daher zeigen sich in einzelnen Fallstudienbetrieben auch im internen Bereich Regulierungen, die eine unkontrollierte Eingabe unterbinden und einen redaktionellen Qualitätssicherungsprozess erzwingen.

Bei Web 2.0-Anwendungen, die sich nicht auf ein vordefiniertes Unternehmens-Intranet beschränken, müssen sich Fachkräfte bewusst sein, dass sie als Repräsentanten des Unternehmens wahrgenommen werden und in der Lage sein sollten, entsprechend zu agieren. Die Fachkräfte sehen sich also mit der Anforderung konfrontiert, in unterschiedlichen Umgebungen sowohl den jeweils „adressatengerechten Tonfall“ als auch die angemessene inhaltliche Vertiefung zu finden: Während eine ausgiebige Verwendung technischer Fachsprache im Kfz-Bereich bei einem Forum für Tuning-Experten angemessen sein kann, könnte dies auf Plattformen für Kunden, die wenig von Autos verstehen, eher abschreckend wirken.

Die Fähigkeit, den jeweils adressatengerechten Tonfall und Inhalt im Netz zu finden, ist zwar keine Web-2.0-spezifische Qualifikationsanforderung, doch erhält sie in diesem Kontext eine neue Dynamik. Zum einen stellt sich die Anforderung zunehmend für Fachkräfte, bei denen die Kommunikation mit Kunden bisher nur zu einem geringeren Teil Bestandteil ihres Arbeitslebens war, also z. B. nicht mehr nur für Kfz-Verkäufer, sondern zunehmend auch für Kfz-Mechaniker. Zum anderen erfordert das parallele Arbeiten in zahlreichen Web 2.0-Umgebungen mit verschiedenen Adressatenkreisen ein stärkeres Gefühl für die unterschiedlichen Kommunikationsmuster und -bedürfnisse der jeweiligen Gruppe. Die Vorerfahrungen mit privaten interaktiven Internetanwendungen helfen hier in der Regel kaum weiter, weil in diesen Kontexten oft andere Spielregeln gelten.

Zu berücksichtigen ist auch, dass die Entscheidung, als Unternehmen und auch als Mitarbeiter in Web 2.0-Umgebungen aufzutreten, zunehmend durch Entwicklungen des Marktes, des Wettbewerbs und der Kundenerwartungen getrieben ist. So sieht ein Fallstudienbetrieb die aktive Beteiligung seiner Fachkräfte im Web 2.0 deshalb als unvermeidlich an, weil die Kunden über diese Umgebungen das Unternehmen beobachten, vergleichen und kontaktieren. Nach den bisherigen Ergebnissen scheint die Fähigkeit zur adressatengerechten Kommunikation im Bereich Medien im Allgemeinen besser ausgeprägt zu sein als im Kfz-Sektor, wenngleich auch dieser Sektor durch diverse Portale und sehr aktive Nutzergruppen im Vergleich zu anderen Branchen durchaus als eher Web 2.0-aktiv anzusehen ist. Generell bestehen Qualifikationserfordernisse in dieser Hinsicht offenbar vor allem bei bislang eher „kundenfernen“ Fachkräftegruppen der mittleren Ebene.

Fähigkeit zum konstruktiven Umgang mit im Netz geäußerter Kritik

Die Ausweitung der Kommunikation in unterschiedlichen Web 2.0-Umgebungen stellt erhöhte Anforderungen an Fachkräfte, mit Kritik konstruktiv umzugehen.

Durch die steigende netzgestützte Kommunikation nach außen sehen sich Fachkräfte in zunehmendem Maße mit Kritik konfrontiert, z. B. von Kunden und gegebenenfalls auch in Fachforen. Die eigene Fachkompetenz gerät zunehmend auf den Prüfstand. Hinzu kommt, dass insbesondere unzufriedene Kunden ihre Kritik manchmal auch in nicht angemessener Form äußern und dass diese Kritik u. U. sachlich unberechtigt sein kann.

Die Fachkraft muss in solchen Fällen in der Lage sein, auf mehreren Ebenen zu agieren:

- Möglichst schnell erkennen, ob die Kritik eines Kunden sachlich berechtigt ist oder nicht;
- berechtigte Kritik von Kunden (gegebenenfalls auch an eigenen fachlichen Fehlern) nicht als persönlichen Angriff verstehen, sondern konstruktiv aufnehmen;
- mit unberechtigter oder im Ton unangemessener Kritik in einer konstruktiven Form umgehen.

Insgesamt scheint die Zunahme von Web 2.0-gestützten Anwendungen in Unternehmen dazu zu führen, dass auch immer mehr Fachkräfte mit einem Schwerpunkt in eher technischen Tätigkeiten gefordert sind, das „kleine Einmaleins des Beschwerdemanagements“ zu beherrschen. Dies gilt umso mehr, als Antworten der Fachkraft, die zwar sachlich richtig sind, aber vom Kunden in der Form als unangemessen empfunden werden, dem Unternehmen nachhaltig schaden können. Während unzufriedene Kunden als Multiplikatoren gegen das Unternehmen wirken – angesichts des möglichen Schneeballeffektes können sich dadurch gerade bei internet-affinen Kunden besonders weitreichende Auswirkungen ergeben –, fühlen sich Kunden, deren Beschwerden zu ihrer Zufriedenheit beantwortet wurden, mit einem Unternehmen oft stärker verbunden als vorher.

Die Fachkraft muss in diesem Kommunikationsprozess, wie dies ein Experte im Workshop formulierte, „im Kontakt mit den Kunden vom 'hohen Ross der Fachlichkeit' runter“. Sie sollte in der Lage sein, eigene Fehler zuzugeben, Beschwerden im Netz konstruktiv aufzugreifen und diese als Chance für das Unternehmen zu sehen. Diese bisher überwiegend in Verkaufsberufen gefragten Qualifikationen scheinen bei der Arbeit in Web 2.0-Umgebungen zunehmend auch für technologiezentrierte Tätigkeitsfelder oder für Tätigkeiten im IT-Bereich bedeutsam zu werden.

In diesem Zusammenhang sind manchmal professionelle Akteure tätig, die interessengeleitet an brisanten Diskursen teilnehmen. So agieren Fachkräfte der mittleren Ebene in einem Fallstudienbetrieb an Stelle des und für einen Kunden im Web 2.0. Dabei sind die rechtlichen und faktischen Folgen von konfliktären Interaktionen oftmals nur schwer abzuschätzen. Die Fachkräfte reflektieren schwierige Entwicklungen in enger Abstimmung mit dem Kunden. Konflikte bedürfen der ausdrücklichen Rücksprache.

Die bisherigen Ergebnisse sprechen dafür, dass die Fähigkeit zu einem konstruktiven Umgang mit Kritik in Web 2.0-Umgebungen besonders wichtig wird. Entsprechend verweisen beispielsweise die IBM- oder Intel-Unternehmensrichtlinien zur Arbeit in Web 2.0-Umgebungen explizit auf die Fähigkeit zum konstruktiven Umgang mit Kritik im Netz.

Virtuelle Kundenentwicklung unter Nutzung von Web 2.0-Anwendungen

Die genannten Entwicklungen wirken sich auch auf Qualifikationsanforderungen im Themenfeld „Kundenkompetenz" aus. Zur Kundenkompetenz gehören nicht nur eine Orientierung an Interessen und Belangen der Kunden, die Fähigkeit zur Kommunikation mit Kunden bzw. Auftraggebern oder ein professionelles Beschwerdemanagement. Auch die Fähigkeit, gemeinsam mit Kunden verbesserte Lösungen zu finden oder Innovationen zu entwickeln, die sog. „Kundenentwicklung", ist in diesem Bereich eine zentrale Qualifikationsanforderung. Die Ergebnisse des Forschungsprojektes lassen in dieser Hinsicht eine erweiterte Dimension der Kundenentwicklung erkennen: ***die virtuelle Kundenentwicklung unter Nutzung interaktiver Internetanwendungen bis hin zu „Open Innovation"-Prozessen.***

Noch einen Schritt weiter gehen Unternehmen, die bei einzelnen Produkten die Entscheidung über Innovationen an die „Web-Gemeinde" delegieren. So berichtete ein Experte im Workshop, dass für die Shops einer großen Kaffeerösterei in regelmäßigen Abständen aus verschiedenen von den Nutzern generierten Produktideen einer entsprechenden Internetplattform ein bestimmtes Produkt von den Nutzern (nicht vom Unternehmen!) ausgewählt wird (vgl. Kapitel 3). Die in den Web 2.0-gestützten Ideenfindungsprozess involvierten Fachkräfte dieses Unternehmens übernehmen primär eine ***Moderationsfunktion*** auf der Plattform und müssen akzeptieren, dass sie den Auswahlprozess nicht beeinflussen können.

Die Übernahme von Moderationsfunktionen im Netz wird auch außerhalb des FuE-Bereichs wichtiger, etwa in bereichs- oder länderübergreifenden Kooperationen, in Fachforen usw. Bislang konzentrieren sich solche Aufgaben im Netz auf eine eher kleine Gruppe von Fachkräften der mittleren Ebene. Obwohl sich abzeichnet, dass dieser Anteil in den nächsten fünf Jahren erkennbar ansteigen wird, gehen wir davon aus, dass die Übernahme von Moderationsfunktionen bei interaktiven Internetanwendungen auch dann keine Qualifikationsanforderung für die Mehrzahl der Fachkräfte sein wird.

Insgesamt dürfte die virtuelle Kundenentwicklung unter Nutzung von Web 2.0-Anwendungen in den nächsten fünf Jahren allerdings für weitere Sektoren bedeutsam werden.

Reputationsmanagement

Fachkräfte, die im Internet berufsbezogene Beiträge veröffentlichen und als Mitarbeiter eines bestimmten Unternehmens kenntlich sind, beeinflussen dadurch auch die Reputation ihres Arbeitgebers in der Außenwirkung, selbst wenn sie sich dessen nicht bewusst sein sollten. Die inhaltliche Kompetenz der Beiträge, aber auch deren sprachliche Präsentation wird von den Nutzern bewertet, und diese Einschätzungen strahlen auf das repräsentierte Unternehmen aus. Entsprechend steigen die Anforderungen an ein bewusstes „Reputationsmanagement".

Der Begriff „Reputationsmanagement" hat eine Doppelbedeutung: Zum einen bezieht er sich auf strategische Steuerungsmaßnahmen von Unternehmen mit Blick auf die Außenwirkung (z. B. Hoheitsrechte; interne Standards für Beiträge usw.). Zum anderen geht es seitens der Fachkräfte um die Anforderung, sich der Bedeutung eigener Beiträge im Internet für die Einschätzung ihres Arbeitgebers, aber auch für externe Einstufungen der eigenen beruflichen Qualifikation bewusst zu sein. Berufsbezogene Foren und Plattformen im Internet sind für Personalabteilungen bei der Suche nach geeigneten Fachkräften eine Informationsquelle von höchster Priorität. „Konventionelle" Bewerbungen sind dagegen bereits heute in vielen Bereichen eher nachrangig. Auch Fachkräfte der mittleren Ebene, die im Internet nicht präsent sind, beeinträchtigen dadurch ihre Chancen bei der Suche nach einer neuen Stelle in diesen Bereichen massiv.

Die bisherigen Ergebnisse sprechen dafür, dass die zentrale Bedeutung des Reputationsmanagements den Fachkräften oft noch nicht hinreichend präsent ist. Wo es ein entsprechendes Bewusstsein gibt, wurde dies häufig erst im Unternehmen erworben.

Die derzeitige Bedeutung des Reputationsmanagements wird dadurch etwas relativiert, dass manche Unternehmen versuchen, die Sichtbarkeit ihrer Fachkräfte im

Internet zu begrenzen. Allerdings dürfte diese Grundhaltung vor dem Hintergrund des zu erwartenden Anstiegs der öffentlichen Sichtbarkeit von Unternehmen im Netz und der Erwartungen der Nutzer, mit Fachkräften online kommunizieren zu können, zunehmend seltener werden. Insofern erscheint eine Qualifizierung von Fachkräften aller Ebenen im Themenfeld „Reputationsmanagement" für Unternehmen mittelfristig mehr Erfolg zu versprechen als eine Abschottungsstrategie.

Wie werden sich die Qualifikationsanforderungen an die Kommunikation im virtuellen Raum in den nächsten fünf Jahren für Fachkräfte der mittleren Qualifikationsebene voraussichtlich verändern?

Beim Versuch einer Antwort auf diese Frage sind zwei Facetten zu beachten. Zum einen geht es um die ***Anforderungshöhe,*** also um die Frage, inwieweit höhere Kenntnisse und Fähigkeiten erwartet werden als heute. Zum anderen geht es um den ***Verbreitungsgrad,*** also um die Frage, ob die jeweilige Anforderung für Fachkräfte in einzelnen Segmenten bedeutsam wird (geringe Reichweite), in verschiedenen Bereichen (mittlere Reichweite) oder für fast alle Fachkräfte (hohe Reichweite). Um eine übersichtliche Darstellung zu ermöglichen, beschränken wir uns auf die folgenden Qualifikationsanforderungen:[25]

- (1) die Fähigkeit zur adressatengerechten Kommunikation in unterschiedlichen Web 2.0-Umgebungen;[26]
- (2) virtuelle Kundenentwicklung unter Nutzung von Web 2.0-Anwendungen (im Folgenden kurz „virtuelle Kundenentwicklung") sowie
- (3) Reputationsmanagement.

Die Anforderung zur ***adressatengerechten Kommunikation in unterschiedlichen Web 2.0-Umgebungen*** wird derzeit an mittlere Fachkräfte in verschiedenen Bereichen im mittleren bis hohen Maße gestellt. Mit Blick auf die nächsten fünf Jahre erwarten die Experten einen Anstieg auf ein hohes Anforderungsniveau. Zugleich gehen die meisten Experten davon aus, dass diese Anforderung in den nächsten fünf Jahren für fast alle mittleren Fachkräfte bedeutsam wird.

Die Einschätzungen zur Dynamik der ***virtuellen Kundenentwicklung*** lassen ein etwas anderes Muster erkennen. Derzeit wird diese Anforderung nach Einschät-

25 Zur Auswahl der Qualifikationsanforderungen vgl. die Ausführungen in Kapitel 5.1.

26 Dies schließt im Verständnis der meisten Experten die Anforderung an einen konstruktiven Umgang mit Kritik im virtuellen Raum mit ein.

zung der meisten Experten erst in einzelnen Segmenten an mittlere Fachkräfte gestellt (niedriger Verbreitungsgrad), dort allerdings mit einem mittleren bis hohen Anforderungsniveau. In den nächsten fünf Jahren erwarten die Experten sowohl einen Anstieg dieser Anforderung auf ein hohes Niveau als auch eine deutliche Ausweitung des Verbreitungsgrades auf ein mittleres Level.

Eine besonders hohe Dynamik erwarten die Experten bei den Anforderungen an das ***Reputationsmanagement.*** Qualifikationen in diesem Bereich kommt nach Experteneinschätzung bereits heute in einzelnen besonders Web 2.0-nahen Feldern für mittlere Fachkräfte hohe Bedeutung zu.

In den nächsten fünf Jahren erwarten die Experten, dass hohe Anforderungen an ein aktives „Reputationsmanagement" für Fachkräfte der mittleren Ebene gestellt, und dass diese Qualifikationsanforderungen im Jahr 2015 in nahezu allen Bereichen bedeutsam sein werden. Damit ist das Reputationsmanagement die Anforderung mit der höchsten erwarteten Reichweiten-Zunahme im Qualifikationssegment „Kommunikation im virtuellen Raum".

Die folgende Abbildung fasst die hier vorgestellten zentralen Ergebnisse nochmals zusammen.

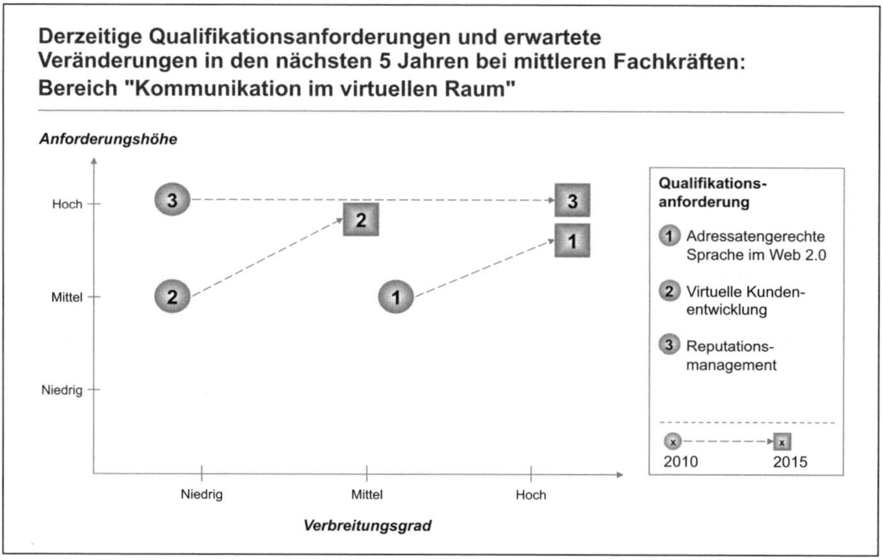

Abbildung 4: Qualifikationsanforderungen im Bereich „Kommunikation im virtuellen Raum"

5.3 Kooperationsfähigkeiten in virtuellen Arbeitswelten

Wie in den Kapiteln 3 und 4 dargestellt, nehmen Kooperationen in der virtuellen Arbeitswelt in starkem Maße zu. Bei vielen beruflichen Web 2.0-Anwendungen sind sie ein konstitutiver Bestandteil der Arbeitstätigkeit. Entsprechend gewinnen mit einer Expansion von Web 2.0-Anwendungen die Anforderungen an die *Fähigkeit zur Kooperation in virtuellen Arbeitswelten* auch für Fachkräfte der mittleren Qualifikationsebene an Bedeutung. Vor diesem Hintergrund erläutern wir in diesem Kapitel folgende Anforderungen etwas näher, wobei die ersten beiden mittelbar und die letzten beiden unmittelbar Web 2.0-spezifisch sind:

- die generelle Fähigkeit zur Kooperation in virtuellen Arbeitsumgebungen,
- interdisziplinäre und interkulturelle Kooperation im virtuellen Raum,
- Umgang mit veränderten Hierarchien durch Web 2.0-Anwendungen,
- Moderation von Gruppen im Web 2.0.

Als „Basisqualifikation" in diesem Kontext kann die ***Fähigkeit zur Kooperation in virtuellen Arbeitsumgebungen,*** also die Zusammenarbeit von Partnern an verschiedenen Orten via Internet und in Web 2.0-Umgebungen angesehen werden. Häufig handelt es sich dabei um situative, projektbezogene Kooperationen in wechselnden Teams. Das folgende Fallstudienbeispiel illustriert die Kooperation in virtuellen Umgebungen für den Bereich Mediengestalter (vgl. näher Kapitel 4.2.2).

> *Im Rahmen der Bildbearbeitung durch Mediengestalter werden im Team verschiedene Aufgaben entlang der spezifischen Kundenwünsche verteilt und dem Kunden die jeweils zuständigen Ansprechpartner benannt. Die Bearbeitungsabläufe werden weitgehend systemgestützt gesteuert. Alle Prozessbeteiligten arbeiten auf einer gemeinsamen Plattform, auf der auch die Qualitätskontrolle stattfindet. Einzelne Bearbeitungsschritte können entweder parallel oder nacheinander im Team erledigt werden. Abstimmungen mit Kollegen und Kunden erfolgen partiell direkt über die gemeinsame Plattform, z. T. auch über andere Kommunikationswege. Je nach Auftrag arbeiten die Mediengestalter gemeinsam mit Kollegen vor Ort, mit internationalen Kollegen und zum Teil auch mit Kollegen aus anderen Berufsfeldern online zusammen, wie z. B. Softwareentwicklern, Projektmanagern oder Fotografen. Bei dieser Tätigkeit sind Teamqualifikationen in der virtuellen Arbeitswelt in besonderem Maße gefordert.*

Wie dieses Beispiel zeigt, können Kooperationen in der virtuellen Arbeitswelt (im Folgenden zur sprachlichen Vereinfachung kurz „virtuelle Kooperation" genannt) innerhalb eines Unternehmens erfolgen, z. B. mit Kollegen aus anderen Abteilungen oder an anderen Unternehmensstandorten. Häufig erfolgen sie bei Kooperationsprojekten auch über unternehmensübergreifende virtuelle Plattformen, Foren usw. Last but not least gewinnen mittelfristig Kunden nicht nur als Kommunikations-, sondern auch als Kooperationspartner an Bedeutung, z. B. im Rahmen der virtuellen Kundenentwicklung oder von ***open innovation.***

Die genannten Entwicklungen, die sehr häufig mit Web 2.0-Anwendungen einhergehen, implizieren zugleich, dass die Grenzen zwischen Unternehmen und Außenwelt durchlässiger werden. Bei einer Konzentration von Anwendungen auf das unternehmensinterne Intranet könnten Potenziale, die Web 2.0-Anwendungen bieten, nicht genutzt werden. Deshalb geraten an dieser Stelle Unternehmen, die derzeit eine restriktive Strategie verfolgen, von zwei Seiten unter Druck[27]: von Seiten der Kunden, die entsprechende Anwendungen bei anderen Unternehmen vorfinden, und seitens jüngerer Fachkräfte, die Web 2.0-Anwendungen im privaten Kontext als selbstverständliche Tools betrachten.

Da interaktive Internetanwendungen in internationalen Kontexten besonders häufig eingesetzt werden, sind sie oft auch mit internationaler Teamarbeit verbunden. Entsprechend führt eine Ausweitung von Web 2.0-Anwendungen tendenziell dazu, dass interkulturelle Kompetenzen – wie die Fähigkeit zur Zusammenarbeit mit Kollegen aus anderen Kulturkreisen – an Bedeutung gewinnen. Ohne diese Kompetenzen erhöht sich das Risiko von Missverständnissen und Konflikten durch die gleichzeitigen Einschränkungen medial vermittelter Kommunikation und interkulturell unterschiedlicher Kommunikations- und Arbeitsweisen.

Ein fiktives Beispiel der unterschiedlichen Kommunikationsmuster von deutschen und chinesischen Fachkräften kann vor dem Hintergrund der zunehmenden Kooperationen mit China dieses Missverständnispotenzial illustrieren:

> *In der Kommunikation unter Deutschen könnte eine technische Fachkraft auf den Vorschlag eines Kollegen in einem Blog-Eintrag ohne Weiteres auf einen anderen Beitrag antworten: „Nein, so kann dies nicht funktionieren“, ohne dass dies zu nennenswerten Irritationen führen würde, sofern diese Einschätzung anschließend sachlich nachvollziehbar begründet wird. Aus der Sicht einer chinesischen Fachkraft könnte die gleiche Antwort als ein massiver Affront, wenn nicht gar als eine Beleidigung verstanden werden, da diese Antwort im dortigen Kulturkreis einen erheblichen „Gesichtsverlust“ des Kooperationspartners bedeuten würde.*

---

27 In einzelnen Segmenten sind Abschottungsstrategien von der Realität bereits heute überholt, etwa im Bereich der vernetzten Programmierungen (vgl. näher Punkt 5.7).

Bei interaktiven Internetanwendungen, insbesondere im Rahmen von Entwicklungsprojekten, kooperieren nicht selten Fachkräfte aus unterschiedlichen Berufsfeldern. Dementsprechend wird hier in besonderem Maße die ***Fähigkeit zur virtuellen Kooperation in interdisziplinär zusammengesetzten Teams*** gefordert.

Die Mehrheit der Experten geht davon aus, dass die ***Nutzung von Kooperationsplattformen bei Web 2.0-Anwendunge***n stark zunehmen wird. Insbesondere der bereits beschriebene Trend zum Cloud Computing und die zunehmende Nutzung virtueller Kooperationsplattformen (z. B. Sharepoints, vgl. auch Kapitel 4.2) bewirken eine Zunahme von kooperativem Arbeiten im virtuellen Raum auch auf Ebene der mittleren Fachkräfte.

Sharepoint-Anwendungen sind vielfältig. Sie beinhalten u. a. Dokumentmanagement, Content-Management-Systeme (z. B. zur Aufbereitung von Internetseiten), die Zusammenarbeit im Bereich von Portalen (z. B. Suchmaschinen) sowie die Informationssuche. Darüber hinaus können Sharepoints auch als Wissensdatenbanken genutzt werden. Selbst wenn beispielsweise bei der Arbeit mit Sharepoints die gleichen Tools und Programme eingesetzt werden wie vorher, ergeben sich zusätzliche kooperationsbezogene Anforderungen, etwa an das Verständnis von Arbeitsprozessen, das Prozess- und Schnittstellenverständnis sowie an den Diskurs mit anderen (vgl. hierzu auch Punkt 5.2).

In einem Fallstudienbetrieb werden Sharepoints intern eingesetzt, um sich in der vergrößerten Arbeitsgruppe kontinuierlich und unabhängig von der räumlichen Begegnung auf dem aktuellen Informationsstand zu halten und Absprachen treffen zu können. Über den Sharepoint lassen sich die Aktivitäten der Teammitglieder nachvollziehen und koordinieren. Der Sharepoint ist die Umgebung, in welche sich Teammitglieder begeben, wenn sie über aktuelle und archivierte Informationen mit Aufgaben- oder Teamrelevanz recherchieren wollen. Der Sharepoint wirkt somit wie eine abgeschlossene Umgebung mit Web 2.0-Charakter, die von Mitarbeitern aller Qualifikationsgruppen genutzt wird.

Zwei weitere Aspekte im Kontext der Kooperation in der virtuellen Arbeitswelt sollen an dieser Stelle kurz erwähnt werden. Die Experten sind sich einig, dass mit einer Zunahme virtueller Kooperationen in Web 2.0-Umgebungen auch ***veränderte Hierarchien*** einhergehen werden. Während die Hierarchien in der eigenen Arbeitsgruppe und der näheren Arbeitsumgebung den Fachkräften deutlich bewusst sind, lassen sie sich in Web 2.0-Umgebungen oft nicht unmittelbar erkennen. Insofern besteht an dieser Stelle eine gewisse Unsicherheit für die in Web 2.0-Umgebungen agierenden Fachkräfte.

Als ein zentraler Orientierungspunkt für die hierarchische Einordnung von Beiträgen in Web 2.0-Umgebungen gilt die wahrgenommene Kompetenz des Beitrags. Diese Rangreihe muss nicht mit den Positionen in der Unternehmenshierarchie übereinstimmen. Insofern können Web 2.0-Umgebungen etablierte Hierarchien abschwächen oder infrage stellen. „Web-Profis" sind sich dieser Wirkung durchaus bewusst und schätzen sie, wie die Diskussionen im Workshop gezeigt haben. Sie empfinden dies als „Demokratisierung", bis hin zu einer partiellen Idealisierung der als hierarchiefreier, authentischer und kooperativer wahrgenommenen Welt der Web 2.0-Anwendungen.[28]

Für die Fachkräfte erfordert dies eine Befähigung zum Umgang mit den genannten Unsicherheiten und zur richtigen Einordnung von Beiträgen. Insbesondere ist ein hohes Maß an sozialer Kompetenz im Netz notwendig, um in der virtuellen Kooperation und der Reaktion auf einzelne Beiträge die dahinter stehenden Personen wahrzunehmen und den angemessenen „Ton" in der Kommunikation zu finden.

Durch die Zunahme der virtuellen Kooperationsgruppen entsteht auch ein steigender Bedarf zur ***Moderation von Gruppen im Web 2.0.*** Insgesamt handelt es sich dabei derzeit um eine Anforderung mit einem relativ geringen Verbreitungsgrad.

Erwartete zukünftige Entwicklung bei Qualifikationsanforderungen an die Kooperationsfähigkeit mittlerer Fachkräfte in virtuellen Arbeitswelten

Die ***generelle Fähigkeit zur Kooperation in virtuellen Arbeitsumgebungen*** wird von den Fachkräften, an die diese Anforderungen gestellt werden, derzeit bereits in hohem Maße erwartet, wobei die Ergebnisse dieser Untersuchung für einen niedrigen bis mittleren Verbreitungsgrad sprechen.

Mit Blick auf die nächsten fünf Jahre erwarten die meisten Experten bei einem weiterhin hohen Anforderungsniveau auch einen hohen Verbreitungsgrad. Die allgemeine Fähigkeit zur virtuellen Kooperation im Arbeitsleben und in Web 2.0-Umgebungen wird demnach für Fachkräfte der mittleren Ebene in den meisten Tätigkeitsfeldern bedeutsam werden.

Etwas anders stellt sich die Situation mit Blick auf die Fähigkeit zur ***interkulturellen Kooperation im virtuellen Raum*** dar. Hier sind die Anforderungen an die in

28 An dieser Stelle soll nicht bezweifelt werden, dass es entsprechende Kooperationskulturen in spezifischen Segmenten geben kann; allerdings sind im Internet und in sozialen Netzwerken auch ganz andere Tendenzen zu finden (Stichwort: Cyber-Mobbing).

internationalen Kontexten arbeitenden mittleren Fachkräfte meist mittel bis hoch, allerdings ist der Verbreitungsgrad dieser Anforderung im Beschäftigungssystem insgesamt noch eher niedrig. In den nächsten fünf Jahren erwarten die meisten Experten einen Anstieg auf einen mittleren Verbreitungsgrad, wobei die Anforderungshöhe in etwa so bleiben wird wie bisher.[29] Hier wird es also auch weiterhin manche Bereiche und Tätigkeitsfelder geben, in denen diese Qualifikationsanforderung keine nennenswerte Rolle spielt.

Die ***Moderation von Gruppen in Web 2.0-Umgebungen*** stellt hohe Anforderungen an die Fach- und Kommunikationskompetenzen der damit betrauten Fachkräfte. Der Verbreitungsgrad dieser Anforderung ist auf Ebene der mittleren Fachkräfte bislang allerdings noch gering. In den nächsten fünf Jahren erwarten die meisten Experten hier zwar einen leichten Anstieg, doch wird der Verbreitungsgrad bei einem anhaltend hohen Anforderungsniveau ihrer Ansicht nach auch in Zukunft eher gering bleiben (vgl. Abbildung 5).

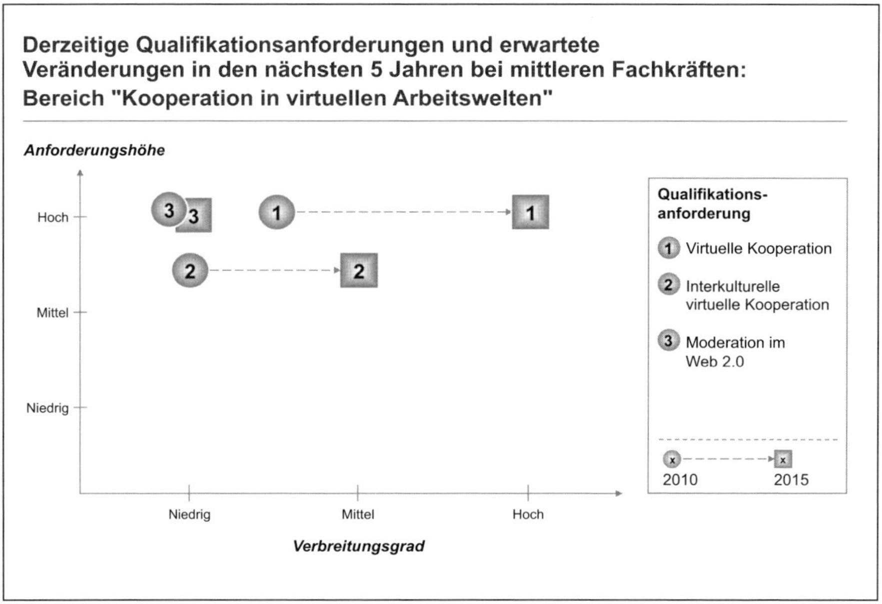

Abbildung 5: Qualifikationsanforderungen im Bereich „Kooperation in virtuellen Arbeitswelten“

29 Eine Minderheit der Experten erwartet, dass entsprechende Missverständnisse wegen der steigenden interkulturellen Kompetenzen kooperationserfahrener ausländischer Partner mittelfristig an Bedeutung verlieren werden und rechnen deshalb mit einem Rückgang der Anforderungshöhe auf ein mittleres Niveau.

5.4 Umgang mit Informationen und Wissen/Informations- und Wissensmanagement

Informationen und Wissen sind durch das Internet nicht nur in einem Umfang verfügbar, der für das Auffinden gesuchter Informationen eigene Strategien und Heuristiken erfordert, sondern diese Informationen verbreiten sich global in einer Geschwindigkeit, die über kein anderes Medium so erreicht wird. Mit Web 2.0 gewinnen diese Entwicklungen zusätzlich an Dynamik, da das Spektrum von Formen und Disseminationswegen digitaler Daten sowie die Anzahl der Informationsgeber mit Web 2.0 erheblich gewachsen ist und wohl weiter wachsen wird. Die Bewältigung dieser Informationsflut und die sinnvolle Nutzung der durch Web 2.0 gegebenen Möglichkeiten einer konstruktiven Beschreitung neuer Wege des Wissensaustausches stellen Betriebe wie Fachkräfte vor besondere Herausforderungen. Diese Herausforderungen münden im Anschluss an die in Kapitel 4.4 dargestellten Anwendungskontexte in konkrete Qualifikationsanforderungen für Fachkräfte auf mittlerer Qualifikationsebene. Diese lassen sich in Analogie zu den von Mandl und Schnurer (2007) beschriebenen Feldern des Wissensmanagements strukturieren:

- ***Wissensnutzung:*** Die Verfügbarkeit und Zugänglichkeit von Wissen im Netz alleine reicht nicht aus, um es für Abläufe in Unternehmen einzusetzen. Die Schwierigkeit im Zuge von Web 2.0 liegt vielmehr im Auffinden, in der Bewertung und dem richtigen Umgang mit Informationen und Wissensbeständen, die über Inter- und Intranet zur Verfügung stehen.
- ***Wissenskommunikation:*** Der Austausch unter Fachkräften aller Ebenen trägt entscheidend zur Vernetzung und Erweiterung von Wissensbeständen bei und kann u. a. durch Blogs und virtuelle soziale Netzwerke gestaltet werden. Von den Fachkräften erfordert dies nicht nur eine grundlegende Bereitschaft, eigenes Wissen zu teilen, sondern auch ein Bewusstsein über Risiken und Grenzen des Informationsaustausches im Web 2.0.
- ***Wissensgenerierung:*** Ebenso setzen Forschungs- und Entwicklungsprozesse einen intensiven Austausch der Beteiligten sowie eine Dokumentation auch vorläufiger Ergebnisse voraus. Auf der mittleren Fachkräfteebene spielen Forschungsprozesse i. d. R. eine geringe Rolle. Die Aufbereitung und Aufarbeitung komplexer Informationsbestände – wie sie durch verschiedene Web 2.0-Anwendungen verfügbar sind – könnte dagegen auch für Fachkräfte der mittleren Qualifikationsebene zukünftig sehr bedeutsam werden.
- ***Wissensrepräsentation:*** Fachkräfte der mittleren Ebene sind im Zuge von Web 2.0 nicht nur aufgefordert, Wissen abzurufen und zu nutzen, sondern auch eigenes Know-how für andere verfügbar zu machen, d. h. eigenes Wissen darzustellen und gezielt Informationen weiterzugeben.

Wissensnutzung

Das Auffinden von Informationen stellte bereits im Web 1.0 eine besondere Herausforderung dar. Der ***professionelle Umgang mit Suchmaschinen*** ist auch heute noch keine Selbstverständlichkeit und gehört – laut Expertenaussagen – in vielen Arbeitsbereichen zu den unabdingbaren Qualifikationen. Dabei werden auch Suchmaschinen und die zu ihrer Nutzung erforderlichen Suchstrategien mit Web 2.0 deutlich komplexer. Die Formen, in welchen Informationen übermittelt werden, haben sich vervielfacht und Recherchestrategien sind nun so abzustimmen, dass nicht nur statische Websites durchsucht werden, sondern auch sehr viel dynamischere Wikis, Foren, Blogs, etc. Insbesondere spielen Informationen über Personen nicht nur im Personalmanagement eine zunehmend bedeutsame Rolle (vgl. Kapitel 4.5), sodass auch Recherchestrategien zur Informationssuche in sozialen Netzwerken in verschiedenen beruflichen Handlungsfeldern erforderlich werden.

Informationen zur Lösung eines aktuellen Problems oder einer anstehenden Arbeitsaufgabe zu recherchieren, ist im Internet auf den ersten Blick keine besondere Herausforderung. Je spezifischer die dahinterliegende Fragestellung ist und je folgenreicher eine Fehlinformation wäre, desto mehr gewinnen der professionelle Umgang mit Suchmaschinen, das gezielte Abrufen von Informationen auch in sich rasch verändernden Online-Umgebungen und insbesondere die Bewertung der recherchierten Informationen an Bedeutung. Schließlich spielt im Arbeitsalltag auch die Geschwindigkeit, mit der Fachkräfte zu den relevanten Informationen gelangen, eine maßgebliche Rolle, damit Web 2.0 zu einer Verbesserung und nicht zu einer Verlangsamung von Arbeitsabläufen beiträgt. Die im beruflichen Zusammenhang relevanten Quellen aus dem traditionellen Internet, Web 2.0 und aus geschützten Netzwerken sind inzwischen zum Teil thematisch separiert und spezialisiert. So recherchieren Fachkräfte der mittleren Ebene in einem Fallstudienbetrieb in mehreren elektronischen Ressourcen (virtuellen Oberflächen), für die sie jeweils eine differenzierte Kenntnis benötigen. Diese bezieht sich auf die Wahl der geeigneten Umgebung, die angemessene Fachsprache und die Detaillierung z. B. von Problemdarstellungen. Es handelt sich jeweils um Ressourcen von Herstellern, kritischen und professionellen Kunden, Fachexperten, Wettbewerbern etc. Die Rechercheaktivitäten werden zum Teil stetig durchgeführt, um Verläufe verfolgen zu können. In einem Fallstudienbetrieb wird die Recherchearbeit im Web 2.0 als professionelle Teildienstleistung für Auftraggeber erbracht, die sich selbst nicht in der Lage sehen, die komplexe Informationsstruktur im Web 2.0 zu bewältigen.

Unmittelbar anschließend an die Recherche von Informationen ist deren ***Selektion*** erforderlich. Auch eine kompetente und durchdachte Online-Recherche führt zu einer Fülle von Informationen, die von der jeweiligen Fachkraft schnell und sicher auf ihre Relevanz für die eigene Tätigkeit hin überprüft werden müssen. Dabei sind parallel verschiedene Kriterien einzubeziehen, die nicht nur den inhaltlichen Bezug zur eigenen Fragestellung, sondern auch die Tiefe der Informationen und insbesondere deren Qualität und Zuverlässigkeit betreffen.

So hat sich in einer Fallstudie gezeigt, dass der gezielte Vergleich von Ersatzteilpreisen verschiedener Anbieter, von Herstellerinformationen oder Problemlösestrategien für bestimmte Schadensfälle (z. B. in Blogs) auch für Kfz-Mechaniker zum Berufsalltag gehören können. Die Recherche, Selektion und Bewertung von Informationen läuft neben den „normalen" Arbeiten an den Fahrzeugen selbst und muss innerhalb von wenigen Minuten zu den gewünschten Ergebnissen führen, um nicht die Arbeitskosten für Betrieb bzw. Kunden unnötig zu erhöhen.

Eine besondere Herausforderung der Informationsrecherche im Kontext von Web 2.0 stellt die ***Bewertung der gefundenen Informationen*** dar. Während Inhalte im klassischen Internet über die Betreiber einer Homepage in der Regel klar einer Person oder Organisation zuzuordnen waren, die wiederum auf ihre Zuverlässigkeit hin eingeschätzt werden konnte, werden in Blogs oder Foren Informationen oft unter einem Pseudonym veröffentlicht und es lässt sich nicht einmal überprüfen, inwieweit hinter dem angezeigten Namen eine reale Person steht oder Beiträge automatisch über Computerprogramme eingestellt wurden. In Wikis wird meist völlig auf die Nennung von Urhebern verzichtet, da es sich um gemeinsam von einer großen Gruppe von Nutzern erarbeitete Inhalte handelt. Die Thematik wird in den Fallstudienbetrieben unterschiedlich gesehen.

Fachlich ausgerichtete Experten im technischen Bereich eines Betriebs vertreten die Auffassung, das wirklich relevante Detailwissen zu bestimmten Technologien (in diesem Fall im Bereich der Automatisierungstechnik) finde sich nicht im Web 2.0 oder Internet, sondern werde nur unter Experten direkt kommuniziert. In einem anderen Betrieb schildern gerade Fachexperten die Notwendigkeit für Fachkräfte der mittleren Ebene, neben den exklusiven Verbindungen zu einem Technologiehersteller (in diesem Fall eine Standardsoftware) auch die Erörterung in Foren und allgemein zugänglichen Umgebungen zu nutzen. Allerdings sind diese Informationen nicht systematisiert, sondern fragmentiert und überprüfungsbedürftig.

Vor diesem Hintergrund müssen Fachkräfte schnell und sicher entscheiden, welche Informationen ausreichend zuverlässig sind, um danach ihr weiteres Handeln im Rahmen einer Arbeitsaufgabe auszurichten. Dabei spielen zum einen persönliche Erfahrungswerte eine große Rolle und zum anderen die richtige Einschätzung der Verfasser bestimmter Informationen, d. h. inwieweit es sich hierbei um Beiträge „echter" Experten oder um laienhaftes Halbwissen handelt. Die Validität von Informationen kann dabei auch durch den Einbezug mehrerer Quellen geprüft werden, wobei ein gewisses Maß an Unsicherheit bezüglich der Zuverlässigkeit von Informationen in Web 2.0 dennoch bestehen bleibt. Insbesondere Manipulationen, wie gezielt fingierte Blog-Beiträge oder Kundenbewertungen lassen sich oft nur schwer als solche identifizieren. Eine grundlegende Skepsis und kritische Distanz gegenüber via Internet-Plattformen verfügbaren Informationen ist daher angebracht und notwendig, aber keineswegs selbstverständlich. ***Kritisches Hinterfragen*** dieser Inhalte wird damit zu einer Schlüsselqualifikation im Rahmen der effizienten Nutzung von Web 2.0 auch für Fachkräfte der mittleren Ebene.

Entsprechend müssen Fachkräfte auch auf Basis nicht endgültig verifizierbarer Informationen handeln und mit dieser verbleibenden ***Unsicherheit umgehen.*** Im Einzelfall müssen sie die Reichweite ihrer auf Basis von Internet-Informationen gefällten Entscheidungen einschätzen können und dementsprechend viel Sorgfalt auf die Überprüfung der Informationen aufwenden. Auch lassen sich Strategien erlernen und anwenden, die die Validierung von Daten und Informationen erleichtern und helfen, ein ausgeglichenes Verhältnis zwischen der Bedeutung einzelner Entscheidungen und der Überprüfung zugrunde gelegter Informationen herzustellen. Dies ist umso bedeutsamer, als – das zeigen auch einige Fallstudien – an manchen Arbeitsplätzen keine alternativen Quellen zu Web 2.0 für die Beschaffung handlungsrelevanter Wissensbestände bestehen.

Zur Wissensnutzung gehört neben der Recherche von Informationen auch deren sinnvolle Integration in die täglichen Arbeitsabläufe. Dabei wird ein weiteres – für die Qualitätsbewertung von Wissensressourcen entscheidendes – Kriterium immanent: die ***Nützlichkeit von Informationen*** für die Bewältigung von Arbeitsaufgaben. Wie der Einsatz von Web 2.0 am Arbeitsplatz generell, so sind auch einzelne Informationen von der Fachkraft auf ihren Beitrag zur Lösung aktueller Arbeitsaufgaben hin zu prüfen. Entsprechend ergibt sich die Befähigung zur schnellen und präzisen Erfassung der Nützlichkeit einzelner Informationen, Wissensressourcen und interaktiven Internetanwendungen für die eigene Tätigkeit als Qualifikationsanforderung, die nicht nur, aber insbesondere auch durch Web 2.0 bedeutsam wird.

Wissenskommunikation

Interaktive Internetanwendungen allgemein und die auf den kollektiven Wissensaustausch hin ausgerichteten Web 2.0-Anwendungen im Besonderen basieren auf einem Geben und Nehmen der beteiligten Akteure im Hinblick auf online verfügbare Wissensressourcen. Für Fachkräfte der mittleren Ebene bedeutet dies, dass sie sich als Nutzer und Abrufer online bereitgestellter Informationen – zumindest moralisch im Sinne der Netiquette – auch zur ***Weitergabe eigener Informationen*** in den entsprechenden Umgebungen verpflichten. Dieser unterschwellig über das Netz vermittelte soziale Druck wird von den Fachkräften selbst bewusst oder unbewusst wahrgenommen, von den Vorgesetzten oder der Unternehmensleitung aber häufig als für den eigenen Produktionsprozess irrelevant und daher eher unerwünscht angesehen. So bewegen sich Fachkräfte, die intensiv in Web 2.0-Umgebungen interagieren, nicht selten in dem Dilemma, einerseits sich zu eigenen konstruktiven Beiträgen in Blogs oder Social Networks verpflichtet zu fühlen, andererseits aber in ihren täglichen Arbeitsabläufen hierfür letztlich nicht über die notwendigen Zeitkontingente verfügen zu können.

Etwas anders stellt sich die Situation in Unternehmen dar, die Web 2.0-Technologien strategisch für das interne Wissensmanagement einsetzen. Hier werden Fachkräfte zum Teil auch gezielt dazu angehalten, das eigene Know-how im Intranet für Kollegen zur Verfügung zu stellen und sich aktiv an der internen Wissenskommunikation zu beteiligen. Wo das Unternehmen selbst – sei es aus personalstrategischen Überlegungen heraus oder als Teil eines systematischen Wissensmanagements – an der Offenlegung und Weitergabe persönlichen Erfahrungs- und Fachwissens interessiert ist, werden teilweise auch entsprechende Zeitressourcen für die Fachkräfte vorgehalten. Entscheidend ist hier, dass sowohl für das Unternehmen als auch für den einzelnen Mitarbeiter ein Mehrwert aus den eingesetzten Wikis erkennbar wird, der den mit der Erstellung und Pflege verbundenen Aufwand rechtfertigt (vgl. auch Cress 2005, S. 36).

Wichtigste Voraussetzung für den erfolgreichen Einsatz von Web 2.0 im unternehmensinternen Wissensmanagement ist nach Aussage der Experten die Bereitschaft, persönliche Wissens- und Erfahrungsbestände weiterzugeben. Hier liegen gleichzeitig noch die größten Herausforderungen für die Zukunft, da Wissen gerade bei hoch spezialisierten Fachkräften nicht selten als persönliches Kapital verstanden wird und dass aus Beiträgen auch „Nicht-Wissen“ ersichtlich werden kann (vgl. auch Rüddigkeit 2006).

> *„Im Web 2.0 heißt es ja einfach, ... dass man ... auch Zwischenstände öffentlich macht, in welchem Rahmen oder in welchem Kreis auch immer, mit welcher Reich-*

weite auch immer, aber dass man wirklich auch sein Nicht-Wissen ... preisgibt. Und das ist schon mal schwer, jemanden dazu zu bringen, sein Wissen preiszugeben, weil er ja dann als Experte möglicherweise austauschbar werden könnte ... Aber sein Nicht-Wissen öffentlich preiszugeben, ist ja fast noch schwieriger...“ (Interview A3)

Unabhängig von den Rahmenbedingungen erfordert die Wissenskommunikation via Web 2.0 von den Fachkräften der mittleren Ebene also die grundlegende ***Bereitschaft, eigenes Wissen zu teilen.*** Folglich kann hier von einer ganz unmittelbar durch Web 2.0 induzierten Qualifikationsanforderung gesprochen werden. In einer Wissensgesellschaft, in der in Betrieben nicht zuletzt hierarchische Strukturen und die Entlohnung an Erfahrungswissen und persönliche Expertise geknüpft sein können, bedeutet dies ein völliges Umdenken und die Notwendigkeit eines veränderten Verhältnisses zum eigenen Wissen und somit auch veränderte epistemologische Überzeugungen. Nur dann, wenn Information und Wissen als kurzlebige Ressourcen verstanden werden, deren Wert primär in der Anwendung liegt, und wenn persönliches Know-how nicht als Kapital betrachtet wird, das an Wert verliert, je weiter es verbreitet wird, sind Fachkräfte zur kontinuierlichen Kommunikation und Weitergabe ihres Wissens bereit. Nicht nur für Unternehmen, sondern auch für die Fachkräfte selbst erfordert dies in vielen Fällen ein radikales Umdenken bezüglich des Verhältnisses zum eigenen Wissen und zu Informationen allgemein. Diese kognitive Neuorientierung – die in manchen innovativen Bereichen bereits heute essenziell ist (z. B. vernetzte Programmierung) – kann nicht kurzfristig erreicht werden, sondern nur durch Einübung und positive Erfahrungen über einen längeren Zeitraum hinweg. Die Bedeutung dieser kognitiven Neuorientierung steigt dabei mit der Innovationsgetriebenheit des jeweiligen Sektors.

Wenn die Bereitschaft zur Weitergabe individuellen Wissens – z. B. über unternehmensinterne oder frei im Internet abrufbare Wikis – gegeben ist, muss das oft implizite Erfahrungswissen entsprechend aufbereitet werden. Dies kann sowohl in schriftlicher Form (z. B. für Wikis und Blogs) als auch in Form von Audio- (z. B. Podcasts) oder Video-Aufzeichnungen (z. B. Youtube) erfolgen. Jede Form der Übermittlung erfordert eine spezifische Aufbereitung des eigenen Wissens, um dies auch für andere verständlich und anschlussfähig zu machen. Diese ***didaktischen Fähigkeiten*** werden in manchen Unternehmen bereits im Rahmen der Fachkräfteausbildung im dualen System explizit geschult, wie eine der Fallstudien bei einem Kfz-Hersteller zeigt. Auch hier steht für die Fachkräfte weniger das technische Know-how der Übermittlung von digitalen Daten im Mittelpunkt (hier sind die Anforderungen aufgrund sehr benutzerfreundlicher Oberflächen eher gering);

vielmehr erfordert die Wissenskommunikation die Fähigkeit, Wissen verständlich aufzubereiten.

In Wikis oder ähnlichen Systemen kommt oft ein weiterer Faktor hinzu, der die Bereitschaft, eigene Inhalte einzustellen, reduzieren kann. Da hier die individuelle Autorenschaft vielfach nicht mehr erkennbar ist und daher im Verborgenen bleibt, wer welche Beiträge geleistet hat, erfahren Fachkräfte keine unmittelbare Würdigung ihres Engagements. Hier sind zum einen das Wissen und die ***Einsicht in den langfristigen Gewinn eines Knowledge Sharings*** auch für die einzelne Fachkraft auf mittlerer Ebene wesentlich; zum anderen können Belohnungssysteme auf Unternehmensebene hier zusätzliche Motivation schaffen.

Diese Formen der Wissenskommunikation spielen sowohl innerhalb von Unternehmen als auch im unternehmensübergreifenden Austausch eine Rolle. Allerdings sind diesem Austausch dann Grenzen gesetzt, wenn datenschutz- und persönlichkeitsrechtliche Aspekte oder nicht zur Weitergabe bestimmte unternehmensinterne Inhalte tangiert werden. Zu den hier wichtigen Qualifikationen von Fachkräften gehört deren ***Sensibilität für die Preisgabe von Information und Daten*** im Intra- oder Internet (vgl. auch Kapitel 5.5). Dabei muss sich die Fachkraft u. a. über folgende Punkte jederzeit im Klaren sein und ihre Wissenskommunikation daran ausrichten:

- In welcher Weise enthalten Botschaften sensible Inhalte im oben genannten Sinn? Werden Persönlichkeitsrechte oder datenschutzrechtliche Bestimmungen verletzt? Sind vertrauliche Informationen enthalten?
- An wen richtet sich die Botschaft bzw. wer hat darauf Zugriff? Bleiben die weitergegebenen Informationen in einem geschützten unternehmensinternen Bereich (Intranet), oder werden sie für die breite Öffentlichkeit sichtbar?
- Wer sollte keinesfalls auf die Informationen zugreifen können und wie lässt sich dies ausschließen?
- Welche Folgen hätte es, wenn die Informationen in falsche Hände gerieten? Und wie würde der Arbeitgeber dazu stehen?

Hierbei spielt auch die Haltung der Unternehmensleitung zur Problematik vertraulicher Unternehmensdaten eine wesentliche Rolle. Gerade sehr Web 2.0-nahe Unternehmen gehen häufig davon aus, dass sich digitalisierte Informationen ohnehin nicht dauerhaft unter Verschluss halten lassen und sehen daher kein Problem im offenen Wissensaustausch ihrer Mitarbeiter; andere beschränken diesen Informationstransfer drastisch – sei es durch technische Systeme oder entsprechende Richtlinien für die Mitarbeiter. Entsprechende Vorgaben müssen den mittleren Fachkräften bekannt und bewusst sein, damit diese auch im Austausch von Informationen Berücksichtigung finden. Eine zu starke Beschränkung und zu rigide Vorgaben der Unternehmensleitung können hier allerdings zu einer drastischen und nachhaltigen Einschränkung der Wissenskommunikation führen.

Firmen wie Intel oder IBM, die die Nutzung von Web 2.0 durch ihre Mitarbeiter gezielt unterstützen, haben eigene Richtlinien und Anleitungen für Web 2.0-Nutzer entwickelt (vgl. Kapitel 5.2). Darin werden die Mitarbeiter nicht nur angehalten, auf die Vertraulichkeit interner Informationen zu achten, sondern auch auf den korrekten Umgangston im Social Web verwiesen. Themen sind hier u. a. Umgangsformen in Web 2.0, die authentische und inhaltsbezogene Selbstpräsentation, die inhaltliche Korrektheit und Verständlichkeit von Beiträgen und einiges mehr. Diese Kataloge unterstreichen noch einmal die spezifischen Anforderungen der Wissenskommunikation mit Web 2.0.

Wissensgenerierung und Wissensaufbereitung

Für die gemeinsame (Weiter-)Entwicklung von Wissen bietet Web 2.0 erheblich erweiterte Möglichkeiten, z. B. durch den schnellen und einfachen Austausch von internationalen Expertengruppen oder durch Sharepoints, die die gemeinsame Arbeit an einzelnen Dateien erleichtern. Diese Möglichkeiten spielen u. a. in Forschungs- und Entwicklungsabteilungen von Unternehmen eine wesentliche Rolle, werden dort aber primär von Akademikern genutzt. Für die Fachkräfte auf mittlerer Ebene hat diese Form der gezielten Wissensgenerierung bislang eine geringere Bedeutung.

An Prozessen der Wissensgenerierung sind aber auch Fachkräfte der mittleren Qualifikationsebene aktiv beteiligt, insbesondere im Bereich der Aufbereitung und Archivierung von Wissensbeständen. Wissensgenerierung ist sowohl auf die Sammlung und Aufbereitung vorhandenen Wissens bzw. die Darstellung neuer Ideen und Arbeitsergebnisse als auch auf deren Sammlung und Sicherung angewiesen. Zu den hierfür erforderlichen Qualifikationen gehört die Fähigkeit zur raschen ***Verdichtung von Informationen.*** Informationen werden erst durch ihre zielgruppen- und bedarfsgerechte Aufbereitung und insbesondere durch eine entsprechende Reduktion auf überschaubare Informationsblöcke nutzbar und für die weitere Wissensgenerierung anschlussfähig. Fachkräfte der mittleren Ebene müssen hierfür in der Lage sein, umfangreiche Wissensbestände schnell auf die jeweils relevanten Informationen hin zu durchsuchen und diese zentralen Botschaften zu identifizieren. Sie müssen im Anschluss daran Dossiers erstellen können oder komprimierte Zusammenfassungen erarbeiten, die für die jeweilig assoziierten Leser hilfreich sind.

Nicht immer ist das erforderliche Wissen als solches bereits vorhanden bzw. verfügbar. Fachkräfte sehen sich in verschiedenen Tätigkeitsfeldern auch mit der Aufgabe konfrontiert, ***Daten auszuwerten und zu interpretieren.*** Im Hinblick auf Web 2.0 ist dies z. B. bei der Recherche von Informationen zu Produkten, Unternehmen oder Personen im Netz erforderlich. Das Internet und insbesondere Web 2.0-Plattformen bieten eine Fülle an Informationen zu einzelnen juristischen oder realen Personen, zu Produkten und Dienstleistungen, von der Beschreibung bis hin zur Bewertung. Zur Analyse eines Marktes, zur Gewinnung von Informationen über Produkte von (potenziellen) Zulieferern oder über Geschäftspartner müssen Fachkräfte diese Informationen nicht nur recherchieren, sondern auch auswerten. Dies bedeutet, dass sie die für die eigenen Entscheidungen oder das Handeln der eigenen Abteilung relevanten Informationen herausfiltern und aus diesen ein Gesamtbild entwickeln müssen, das die Stärken und Schwächen eines Produkts, dessen Einsatzmöglichkeiten oder die spezifischen Kompetenzen eines Kooperationspartners verdeutlicht. Damit kann von einer gänzlich neuen Qualität der Qualifikationsanforderungen im Bereich Wissensaufbereitung im Kontext von Web 2.0 gesprochen werden.

Die zentrale Herausforderung hier liegt in der Zusammenführung von Informationsbausteinen und deren Verdichtung zu einem einheitlichen Bild. Teilweise müssen Daten und Informationsfragmente erst interpretiert werden, um daraus entscheidungsrelevantes Wissen zu generieren. Bei widersprüchlichen Informationen müssen die mittleren Fachkräfte überdies – unter Berücksichtigung der Quellen und Zuverlässigkeit einzelner Daten – entscheiden, welche Information zur Grundlage weiteren Handelns gemacht werden kann und welche Unsicherheiten mit den einzelnen Quellen verbunden sind.

Um diese Wissens- und Informationsbestände dauerhaft verfügbar zu halten und zu pflegen, ist eine systematische ***Archivierung*** erforderlich, die inzwischen oftmals automatisch erfolgt, damit unvermeidlich wird und dadurch ihre eigenen Probleme schafft. Die Notwendigkeit einer Archivierung gilt insbesondere für unternehmensinterne Informationssysteme, wie z. B. Wikis im Intranet des Unternehmens. Nicht nur Fachkräfte, die mit der Betreuung dieser Systeme befasst sind, müssen über grundlegende Kenntnisse zur Archivierung von Inhalten in Web 2.0-Umgebungen verfügen, sondern alle Nutzer entsprechender Systeme im Intra- und Internet müssen sich der „Haltbarkeit“ ihrer Daten bewusst sein. Einerseits geht es dabei darum, zu wissen, wie und auf welchen Wegen Inhalte eher kurzfristig und wie eher langfristig verfügbar bleiben. Andererseits ist hier auch Sensibilität dafür zu schaffen, dass Informationen im Netz auch eine Eigendynamik entwickeln, d. h. über verschiedene Plattformen im Netz gestreut werden und in der Folge kaum mehr aus dem Web entfernt werden können.

Im Gegensatz zu E-Mails und anderen digitalen Datenformen scheint es für Unternehmen bzw. deren Mitarbeiter bislang keine speziellen rechtlichen Regelungen zur Archivierung von Inhalten, die in Web 2.0-Anwendungen generiert wurden, zu geben. Es ist bislang noch völlig offen, ob es diesbezüglich auf absehbare Zeit zu unternehmensübergreifenden Regulierungen kommt bzw. inwieweit Regulierungen angesichts einer ständig wachsenden Vielfalt unterschiedlicher Web 2.0-Applikationen überhaupt formuliert werden können. Fachkräfte der mittleren Ebene müssen gegebenenfalls entsprechende betriebsinterne Regelungen kennen und umsetzen können, sich aber in jedem Fall der grundlegenden Problematik bewusst sein, dass z. B. über soziale Netzwerke online getroffene Vereinbarungen keine Rechtssicherheit bieten, da sie nicht unbedingt über einen längeren Zeitraum hinweg nachprüfbar sind.

Web 2.0 kann entscheidende Beiträge zum Wissensmanagement von Unternehmen leisten, gleichzeitig aber auch als ein Katalysator der Wissensgesellschaft bezeichnet werden. Durch Web 2.0 wächst die über das Internet verbreitete und verfügbare Informationsmenge mit einer Geschwindigkeit, die in vielen Feldern reale Entwicklungen und Vorgänge praktisch in Echtzeit abbilden kann. Für Fachkräfte ergibt sich daraus die Anforderung, in dieser unüberschaubaren Fülle von sich ständig verändernden und ergänzenden Informationen den ***Überblick zu behalten.*** Strukturierung, Aufbereitung und Archivierung von Informationen sind wesentliche Schritte, um Wissensbestände überschaubar und überhaupt nutzbar zu machen; gleichzeitig ist die Fähigkeit, sich eine Übersicht über große Informationsmengen zu verschaffen, elementar für die effiziente Nutzung von Web 2.0 als Informations- und Wissensquelle.

Wissensrepräsentation

Die bereits genannten Fähigkeiten zur strukturierten und adressatengerechten Darstellung von Wissen sind auch für diesen Teil des Wissensmanagements zentral. Darüber hinaus lassen sich aber weitere, vor allem auf die Einstellungsebene abzielende Anforderungen formulieren, die sich an Fachkräfte auf der mittleren Qualifikationsebene richten.

Mit der zunehmenden Verbreitung von Web 2.0 und dessen Nutzung in beruflichen Kontexten verändern sich nicht nur Arbeitsweisen und Informationsquellen, sondern es ergeben sich auch Auswirkungen auf die Rolle der Fachkraft als solche sowie auf die Unternehmenskultur. Durch Web 2.0 verändert sich die Bedeutung von Wissen und Information innerhalb eines Unternehmens; darüber hinaus können sich aber auch hierarchische Strukturen durch Web 2.0 wandeln. Web 2.0

führt in vielen Bereichen zu einem teilweisen Verschwimmen von Hierarchien in der virtuellen Zusammenarbeit oder trägt zu einer Verflachung von Hierarchiestrukturen im Unternehmen bei. Experten werden durch neue Richtlinien dazu angehalten, ihr Wissen zu kommunizieren und anderen zur Verfügung zu stellen; auch das Erfahrungswissen einzelner Mitarbeiter erfährt durch seine Kommunikation in Web 2.0-Umgebungen eine veränderte bzw. zusätzliche Wertschätzung. Fachkräfte der mittleren Ebene müssen diese ***unternehmenskulturellen Veränderungen wahrnehmen, sich darauf einstellen und konstruktiv mit ihnen umgehen*** können. Sie müssen ihr eigenes professionelles Handeln an veränderte Vorgaben anpassen, um innerhalb ihres Arbeitsfeldes erfolgreich agieren zu können.

Die Veränderungen in der Unternehmenskultur insgesamt gehen nicht selten mit einer veränderten Rolle der einzelnen Mitarbeiter einher, die mit Web 2.0 zum einen zunehmend vom Ausführenden zum Wissensträger und -kommunikator werden, zum anderen aber gleichzeitig in ihrem beruflichen Handeln immer sichtbarer werden. Durch die Repräsentation eigenen Wissens und eigener Erfahrungen bieten Fachkräfte der mittleren Qualifikationsebene implizit auch einen tiefen Einblick in ihre eigene berufliche Tätigkeit sowie ihre arbeitsplatzbezogenen Kompetenzen. Darüber hinaus lassen Beiträge in Online-Umgebungen, die entweder unternehmensintern oder weltweit einsehbar sind, auch Rückschlüsse auf Arbeitsschwerpunkte, Zeitmanagement und evtl. auch persönliche Ambitionen zu. Durch die Kommunikation von Zwischenschritten, eigenen Misserfolgen und Problemen werden überdies auch Grenzen der eigenen beruflichen Handlungsfähigkeit und individuelle Wissens- bzw. Kompetenzdefizite sichtbar. Diese Offenlegung setzt einerseits eine entsprechende Fehlerkultur innerhalb des Unternehmens voraus, bedingt andererseits aber auch eine Offenheit der Fachkräfte. Darüber hinaus müssen sich die Fachkräfte auch bewusst sein, wer durch ihre Beiträge welche Informationen über ihre Tätigkeit erhält und welche Informationen besser nicht kommuniziert werden sollten, um negative Folgen für die eigene Stellung im Betrieb zu vermeiden. Im Kern geht es für die Fachkräfte also darum, ein ***Bewusstsein über die eigene Sichtbarkeit in und durch Web 2.0*** zu entwickeln.

Gleichzeitig sind eigene essenzielle Beiträge zu unternehmensinternen oder -externen Wissensplattformen nicht immer einem Verfasser zuzuordnen. In der Folge können die Fachkräfte für diese Beiträge dann keine unmittelbare persönliche Anerkennung erwarten, sondern agieren aus eigenem Antrieb und aus eigener Überzeugung heraus. Die Vorteile, die diese Form des Wissensmanagements für den Betrieb und alle Mitarbeiter bringt, muss den mittleren Fachkräften bewusst sein, damit diese unter diesen Bedingungen bereit sind, Zeit und Energie in die Weitergabe persönlichen Wissens zu investieren.

Eine weitere Konsequenz aus der Sichtbarkeit im Internet ist die Möglichkeit einer gezielten ***Selbstdarstellung und -vermarktung*** (Reputationsmanagement, vgl. Kapitel 5.2). Insbesondere in sozialen Online-Netzwerken gehören Informationen über die eigene Person zu den elementaren Bestandteilen eines Online-Profils. Dabei lassen sich durch die Auswahl und die Form von Informationen zur eigenen Person gezielt bestimmte Eindrücke und Bilder übermitteln. Ob eine Fachkraft sich als Experte für eine bestimmte beruflich relevante Thematik in Web 2.0-Umgebungen präsentiert oder eher als private Person, wie viel Informationen sie über sich selbst preisgibt und in welchen Netzwerken sie dies tut, prägt das übermittelte Bild, das von Vorgesetzten, Kollegen oder Externen gleichermaßen wahrgenommen wird. Eine naive Offenlegung persönlicher Informationen wäre hier ebenso riskant und problematisch wie eine gezielte Verbreitung von Fehlinformationen zur eigenen Person. In den Fallstudien zeigte sich, dass das Problembewusstsein von Fachkräften in diesem Bereich sehr unterschiedlich ausgeprägt ist und dass Führungskräfte hier auf positive wie negative Beispiele verweisen können.

Eine positive und gezielte Selbstdarstellung im Netz ist für die Fachkräfte nicht nur im Rahmen der Jobsuche relevant, sondern Web 2.0-Profile werden mehr und mehr zum Ersatz herkömmlicher Visitenkarten, da sie wesentlich mehr Möglichkeiten zur personenbezogenen Informationsübermittlung bieten. Damit werden sie aber auch zu einem zentralen Kommunikationsmittel im Austausch mit Kollegen, Geschäftspartnern, Kunden und Zulieferern und transportieren über die Person der Fachkraft auch Botschaften über das Unternehmen und seine Mitarbeiter. Im Zusammenhang der Fallstudien wird auch in diesem Bereich eine polarisierende Tendenz erkennbar. Während sich in einem Fall die Notwendigkeit der auch persönlichen Darstellung von Mitarbeitern im Web 2.0 ergibt und diese von den Fachkräften als unproblematisch eingeschätzt und praktiziert wird, sehen sich in einem anderen Fall die Fachkräfte – selbst eher IT-Experten – nicht nur beruflich, sondern auch privat ungern im Web 2.0 vertreten; entsprechende Spuren werden weitestgehend vermieden. Begründet wird diese bewusste Vermeidung von Spuren im Internet mit der unklaren Verwendung personenbezogener Daten im Netz sowie der Rekonstruierbarkeit ganzer Persönlichkeitsprofile durch frei zugängliche personenbezogene Daten im Netz.

Die Selbst- und Wissensrepräsentation – so lässt sich zusammenfassend festhalten – birgt Chancen und Risiken für die Fachkräfte, derer sich diese bewusst sein sollten. Um aber den persönlichen Nutzen von Wissensmanagementprozessen einschätzen und maximieren zu können, müssen die Fachkräfte mit den Zielen und Funktionsweisen der entsprechenden Web 2.0-Anwendungen ebenso vertraut sein wie mit deren Reichweite und Begrenzung, mit den adressierten

Kommunikationspartnern sowie mit den Nutzern einzelner Online-Umgebungen.

Die für den Bereich der Wissensrepräsentation skizzierten neuen Qualifikationsanforderungen resultieren unmittelbar aus den Anwendungsformen von Web 2.0 und sind daher als Web 2.0-spezifisch zu betrachten.

Zukünftig erwartete Entwicklung der Qualifikationsanforderungen im Bereich „Umgang mit Information und Wissen“

Die hier aufgezeigten Veränderungen und Dynamiken im Umgang mit Information und Wissen betreffen heute bereits viele Branchen und Tätigkeitsfelder. Die tendenzielle „Demokratisierung“ von Wissen und Informationsprozessen, bei der die Beschaffung und Verbreitung von Informationen zunehmend dezentralisiert und individualisiert erfolgt, erfordert zukünftig noch stärker von den qualifizierten Beschäftigten sowohl unternehmensintern als auch in der Kommunikation nach außen die Bereitschaft zu verändertem Verhalten.

Zusammenfassend betreffen die wichtigsten Qualifikationsanforderungen heute und mit Blick auf die nächsten Jahre insbesondere die folgenden Bereiche (vgl. Abb. 6):

1. *Informationsbewertung*

Die Fähigkeit, Informationen in interaktiven Umgebungen zu bewerten und für die eigene Arbeit in adäquater Weise zu nutzen, wird heute bereits von den Experten als wichtige Qualifikation eingeschätzt und in diesem Bereich wird eine hohe Anforderung mit mittlerer Reichweite an die Fachkräfte der mittleren Ebene gestellt. Es wird für die nahe Zukunft erwartet, dass sich die Anwendungen in diesem Bereich stetig weiterentwickeln und in den Betrieben auch verstärkt eingesetzt werden, sodass die Qualifikationsanforderungen in den nächsten fünf Jahren auf hohem Level bleiben werden und die Reichweite sich auf die meisten Sektoren ausdehnen wird.

2. *Suchmaschinen-Sprachlogik*

Der richtige Umgang mit Suchmaschinen stellt an die Fachkräfte der mittleren Ebene derzeit hohe Anforderungen, die allerdings heute eine eher niedrige bis mittlere Reichweite aufweisen.

Es ist damit zu rechnen, dass der Verbreitungsgrad – bei gleichzeitigem Rückgang der Anforderungen – künftig ansteigen wird. In den kommenden fünf Jahren wird das Semantic Web erkennbar verbessert werden, auch wenn es noch einige Zeit dauern wird, bis diese hoch komplexe Entwicklung durchgängig eingesetzt werden kann. Die nutzerfreundliche Entwicklung des Semantic Web wird in absehbarer Zukunft zu einem Absinken dieser Anforderungen an Fachkräfte führen, da sowohl Bedienbarkeit als auch das Auffinden der benötigten Informationen erleichtert werden.

3. Aktive inhaltliche Mitwirkung bei Web 2.0-Anwendungen

Die Mitgestaltung im Web 2.0 stellt an die Mitarbeiter auf der mittleren Qualifizierungsebene heute hohe Qualifikationsanforderungen, die nicht nur die sprachlichen Kompetenzen einschließen, sondern auch die Abschätzung der Konsequenzen einer Mitgestaltung beinhalten. Diese Anwendungen sind aber noch nicht weit verbreitet. Mit Blick auf die kommenden fünf Jahre werden die Anforderungen hoch bleiben und für die Fachkräfte eine besondere Herausforderung darstellen – auch weil sich die Reichweite dieser inhaltlichen Mitgestaltung an Web 2.0-Anwendungen wahrscheinlich auf ein mittleres bis hohes Niveau ausdehnen wird. Die hier beschrieben Entwicklungen werden in der folgenden Grafik zusammengefasst:

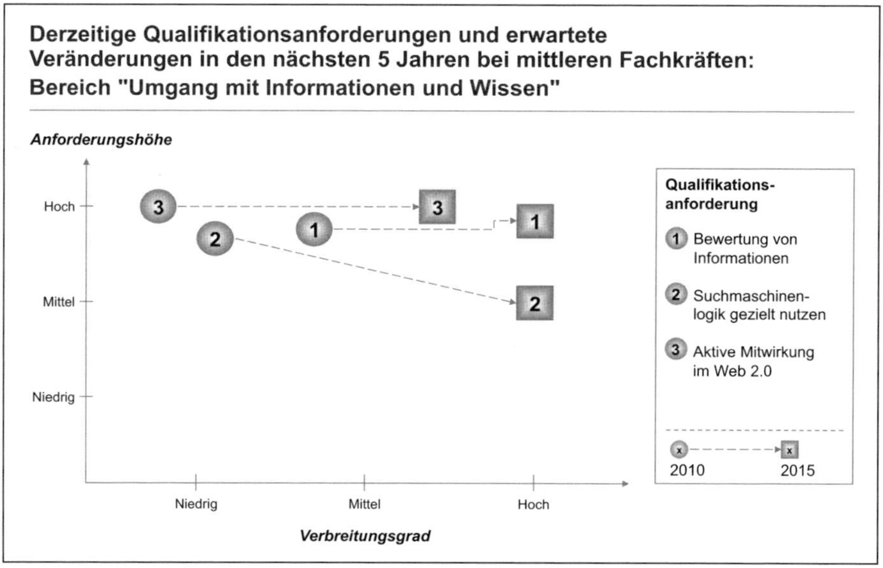

Abbildung 6: Qualifikationsanforderungen im Bereich „Umgang mit Informationen und Wissen"

5.5 Datenschutz, rechtliche Fragen und Vertraulichkeitsanforderungen in Web 2.0-Umgebungen

Bei den meisten Internetnutzern bestehen mit Blick auf Kenntnisse und die Sensibilität im Umgang mit Aspekten wie Datenschutz, Vertraulichkeit von Daten, Konstruktion von persönlichen Profilen usw. erhebliche Defizite. Dies betrifft private und berufliche Anwendungen in ähnlicher Weise. In diesem Unterkapitel betrachten wir drei in diesem Kontext zentrale Aspekte:

- Datenschutz, rechtliche Fragen,
- Vertraulichkeitsanforderungen beim Umgang mit betrieblichen Daten im Netz und
- Bewusstsein für unterschiedliche virtuelle Umgebungen.

Die o. g. Aspekte betreffen sowohl die Internetnutzung generell als auch, in besonderem Maße, Web 2.0-Anwendungen. Die vielfältigen Möglichkeiten der Kooperations- und Austauschkultur in Web 2.0-Umgebungen scheinen manchmal den Blick für potenzielle Risiken zu trüben.

Jugendliche und junge Erwachsene sehen das Internet primär als ein Austauschforum an und sind sich der Reichweite der eingestellten Daten oft nicht bewusst. ***Datenschutz, rechtliche Aspekte und Vertraulichkeitsanforderungen*** spielen für sie häufig eine nachrangige Rolle. In Schulen scheinen diese Themen bislang noch nicht hinreichend behandelt zu werden.

Ohne Filterungen, Passwörter und Schutzfunktionen – wie z. B. Verschlüsselungen – ist dem Missbrauch bereitgestellter Daten Tür und Tor geöffnet (vgl. auch Kehrer 2007). So können z. B. Fotos jederzeit kopiert und in völlig andere Kontexte eingearbeitet werden. Anwender sollten deshalb sehr bewusst entscheiden, welche Daten sie über sich wo zur Verfügung stellen, und für wen. Der Einsatz von Passwörtern und Filtern sowie der verantwortungsbewusste Umgang mit persönlichen Daten sollten in der privaten und beruflichen Nutzung interaktiver Internettechnologien selbstverständlich sein.

Die Datenmissbrauchsmöglichkeiten im Internet sind vielfältig. Für Fachkräfte empfiehlt es sich, beim beruflichen Agieren im Internet die „Leitlinie" mit im Blick zu behalten, dass ***alle Datenmissbrauchsmöglichkeiten, die vorstellbar sind, mit großer Wahrscheinlichkeit auch eintreten werden.***

Kenntnisse über Datenschutz und eine hohe Sensibilität für Vertraulichkeitsanforderungen von Daten im Internet stellen im beruflichen Bereich zentrale Anforderungen dar. Dies gilt insbesondere für Informationen, die in beruflichen Netzwerken bereitgestellt werden. So verdeutlicht eine von Stiftung Warentest Ende März 2010 veröffentlichte Untersuchung die erheblichen Schwachstellen vieler sozialer Netzwerke in diesem Bereich.[30]

Auch für berufliche Netzwerke wie z. B. „LinkedIn" und „Xing" lautet die Bewertung im Bereich Datensicherheit „mangelhaft". Besonders problematisch erscheint in diesem Kontext, dass auch Filterungen und Passwörter bei einigen Anbietern keinen wirksamen Schutz vor unerwünschten Zugriffen bieten. Das Fazit von Stiftung Warentest lautet wie folgt: *„Alle sozialen Netzwerke haben Mängel beim Datenschutz sowie bei der Datensicherheit."* (Stiftung Warentest 2010, S. 41)

Neben datenschutzrechtlichen Kenntnissen lassen sich weitere rechtliche Aspekte erkennen, die bei der beruflichen Nutzung interaktiver Internetanwendungen bedeutsam sind, wie z. B. die Themen „Urheberrecht", „Jugendschutz" und „Persönlichkeitsrechte". Auch hier sind sich mittlere Fachkräfte der Bedeutung dieser Themen meist nicht bewusst. Bemerkenswert erscheint, dass den Fallstudien zufolge auch in vielen Chefetagen das Problembewusstsein mit Blick auf Datenschutzanforderungen und andere rechtliche Aspekte insbesondere in einigen Klein- und Mittelbetrieben defizitär zu sein scheint.

Vor allem manche innovative, „amerikanisch" geprägte Unternehmen im Bereich IT/Medien bewegen sich mit einigen Angeboten auf rechtlich unsicherem Terrain, ohne dass ihnen dies bewusst zu sein scheint. Die Brisanz des Themas und die Konsequenzen, zu denen eine mangelnde Beachtung von Datenschutzvorschriften führen kann, sind offenbar vielfach nicht präsent, wie sowohl Beobachtungen im Rahmen der Fallstudien als auch Ergebnisse der Experteninterviews bestätigen.[31]

Das wenig ausgeprägte Verständnis für die Bedeutung von Vertraulichkeitsanforderungen resultiert allerdings nicht nur aus dem Fehlen rechtlicher Kennt-

---

30 Mit Blick auf den Datenschutz schneiden dabei insgesamt die großen amerikanischen Netzwerke am schlechtesten ab. So reklamiert z. B. Facebook in seinen allgemeinen Geschäftsbedingungen das geistige Eigentum an allen vom Nutzer eingestellten Texten und Bildern für sich (vgl. Stiftung Warentest 4/2009, S. 45).

31 So erfolgen z. B. Bestellungen von Medikamenten im Internet, bei denen sensible persönliche Daten übertragen werden, nach Einschätzung von IT-Experten nur selten verschlüsselt. Ein Experte wies darauf hin, dass selbst Patentanwälte unverschlüsselte E-Mails versenden. Mit der zunehmenden Etablierung von Web 2.0 potenzieren sich die Risiken der ungeschützten Weitergabe von Informationen. – Eine verbreitete Einschätzung ist z. B. die, dass Google meist mehr über die Kunden eines Unternehmens weiß als das Unternehmen selbst.

nisse oder einem Übersehen der vielfältigen Möglichkeiten zum Datenmissbrauch. Vielmehr zeichnet sich hier in Teilen der Web 2.0-Generation auch ein verändertes Verständnis von Datenschutz und Vertraulichkeit ab. Orwells Vision des „Big Brother" ist für manche kein Schreckensbild mehr. Die Reaktion hierauf ist eher ein „Na und?" bzw. „So what?". Hier deutet sich möglicherweise mittelfristig ein weitreichender Wertewandel an, bei dem die Vertraulichkeit von Daten an Bedeutung verliert. Eine entsprechende Grundhaltung strahlt auch auf das Verhalten von Fachkräften im Rahmen ihrer beruflichen Tätigkeit aus.

Wie die bisherigen Ausführungen verdeutlichen, ist bei mittleren Fachkräften mehrheitlich von einem ***mangelnden Bewusstsein für Vertraulichkeitsanforderungen*** beim Umgang mit betrieblichen Daten in Web 2.0-Umgebungen auszugehen. Manche Großunternehmen versuchen derzeit, dieser Gefahr dadurch zu begegnen, dass sie Hoheitsrechte für die Internetnutzung sehr restriktiv vergeben; manchmal erhält nur ein sehr kleiner Teil der Mitarbeiter freien Internetzugang (vgl. näher Punkt 4.6).

Ein wichtiges Teilelement des Risikobewusstseins ist in diesem Kontext die Erkenntnis, dass Äußerungen von Fachkräften in Web 2.0-Umgebungen auf das Ansehen ihres Arbeitgebers ausstrahlen können. Deswegen kommt hier einem bewussten *Reputationsmanagement* große Bedeutung zu (vgl. hierzu auch 4.5 und 5.2).

Ein weiterer Teilaspekt betrifft die Kenntnis möglicher Probleme bei der *Nutzung von Freeware-Programmen*. Dabei geht es zum einen um die IT-Sicherheit. Zum anderen können hier unerwartete Datenschutzprobleme auftreten, wie das folgende Beispiel zeigt:

> *Eine Fachkraft in einem kleinen Unternehmen hatte wegen Problemen mit der Lesbarkeit von pdf-Anlagen aufgrund der Empfehlung eines Freundes in einem sozialen Netzwerk die neueste pdf-Freeware-Version eines Anbieters installiert. Der Firmeninhaber löschte dieses gut funktionierende Programm wieder, weil die allgemeinen Geschäftsbedingungen des Anbieters u. a. folgende Punkte vorsahen: eine Weitergabe der IP-Adresse des Nutzers an den Programmanbieter, das Recht des Anbieters, den kompletten Internetverkehr des Nutzers zu verfolgen und auszuwerten sowie das Recht, diese Auswertungen an Dritte weiterzugeben.*

Eine wichtige Qualifikationsanforderung an Fachkräfte im Rahmen von simultanen virtuellen Tätigkeiten besteht darin, sich jederzeit bewusst zu sein, in welcher Umgebung man gerade agiert. Vor dem Hintergrund des Multi-Tasking, bei dem die Fachkraft in einer Vielzahl virtueller Umgebungen parallel arbeitet (vgl. Punkt 5.6), ist dies keine triviale Anforderung.

Mit Blick auf die Vertraulichkeit bei Web 2.0-Anwendungen unterscheiden sich insbesondere die Anforderungen in folgenden Umgebungen fundamental:
- Intranet des Unternehmens,
- Plattformen für Kooperationsprojekte mit externen Partnern,
- Anwendungen im freien Internet.

Am wenigsten Probleme bereitet das Unternehmens-Intranet. In dieser Umgebung kommt es vor allem darauf an, die Vertraulichkeitsanforderungen der eigenen Abteilung zu kennen. Werden zu viele Informationen weitergegeben, so entstehen dem Arbeitgeber dadurch im Allgemeinen keine Nachteile.

Anders stellen sich die Anforderungen auf Kooperationsplattformen dar, die häufig projektbezogen organisiert sind. Dabei gilt ein offener Austausch mit externen Partnern im Rahmen der Projektarbeiten als erwünscht. Den Kooperationspartner interessierende firmeninterne Informationen außerhalb des Projektkontextes sollen dagegen normalerweise nicht weitergegeben werden. Diese Abgrenzung ist für die Fachkraft nicht immer einfach. In einigen Betriebsfallstudien zeigen sich Bedingungen, die eine scharfe Abgrenzung erschweren. So ergibt sich in einem Fall, dass ein wichtiger Kunde mit der gelieferten Technologie (über deren systemische Einbindung) in die interaktiven Netzwerke geht und dadurch eine gewisse Mitwirkung praktisch erzwingt. In einem anderen Fall agiert die mittlere Fachkraft täglich in so zahlreichen wechselnden Netzwerken, Portalen, geschlossenen und offenen Internetumgebungen, dass eine genaue Differenzierung außerordentlich schwierig ist.

Die in dieser Hinsicht problematischste Umgebung stellt das offene Internet dar. Abgesehen von kooperativen Sondersituationen wie dem vernetzten Programmieren (vgl. Punkt 5.7) sollte die Fachkraft in beruflichen Kontexten vorsichtiger und restriktiver agieren als bei privaten Web 2.0-Anwendungen. Andernfalls besteht die Gefahr, dass Informationen nach außen gegeben werden, die aus der Sicht des Arbeitgebers Firmeninterna sind.

Datenschutz, Datensicherheit und Vertraulichkeitsanforderungen waren auch im Web 1.0 bereits bedeutsam und stellen insofern keine Web 2.0-spezifischen Thematiken dar. Allerdings führt die Etablierung von Web 2.0 zum einen dazu, dass weit größere Datenmengen von immer mehr Personen ins Netz gestellt werden; zum anderen können gerade Web 2.0-Umgebungen ihre Nutzer zur Weitergabe möglichst vieler – auch privater oder vertraulicher – Daten animieren, weil diese Umgebungen nur durch von Nutzern generierte Inhalte existieren können. Von daher erhalten dieses Thema und die damit verbundenen Qualifikationsanforderungen durch Web 2.0 eine neue und sehr weit reichende Relevanz, gerade auch für Fachkräfte der mittleren Qualifikationsebene.

Wie stellen sich die derzeitigen und zukünftigen Qualifikationsanforderungen an mittlere Fachkräfte in diesem Bereich nach Ansicht der Experten dar?

Im Themenbereich ***„Datenschutz, rechtliche Aspekte“*** gilt das Anforderungsniveau bereits derzeit als hoch. Auch der Verbreitungsgrad ist nach Ansicht der Experten hoch, da sich praktisch alle Internetnutzer mit dieser Anforderung konfrontiert sehen. In den nächsten fünf Jahren werden nach Ansicht der Experten sowohl die Anforderungshöhe als auch der Verbreitungsgrad hoch bleiben.

Vertraulichkeitsanforderungen beim Umgang mit betrieblichen Daten in Web 2.0-Umgebungen sind nach Ansicht der Experten ebenfalls hoch, doch gehen sie derzeit noch von einem niederen bis mittleren Verbreitungsgrad aus. Dies liegt zum einen an der begrenzten Reichweite von Web 2.0-Anwendungen, zum anderen an den von manchen Unternehmen praktizierten Abschottungs-Strategien. Da sich diese nach Ansicht der meisten Experten zukünftig kaum mehr aufrechterhalten lassen, erwarten sie in den nächsten fünf Jahren nicht nur ein hohes Anforderungsniveau, sondern auch einen hohen Verbreitungsgrad dieser Qualifikationsanforderung.

Auch die Anforderungen an ein ***Bewusstsein für unterschiedliche virtuelle Umgebungen*** gelten derzeit bereits als hoch, während der Verbreitungsgrad dieser Anforderung als mittel eingestuft wird. In den nächsten fünf Jahren erwarten die Experten ein hohes Anforderungsniveau und einen hohen Verbreitungsgrad.

Insgesamt wird somit nach Ansicht der meisten befragten Experten für alle drei dargestellten Qualifikationsanforderungen in den nächsten fünf Jahren sowohl ein hohes Anforderungsniveau als auch ein hoher Verbreitungsgrad gegeben sein. Deshalb erscheint es in diesem Zusammenhang umso bemerkenswerter, dass nach den Ergebnissen dieser Studie in diesem Segment besonders hohe Qualifikationsdefizite bestehen: ***In keinem anderen in dieser Studie betrachteten Qualifikationssegment klafft eine so eklatante Lücke zwischen den Anforderungen und den Kompetenzen*** sowohl bei Fachkräften als auch bei einigen Führungskräften. Abbildung 7 fasst die zentralen Befunde nochmals zusammen.

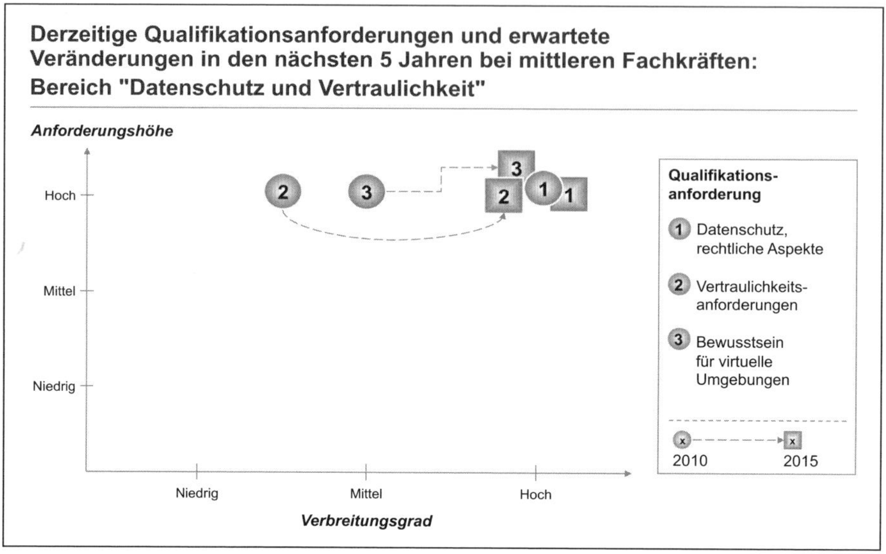

Abbildung 7: Qualifikationsanforderungen im Bereich „Datenschutz und Vertraulichkeit von Daten"

5.6 Eigenverantwortliches Lernen und parallele Aufgabenbearbeitung (Multi-Tasking)

Die Notwendigkeit zum lebenslangen Lernen und zur parallelen Bearbeitung mehrerer Aufgaben sind keine Spezifika von Web 2.0-Tätigkeiten. Allerdings treten diese beruflichen Anforderungen an Fachkräfte in Web 2.0-Umgebungen in intensivierter Form auf. Gefordert sind hier zum einen ***die Fähigkeit zu kontinuierlichem, raschem, eigenverantwortlichem Dazulernen*** sowie zum anderen ***die Fähigkeit zur parallelen Bearbeitung zahlreicher Aufgaben.*** Entsprechenden Qualifikationsanforderungen sehen sich derzeit insbesondere mittlere Fachkräfte im Bereich IT/Medien sowie sektorübergreifend Fachkräfte in schnittstellenintensiven Tätigkeitsfeldern gegenüber. Mit einer Expansion von Web 2.0-Anwendungen werden diese Qualifikationsanforderungen weiter an Bedeutung gewinnen und die Tätigkeiten einer größeren Zahl von Fachkräften betreffen.

Im Folgenden betrachten wir aus der Vielzahl von Qualifikationsanforderungen in diesem Kontext vier Aspekte, die keine Web 2.0-spezifischen Qualifikationsanforderungen sind, aber dennoch für die Arbeit von mittleren Fachkräften in Web 2.0-Umgebungen besonders bedeutsam sind:

- Bereitschaft und Fähigkeit zu kontinuierlichem, raschem und eigenverantwortlichem Lernen;
- Fähigkeit zur parallelen Bearbeitung zahlreicher Aufgaben/simultanes Arbeiten in unterschiedlichen Web 2.0-Umgebungen;
- Fähigkeit, Prioritäten zu setzen, Zeitmanagement;
- Umgang mit „struktureller Überforderung“ (vgl. weiter unten) in virtuellen Umgebungen.

Bereitschaft und Fähigkeit zu kontinuierlichem, raschem und eigenverantwortlichem Lernen

Das allseits bekannte Postulat des „Lebenslangen Lernens“ erhält im Kontext von Web 2.0-Anwendungen eine neue Dynamik. Lernen von Fachkräften erfolgt zunehmend im offenen Austausch mit unterschiedlichen Ansprechpartnern: mit anderen Abteilungen des Unternehmens, mit Kunden, in unternehmensübergreifenden Fachforen, im Kontext von Blogs, Wikis usw.

Unternehmen messen Web 2.0-Anwendungen in diesem Zusammenhang eine besondere Bedeutung zu:

> *„The rapidly growing phenomenon of user-generated web content – blogging, social web-applications and networking – are emerging important arenas for that kind of engagement and learning.“* (IBM social computing guidelines, S. 1)

In Web 2.0-Umgebungen gelten dabei zwei Aspekte der o. g. Qualifikationsanforderungen als besonders wichtig: die Fähigkeit zu schnellem Lernen und die Fähigkeit zu eigenverantwortlichem Lernen. Dies betrifft auch Fachkräfte der mittleren Qualifikationsebene, die in diesen Umgebungen arbeiten.

Fähigkeit zur parallelen Bearbeitung zahlreicher Aufgaben/simultanes Arbeiten in unterschiedlichen Web 2.0-Umgebungen

Eigenverantwortliches Handeln der Fachkräfte ist auch bei den o. g. Anforderungen unerlässlich. Die Fähigkeit zur parallelen Bearbeitung mehrerer Aufgaben hat für Fachkräfte aller Qualifikationsebenen in vielen Bereichen in den letzten Jahren erheblich an Bedeutung gewonnen. In Web 2.0-Umgebungen kann diese Anforderung vielfach bereits als ein konstitutives Element der Berufstätigkeit angesehen werden. Unter den Experten gilt es als weitgehend unstrittig, dass die

Arbeit von mittleren Fachkräften in Web 2.0-Umgebungen üblicherweise mit einer simultanen Nutzung mehrerer Umgebungen einhergeht. Exemplarisch zeigt sich dies am Beispiel der mittleren Fachkraft in einer Betriebsfallstudie im Kfz-Gewerbe, die bei Arbeitsbeginn 20 bis 30 verschiedene Internet-Umgebungen öffnet und darin parallel arbeitet.[32]

Bemerkenswert erscheint an dieser Stelle, dass die simultane Nutzung verschiedener Web 2.0-Umgebungen von den im Rahmen der Betriebsfallstudien beobachteten Fachkräften meist nicht als besonders belastend empfunden wurde. Das simultane Arbeiten in unterschiedlichen Umgebungen stimmte mit ihrem Muster der privaten Internetnutzung überein. Dieses Ergebnis erscheint trotz der nur bedingten Verallgemeinerbarkeit der Beobachtungen aus den Betriebsfallstudien bemerkenswert. Für Fachkräfte ohne einen entsprechenden Erfahrungshintergrund bei der privaten Internetnutzung würden sich an dieser Stelle allerdings vermutlich völlig andere subjektive Belastungssituationen ergeben.

Fähigkeit, Prioritäten zu setzen, Zeitmanagement

Paralleles Arbeiten an mehreren Aufgaben erfordert von Fachkräften die Fähigkeit, zu erkennen, welche Aufgaben wichtiger sind als andere und entsprechende Prioritäten zu setzen. Gleichzeitig gilt es, den Terminplan und den Stand der jeweiligen Einzelaufgaben im Blick zu behalten. Dies erfordert die Befähigung zu eigenverantwortlichem Zeitmanagement. In Web 2.0-Umgebungen bedeutet dies auch, dass die Fachkräfte rasch geeignete Plattformen oder Anwendungen auswählen müssen, um effizient zu arbeiten.

Befähigung zum Umgang mit „struktureller Überforderung" in virtuellen Umgebungen

Selbst hoch effizientes Zeitmanagement stößt allerdings dort an seine Grenzen, wo die Bewältigung aller vorgegebenen Aufgaben im gesetzten Terminrahmen bei der gegebenen Personalausstattung nicht mehr möglich ist, weil eine „strukturelle Überforderung" vorliegt. Dieses Phänomen wurde im Rahmen der Früherkennungsforschung des BMBF bereits im AdeBar-Projekt beschrieben (vgl. Gensicke/Kuwan 2005, S. 64 f). Ein zentrales Ergebnis der damaligen Studie für den Bereich

32 Dabei handelt es sich sowohl um Arbeiten in Web 2.0-Umgebungen als auch um die Nutzung von Informationsplattformen, die eher Web 1.0 zuzurechnen sind.

„Erneuerbare Energien" lautete, „dass die entsprechenden Belastungen nicht nur in seltenen Ausnahmefällen entstehen, sondern häufig vorkommen und Bestandteil der alltäglichen Anforderungen für Fachkräfte im Bereich der Erneuerbaren Energien sind." (a. a. O., S. 65). – In gewisser Weise ist die strukturelle Überforderung zugleich ein Nebeneffekt der dezentralisierten Verantwortlichkeiten in der Arbeit: Die Fachkräfte sind gehalten, sich aus dem jeweils vorhandenen (im positiven Fall gut gefüllten) Auftragspool die nächste wichtige Aufgabe vorzunehmen; dabei bleiben jeweils weitere Aufgaben „auf Halde". In einigen Fällen ist auch die Arbeitskraft – Arbeitsplatz – Bindung entfallen, sodass jede Fachkraft (in Kooperation mit anderen im Team) für mehrere Arbeitsplätze mit zuständig ist.

Bei einigen Tätigkeiten in Web 2.0-Umgebungen ist dieses Phänomen in einer weiter verschärften Form zu finden. Dabei gehen Vorgesetzte nicht nur davon aus, dass nicht alle gestellten Aufgaben erfüllt werden können; sie nehmen in Kauf, dass im Rahmen der vielen parallel laufenden Aufgaben Fehler auftreten. Etwas pointiert formuliert, findet sich diese Einschätzung in den Aussagen des Geschäftsführers eines mittleren Unternehmens aus der Medienbranche wieder: *„Wer bei uns keine Fehler macht, ist zu langsam."*

Selbstverständlich sind auch in solchen Arbeitsumgebungen Fehler grundsätzlich unerwünscht. Bei einer Abwägung zwischen den Zielen „Schnelligkeit" und „Exaktheit" liegt die Priorität in manchen Situationen jedoch auf der Schnelligkeit. Man geht davon aus, dass eine Korrektur von Fehlern für das Unternehmen in manchen Situationen mit weniger Nachteilen verbunden ist als ein verspätetes Agieren am Markt.

Insgesamt sind eigenverantwortliches Lernen und Multitasking keine Anforderungen, die erst durch Web 2.0 entstanden sind. Allerdings wächst in Web 2.0-Umgebungen die Eigenverantwortlichkeit auch für Fachkräfte der mittleren Ebene in vielen Tätigkeitsbereichen erheblich, und Multitasking erhält an verschiedenen Arbeitsplätzen eine ganz neue Dimension. Dadurch gewinnen auch entsprechende Qualifikationsanforderungen für Fachkräfte der mittleren Qualifikationsebene erheblich an Bedeutung.

Erwartete Veränderungen in den nächsten fünf Jahren

Bereits heute wird nach Einschätzung der meisten Experten eigenverantwortliches, rasches und kontinuierliches Lernen von mittleren Fachkräften in schnittstellenintensiven Arbeitsumgebungen mit einem vielfältigen Anteil von Web 2.0-

Anwendungen in hohem Maße erwartet, wobei von einem niedrigen bis mittleren Verbreitungsgrad entsprechender Tätigkeiten ausgegangen wird.

Für die nächsten fünf Jahre erwarten die Experten eine Expansion entsprechender Aufgabenfelder, sodass insgesamt ein mittlerer bis hoher Verbreitungsgrad dieser Anforderung angenommen wird. Mit Blick auf die Anforderungen an die Fähigkeit, Prioritäten zu setzen und an ein effizientes Zeitmanagement fallen die Einschätzungen der meisten Experten sowohl für die derzeitige Situation als auch die künftige Entwicklung ähnlich aus wie für das eigenverantwortliche, rasche und kontinuierliche Dazulernen.

Beim Themenbereich „strukturelle Überforderung“ sehen die Einschätzungen der Experten dagegen etwas anders aus. Ihrer Auffassung nach sind davon derzeit eher einzelne Bereiche betroffen. In den nächsten fünf Jahren gehen die meisten Experten zwar von einer Expansion aus, doch erwarten sie dabei zugleich, dass davon nur manche Bereiche betroffen sein werden. Das zukünftig erwartete Gesamtbild wird somit von einer mittleren Reichweite und einer mittleren bis hohen Befähigung zur Arbeit in einem solchen Rahmen gekennzeichnet. Auch wird es nach Ansicht der Experten weiterhin Tätigkeitsfelder geben, in denen dieses Thema keine größere Rolle spielt (z. B. in traditionellen Handwerksberufen, in der Landwirtschaft sowie bei einer Reihe von Tätigkeiten im öffentlichen Dienst).

5.7 IT-Kompetenzen in Web 2.0-Umgebungen

Die Nutzung von Web 2.0-Anwendungen setzt in gewissem Umfang IT-Kompetenz voraus (vgl. weiter unten). Für „Durchschnittsnutzer“ im mittleren Fachkräftebereich stellen sich dabei jedoch ganz andere berufliche Anforderungen als für IT-Spezialisten. In diesem Unterpunkt werden beide Facetten dieses Themas näher beleuchtet, wobei der Hauptfokus auf den Qualifikationsanforderungen an die Durchschnittsnutzer liegt. Die folgenden Ausführungen beziehen sich auf vier inhaltliche Aspekte:

- IT-Grundkenntnisse im Kontext von Web 2.0-Anwendungen (Basiswissen),
- IT-Sicherheit,
- spezifische IT-Kenntnisse wie z. B. die Beherrschung von Internetprogrammen im Kontext von Web 2.0-Anwendungen,
- vernetzte Programmierung unter Nutzung vorhandener Bausteine.

Web 2.0-Anwendungen erfordern lediglich allgemeine IT-Grundkenntnisse, da diese Anwendungen im Allgemeinen relativ einfach und nutzerfreundlich sind. Bei

Jugendlichen und jungen Erwachsenen sind Probleme im Umgang mit der Technik kaum zu erwarten, zumal vielen die gängigen Web 2.0-Anwendungen aus dem privaten Bereich vertraut sind.

Die für Web 2.0-ferne Betrachter möglicherweise naheliegende Vermutung, für die Standardnutzung von Web 2.0-Anwendungen sei die Vermittlung spezifischer IT-Kenntnisse erforderlich, trifft nicht zu. Für Fachkräfte der jüngeren Generation gibt es an dieser Stelle im Allgemeinen keinen substanziellen Qualifizierungsbedarf:

> *„15- bis 20-Jährigen ... braucht man diese Sachen nicht beizubringen, die können's schon. Das heißt, durch Ausprobieren finden die diese ganzen Facebook-Sachen, StudiVZ usw. und kennen sich damit komplett aus. Die Anwendungen sind (fast schon) zu leicht ...“.*

Diese Einschätzungen beziehen sich allerdings nur auf die technischen Anforderungen zur Nutzung von Web 2.0-Anwendungen. Folgt man der Annahme, das Web 2.0 berge komplexere Hintergründe, Wechselwirkungen und Konsequenzen, als unmittelbar sichtbar wird, dann fehlt es vielen Nutzern an diesbezüglicher Kompetenz.

Mit Blick auf ***systemische IT-Kenntnisse*** stellt sich die Situation ähnlich dar. Eine Nutzung von Web 2.0-Anwendungen ist prinzipiell auch ohne entsprechende Kenntnisse möglich. Bei Weitem nicht alle Nutzer, die beruflich mit Web 2.0-Anwendungen arbeiten, verfügen beispielsweise über ein Grundverständnis der zugrundeliegenden Netzwerkarchitektur, das zur Abschätzung von Risiken hilfreich wäre.

Beim Thema ***„IT-Sicherheit“*** geht es vor allem darum, die Sicherheit der einzelnen IKT-Systeme auch in unsicheren Umgebungen wie dem Internet zu gewährleisten. Die vielfältigen und heterogenen Web 2.0-Umgebungen bieten an dieser Stelle besondere Herausforderungen für die Unternehmen, die durch aktuelle Trends wie die Zunahme des Cloud Computing noch verstärkt werden.

Angesichts dieser Risiken entscheiden sich derzeit manche Unternehmen (insbesondere einige Großunternehmen) dafür, den Internetzugang und den Zugriff auf Web 2.0-Anwendungen für ihre Mitarbeiter zu untersagen oder auf wenige Anwendungen und/oder einen sehr kleinen Personenkreis zu beschränken. Auch bei diesem Vorgehen kommen manchmal innerhalb des Unternehmens web-ähnliche Anwendungen[33] zum Einsatz (z. B. interne Wikis), die dann jedoch auf das Intranet des Unternehmens beschränkt sind. Aus den Fallstudien heraus ergibt sich das

33 „Echte“ Web 2.0-Anwendungen setzen in unserem Verständnis einen freien Internetzugang voraus.

Bild, dass besonders fachkompetente und große Unternehmen sich unternehmensintern vergleichsweise restriktiv geben und zugleich auf der anderen Seite außerhalb zum Teil offene Web 2.0-Umgebungen mit unterstützen, während sich kleinere Unternehmen aus dem Impuls und dem Zeitgeist heraus vergleichsweise unvoreingenommen beteiligen und Risiken auf sich zukommen lassen.

Aufgrund unserer Fallstudienerfahrungen scheinen allerdings Zweifel an einem dauerhaften Erfolg von Abschottungsstrategien angebracht. Wenn Kunden und Kooperationspartner eines Unternehmens den Einsatz von Web 2.0-Anwendungen erwarten und Konkurrenten diesen auch bieten, lässt sich eine Beschränkung auf das Unternehmens-Intranet voraussichtlich nicht durchhalten. Hinzu kommt, dass Internet- und Web 2.0-Sperren in Unternehmen besonders bei jüngeren Mitarbeitern häufig zu erheblichen Irritationen führen.

Vor diesem Hintergrund erfolgt bei manchen „internet-skeptischen“ oder besonders sicherheitsbedürftigen Unternehmen ein Einsatz getrennter Systeme für Internet und Intranet.[34] Auch bei getrennten Systemen sind zur Aufrechterhaltung der IT-Sicherheit kontinuierliche Aktualisierungen von Sicherheitstools (Virenprüfung, Firewall usw.) unerlässlich. Dies ist offenbar nicht für alle Unternehmen selbstverständlich.

Nicht nur fehlende Updates sind eine mögliche Sicherheitslücke. Eine andere besteht darin, dass Informationen aus einem unternehmensinternen System nach außen gelangen. Der Einsatz unternehmensübergreifender Web 2.0-Anwendungen erhöht derartige Risiken. Entsprechend kommt der Anforderung an ein Bewusstsein für IT-Sicherheit bei mittleren Fachkräften in Web 2.0-Umgebungen eine große Bedeutung zu. Dabei geht es nicht nur um den eigenen PC, sondern auch um die Kooperation im Rahmen mobiler Systeme und der WLAN-Technik. Einige Experten haben den Eindruck, dass Sicherheitsprobleme in diesem Bereich manchen Nutzern weniger bewusst sind als bei der Arbeit am PC.

Insgesamt bestehen nach Einschätzung der befragten Experten im Bereich der IT-Sicherheit bereits heute hohe Anforderungen, denen sich viele Fachkräfte – und auch manche Unternehmen – jedoch nicht hinreichend bewusst sind.

---

34 Das folgende Zitat aus einem Experteninterview ist ein Beispiel für diese Strategie: *„Von der Netzwerktechnik und durch Firewalls kann man dies (Intranet und Internet) sauber trennen. Je nachdem, wie ich meine IT aufbaue ... Wenn ich bei Firma X (einer Firma aus dem Militärbereich) eine Schulung mache, die haben ein Netzwerk, das komplett physikalisch (getrennt) ist, da muss ich ans andere Netzwerk, an einen anderen Rechner gehen. Komplett getrennt... Das ist die höchste Stufe der Trennung.“*

Neben den bisher behandelten Anforderungen, die für Durchschnittsnutzer von Web 2.0-Anwendungen bedeutsam sind, gibt es auch spezifischere Anforderungen, die nur einen kleinen Teil ausgewiesener IT-Spezialisten betreffen. Generell ist bei Aussagen über ***spezifische IT-Kenntnisse*** zu beachten, dass es an dieser Stelle nicht möglich ist, fundierte Prognosen über künftige Detail-Anforderungen zu erstellen, da dieses Segment dafür zu schnelllebig ist. Trends, die sich heute abzeichnen, können schon morgen in Folge neuer Entwicklungen irrelevant sein. Insgesamt scheint jedoch die Tendenz zu immer einfacheren Web 2.0-Anwendungen (vgl. hierzu weiter unten) dazu zu führen, dass in Zukunft eher von einer kleineren Zahl von Fachkräften spezifische Programmkenntnisse (wie heute z. B. HTML, Java usw.) gefordert werden.

Die zentralsten Anforderungen im Feld der spezifischen IT-Kenntnisse im Kontext von Web 2.0-Anwendungen beziehen sich auf die Fähigkeit zur raschen Adaption neuer Entwicklungen und auf die ***Fähigkeit zur vernetzten Programmierung unter Nutzung vorhandener Bausteine.***

Wie an anderer Stelle bereits kurz erläutert (vgl. Kapitel 5.2), stellt sich die Lösung von Programmierungsaufgaben inzwischen nahezu durchgängig als ein vernetzter Prozess dar. Im Rahmen der ***vernetzten Programmierung*** arbeiten IT-Fachkräfte – auch der mittleren Qualifikationsebene – unternehmensübergreifend gemeinsam an der Lösung von Problemen. In dieser Kooperationskultur des Gebens und Nehmens werden fachliche Probleme im Internet – in der Regel in Web 2.0-Umgebungen – diskutiert und entwickelte Lösungen allen Beteiligten zur Verfügung gestellt. Die Bereitschaft, Wissen zu teilen, ist eine zentrale Qualifikationsanforderung in diesen Communities und dort sehr stark ausgeprägt. Dazu gehören auch die Vergabe von Unteraufträgen an externe Spezialisten und die Nutzung von Bausteinen, die von anderen programmiert wurden.

Ein IT-Experte formulierte die zentralen Anforderungen beim Lösen einer Programmieraufgabe im Rahmen des Web 2.0-Workshops wie folgt: „50 % einer Programmieraufgabe bestehen darin, die Frage zu klären: *‚Was ist das Problem?' Bei den anderen 50 % geht es darum, Lösungen von anderen Spezialisten oder aus bereits vorhandenen Bausteinen oder der Google-Toolbar zu finden und zu übernehmen.*“ Programmierarbeiten sind also in hohem Maße ein unternehmensübergreifender Prozess, bei dem auf vorhandene Lösungen und den Input anderer Experten in Web 2.0-Umgebungen zurückgegriffen wird. Unternehmen wie z. B. IBM empfehlen ihren IT-Fachkräften ausdrücklich, sich an diesen unternehmensübergreifenden Austauschprozessen zu beteiligen.

Erwartete zukünftige Entwicklung der Qualifikationsanforderungen im Bereich „IT-Kompetenzen bei Web 2.0-Anwendungen"

Mit Blick auf die nächsten fünf Jahre erwarten die Experten, dass Web 2.0-Anwendungen künftig noch einfacher zu bedienen sein werden. Technisch komplexe Prozesse finden auf dem Server statt, während die für die Nutzer sichtbare Oberfläche intuitiv bedient werden kann. Dies führt dazu, dass Anwender, auch wenn sich technisch einiges ändert, trotzdem fast nichts zu lernen brauchen. Anforderungen an die ***IT-Grundkenntnisse*** der „Durchschnittsnutzer" von Web 2.0-Anwendungen, die bereits heute eher gering sind, werden nach Ansicht der Experten weiter sinken.

Der Trend zu immer einfacheren Bedienungen von Web 2.0-Anwendungen gilt unter den Experten als unstrittig. Sie gehen davon aus, dass eine einfache Bedienbarkeit der Anwendungen ein unverzichtbares Kriterium für deren Erfolg ist, und erwarten, dass Web 2.0-Anwendungen, die dieses Kriterium nicht erfüllen, am Markt aussortiert werden.

Begünstigt durch die Einfachheit der Anwendungen erwarten die Experten einen hohen Verbreitungsgrad von Web 2.0-Anwendungen für berufliche Tätigkeiten in nahezu allen Sektoren. Der mittlere Verbreitungsgrad, der bisher in beruflichen Kontexten zu finden ist, dürfte demnach auf einen hohen Verbreitungsgrad ansteigen – im privaten Bereich liegt bei jüngeren Erwachsenen längst ein hoher Verbreitungsgrad vor. Lediglich einzelne Bereiche, z. B. einige traditionelle Handwerksberufe, werden davon nach Ansicht der Experten in eher geringem Umfang erfasst. Allerdings rechnen die Experten damit, dass die Nutzungsintensität zwischen verschiedenen Sektoren und Tätigkeitsfeldern auch weiterhin erheblich variieren wird (vgl. Kapitel 6).

Mittlere Fachkräfte sehen sich bereits heute hohen Anforderungen zur Gewährleistung der ***IT-Sicherheit*** im Unternehmen gegenüber, auch wenn es in dieser Hinsicht derzeit noch erhebliche Kompetenzdefizite bei Fachkräften und auch in manchen Führungsetagen zu geben scheint.

Angesichts der noch begrenzten Reichweite von Web 2.0-Anwendungen im Arbeitsleben gehen die meisten Experten derzeit von einem mittleren Verbreitungsgrad dieser Qualifikationsanforderung aus. Mit Blick auf die nächsten fünf Jahre erwarten sie, insbesondere auch vor dem Hintergrund des zunehmenden Cloud Computing und der steigenden Nutzung mobiler Endgeräte, bei einem weiterhin hohen Anforderungsniveau nun auch einen hohen Verbreitungsgrad.

Die in diesem Kapitel skizzierten ***spezifischen IT-Kompetenzen*** im Kontext von Web 2.0-Umgebungen sind mit hohen Anforderungen verbunden. Diese schwierigen, komplexen Aufgaben werden jedoch nur an einen kleinen Kreis von IT-Spezialisten gestellt. Mit Blick auf die nächsten fünf Jahre erwarten die Experten mehrheitlich keine wesentlichen Änderungen des Verbreitungsgrades und der Anforderungshöhe.

Dies bedeutet jedoch keineswegs, dass es sich hier um ein statisches Segment handeln würde, im Gegenteil: Die innerhalb dieses Tätigkeitssegments benötigten spezifischen IT-Kenntnisse werden sich rasant verändern. Allerdings wird erwartet, dass sich diese Veränderungen nicht nennenswert auf die Anforderungshöhe und die Anzahl der betroffenen Fachkräfte auswirken werden.

Abbildung 8 fasst die derzeitigen und zukünftig erwarteten Anforderungen an die IT-Kompetenz von mittleren Fachkräften im Kontext von Web 2.0-Umgebungen nochmals zusammen.

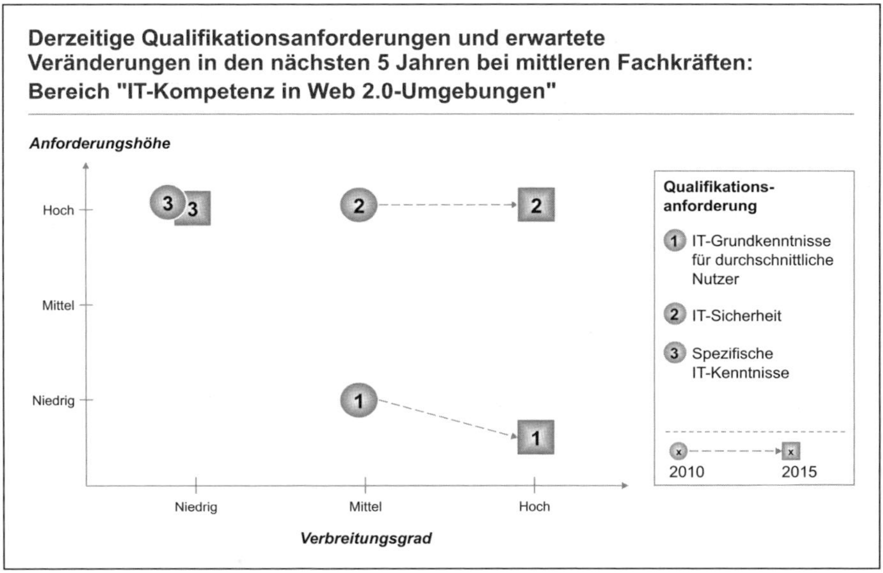

Abbildung 8: Qualifikationsanforderungen im Bereich „IT-Kompetenz in Web 2.0-Umgebungen"

5.8 Sonstige Qualifikationsanforderungen

Neben den bisher beschriebenen Anforderungen sind im Kontext von Web 2.0-Anwendungen weitere Qualifikationsanforderungen bedeutsam, die sich auf eine Vielzahl heterogener Einzelaspekte beziehen. Ähnlich wie bei Punkt 5.5 gilt auch für diese Anforderungen, dass sie bei einem Ausbau von Web 2.0-Anwendungen an Bedeutung gewinnen werden, ohne unmittelbar web-spezifische Qualifikationsanforderungen darzustellen. Aus diesem Grund werden die Einzelaspekte in diesem Unterpunkt weniger ausführlich dargestellt als die web-spezifischen Qualifikationsanforderungen in anderen Unterpunkten.

Die im Folgenden vorgestellten Qualifikationsanforderungen beziehen sich auf drei Einzelaspekte bzw. Themenbereiche:
- Englischkenntnisse
- Schnelles Tippen
- Gesamtverständnis für die Arbeitsprozesse eines Unternehmens.

Bereits heute ist Englisch die „Lingua franca" im Netz. Während in manchen Sektoren ***Englischkenntnisse*** auf einem mittleren oder hohen Niveau gefordert sind (z. B. IT/Medien), gibt es auch eine Reihe von Bereichen, bei denen sie derzeit keine oder eine eher untergeordnete Rolle spielen, wie z. B. traditionelle Handwerksbetriebe oder manche nicht exportorientierte Kleinbetriebe.

Mit Blick auf die nächsten fünf Jahre ist davon auszugehen, dass es weiterhin Branchen geben wird, in denen Fachkräfte für die alltägliche Arbeit keine oder nur geringe Englischkenntnisse benötigen, doch sprechen verschiedene Entwicklungen dafür, dass dieses Segment des Arbeitslebens kleiner werden dürfte:
- zunehmende internationale Kooperationen,
- die Ausgliederung mancher Arbeitsschritte in Billiglohnländer,
- die Eingliederung bislang nationaler Unternehmen in internationale Konzerne.

Das Niveau der von Fachkräften geforderten Englischkenntnisse wird nach Ansicht der Experten auch in den nächsten fünf Jahren weiterhin zwischen verschiedenen Sektoren variieren und vor allem vom Ausmaß der internationalen Aktivitäten eines Unternehmens abhängen. Eine zunehmende Nutzung von Web 2.0-Anwendungen dürfte ebenfalls die Tendenz verstärken, dass zumindest mittlere Englischkenntnisse von deutlich mehr Fachkräften verlangt werden als bisher.

Der Vollständigkeit halber soll an dieser Stelle erwähnt werden, dass auch die Fertigkeit, ***schnell tippen*** zu können, durch eine Zunahme von Web 2.0-Anwendungen an PCs und mobilen Endgeräten weiter an Bedeutung gewinnen wird. Bereits heute ist diese Fertigkeit eine weit verbreitete Anforderung bei nahezu allen Internetanwendungen. Fachkräfte entwickeln diese Fertigkeit – von sehr wenigen Ausnahmen abgesehen – durch „learning by doing".

Mit dem steigenden Verbreitungsgrad von Web 2.0-Anwendungen wächst auch die Zahl der Fachkräfte, die sich diese Fertigkeit aneignen müssen. Die Ergebnisse dieser Studie lassen hier keine nennenswerten Probleme erwarten. Die Experten gehen davon aus, dass sich die Fachkräfte diese Fertigkeit wie bisher ohne größere Probleme selbst beibringen.

Wie bereits erwähnt, fördern interaktive Internetanwendungen häufig eine Kooperation von Fachkräften aus unterschiedlichen Berufsbereichen. In Foren, im Intranet oder auf anderen Kooperationsplattformen, die auf eine Optimierung von Gesamtprozessen abzielen, finden Diskussionen zunehmend berufsübergreifend statt; dies erfordert in der Regel ein ***Gesamtverständnis für die Arbeitsprozesse eines Unternehmens.*** Die Fachkraft sieht sich dabei mehreren Anforderungen gegenüber (vgl. auch 5.2), so z. B.:

- dem Finden einer gemeinsamen Sprachebene mit Fachkräften aus anderen Berufsbereichen und mit einer anderen Fachsprache;
- einem Verständnis für die Bedürfnisse anderer Berufsbereiche bzw. vor- oder nachgelagerter Abteilungen.

Die o. g. Anforderungen stellen sich vor allem in mittleren und größeren Unternehmen, insbesondere dann, wenn es um die Optimierung von Gesamtprozessen oder um die Entwicklung neuer Produkte geht. Analoge Anforderungen mit Blick auf Zulieferer oder auf nachgelagerte Betriebe können sich – abhängig vom jeweiligen Tätigkeitsfeld – auch für Kleinbetriebe in der Prozess- oder Dienstleistungskette (z. B. im Facility Management) ergeben.

Wie werden sich die Qualifikationsanforderungen an das Gesamtverständnis von Arbeitsprozessen in einem Unternehmen, insbesondere im Kontext von Web 2.0-Anwendungen, in den nächsten fünf Jahren für Fachkräfte der mittleren Qualifikationsebene voraussichtlich verändern?

Bisher stellt sich die o. g. Anforderung nach Ansicht der meisten Experten für Fachkräfte – abgesehen von einzelnen Bereichen mit hohen Anforderungen – meist in mittlerem Umfang und in einer mittleren Reichweite. In den nächsten fünf Jahren dürfte diese Anforderung an mittlere Fachkräfte, die in Web 2.0-

Umgebungen arbeiten, in hohem Maß gestellt werden. Sofern Web 2.0-Anwendungen, wie von fast allen Experten erwartet, in den nächsten fünf Jahren deutlich expandieren, dürfte auch der Verbreitungsgrad dieser Anforderung hoch werden. Insgesamt zeichnet sich hier nach Einschätzung der Experten ein Anforderungsbereich mit hoher Dynamik ab.

Bei Fachkräften, die Web 2.0-Anwendungen nicht nutzen, rechnen die Experten ebenfalls mit einer steigenden Verbreitung der Anforderung an ein berufsübergreifendes Prozessverständnis der Arbeit, wenn auch in geringerem Umfang. Dem Web 2.0-Bereich wird vor allem auch deswegen eine höhere Dynamik attestiert, weil die Experten davon ausgehen, dass sich Web 2.0-Anwendungen gut eignen, um ein berufs- und abteilungsübergreifendes Gesamtverständnis von Arbeitsprozessen zu fördern. Insgesamt begünstigen interaktive Internetanwendungen nach Ansicht der meisten Experten auch bei mittleren Fachkräften in zunehmendem Maße einen „Blick über den Tellerrand des eigenen Fachbereichs".

6. Besonders betroffene Bereiche und Brennpunkte des Einsatzes von Web 2.0-Anwendungen in der Arbeitswelt

Bernhard Schmidt-Hertha/Claudia Strobel

Die folgenden Darstellungen stützen sich primär auf die Aussagen aus den Experteninterviews sowie die Perspektiven der Workshop-Teilnehmer. Ergänzend fließen auch die Ergebnisse der Interviews mit betrieblichen Experten im Rahmen der Fallstudien mit ein. Die Darstellung fokussiert dabei zum einen eine Analyse des Ist-Standes der Verbreitung von Web 2.0-Anwendungen in Unternehmen und entwirft zum anderen Thesen über die weitere Entwicklung, die sich aus den Expertenaussagen ableiten lassen. Auf Basis des vorangegangenen Kapitels kann von der Verbreitung spezifischer Web 2.0-Anwendungen auf die Qualifikationsanforderungen für die damit befassten Fachkräfte geschlossen werden. Dennoch bleiben die in die Zukunft gerichteten Aussagen immer zu einem gewissen Grad spekulativ, zumal in den meisten der beschriebenen Branchen, Sektoren und Unternehmensbereichen keine eigenen Fallstudien zur weiteren Validierung der Aussagen durchgeführt wurden.

Die sektoral differenzierenden Einschätzungen sind vor dem Hintergrund des qualitativen Untersuchungskonzeptes als empirisch gestützte Hypothesen mit einer mittleren bis hohen Wahrscheinlichkeit anzusehen, die allerdings erst durch eine quantitative Erhebung präziser gefasst werden könnten.

Im Folgenden wird also auf Branchen und Sektoren eingegangen, für die sich eine besondere Relevanz von Web 2.0 bereits jetzt abzeichnet oder in unmittelbarer Zukunft zu erwarten ist. In ähnlicher Weise lassen sich auch Unternehmensmerkmale identifizieren, die eine hohe Web 2.0-Affinität wahrscheinlich machen.

Schließlich werden die Qualifikationsniveaus, für die diese Entwicklungen von besonderer Bedeutung sind, thematisiert und insbesondere die Auswirkungen hinsichtlich der Qualifikationsanforderungen an Fachkräfte diskutiert.

6.1 Branchen/Wirtschaftszweige

Das Ausmaß, in dem verschiedene Branchen oder Wirtschaftsbereiche von Web 2.0 betroffen sind, differiert in Abhängigkeit von angebotenen Produkten bzw. Dienstleistungen und den anvisierten Märkten. So wächst die Bedeutung von Web 2.0-Anwendungen für Betriebe mit der ***Komplexität*** der von ihnen entwickelten bzw. angebotenen ***Produkte oder Dienstleistungen.*** Gerade in Wirtschaftszweigen, die hochkomplexe Produkte erzeugen und daher mit einem verzweigten Netz von Zulieferbetrieben und Abnehmern umgehen müssen, gewinnen Web 2.0-Applikationen an Bedeutung, da sie die interne wie externe Kommunikation und Kooperation unterstützen. Ähnliches gilt für komplexe Dienstleistungen, wie sie beispielsweise im Bereich Facility Management oder im Finanzsektor anzutreffen sind. Gerade im letztgenannten Bereich sind professionell agierende Dienstleister ebenso auf tages- oder sogar stundenaktuelle Informationen angewiesen wie auf ein internationales Netz von Partnern und Experten, auf das zeitnah zugegriffen werden kann.

Mit wachsender Komplexität von Produkten und Dienstleistungen wächst auch der Anspruch an ein dieser Komplexität angemessenes Qualitätsmanagement, das bereits bei den Zulieferbetrieben ansetzt und während der gesamten Produktionskette verfolgt wird. So sind beispielsweise Automobilhersteller für die Erstellung qualitativ hochwertiger Produkte auf ebenso hochwertige Einzelteile angewiesen, deren Qualitätsstandards klar festgelegt, jederzeit überprüfbar und transparent sein müssen. Web 2.0-Anwendungen können die Dokumentation von Qualitätsprüfungen und deren Weitergabe der Ergebnisse essenziell vereinfachen und beschleunigen sowie einen wesentlichen Beitrag zur Herstellung von Transparenz leisten; dies geschieht beispielsweise durch den Eintrag obligatorischer Qualitätsprüfungen nach jedem Bearbeitungsschritt in eine gemeinsame Datenbank, die von den Fachkräften laufend mit neuen Informationen angereichert und bei Bedarf jederzeit abgefragt werden kann.

Die ***Nähe zu Forschung und Entwicklung*** ist ein weiteres Merkmal von Wirtschaftsbereichen, die in besonderem Maße von Web 2.0 betroffen sind. In stark innovationsgetriebenen Bereichen, deren Produkte und Dienstleistungen laufend an den neuesten Stand von Technik und Nachfrage angepasst werden müssen und die daher auf deren permanente Weiterentwicklung angewiesen sind, spielt Web 2.0 als Kommunikations- und Kollaborationsmedium eine besondere Rolle. Forschung und Entwicklung findet selten in rein lokal organisierten Teams statt, sondern ist oft auf die Zusammenarbeit weltweiter Spezialisten sowie auf aktuelle Informationen über die Nachfrageentwicklung angewiesen. Für beide Bereiche bieten Web 2.0-Anwendungen neue Möglichkeiten (siehe auch Kap. 4). So kann die dezentrale Zusammenarbeit mit Experten – innerhalb und außerhalb des eigenen Unternehmens – erleichtert und beschleunigt werden, indem z. B. Wikis oder Blogs genutzt werden oder indem mehrere Experten gleichzeitig über Sharepoint-Anwendungen an einem Dokument arbeiten können.

Gleichzeitig bieten offene Netzwerke, Communities oder Blogs im Netz neue Möglichkeiten, an ***Informationen über Kundenwünsche und -interessen*** zu gelangen. Die in allgemeinen oder extra zu diesem Zweck angelegten Internet-Plattformen von potenziellen Kunden eingestellten Beiträge fungieren dabei häufig als eine sehr reichhaltige Quelle für neue Ideen zur Produkt(weiter)entwicklung. So wurde von einem der befragten Experten auf einen namhaften Schmuckhersteller verwiesen, der eigens einen Blog für wohlhabende Frauen installiert hatte und daraus wertvolle Anregungen für die Weiterentwicklung der eigenen Produktpalette ziehen konnte, ohne dass den beteiligten Akteurinnen aus der Zielgruppe selbst bewusst war, für welchen Zweck ihre Beiträge eigentlich genutzt wurden. Das diesbezügliche Potenzial von Web 2.0 wird auch von anderen befragten Experten erkannt – auch noch vor der Entwicklung ganz neuer Geschäftsideen durch Web 2.0.

Neue Geschäftsmodelle zeichnen sich am ehesten in Branchen und Bereichen ab, die für einen ***stark technologiegetriebenen und IT-nahen Markt*** produzieren bzw. ihre Dienstleistungen anbieten. Hier werden Web 2.0-Anwendungen nicht nur als Werkzeug, sondern auch als Produkt schon jetzt immer wichtiger, und sie werden in Zukunft wohl zum Standardprogramm in den Angebotspaletten der einschlägigen Betriebe gehören. So sind im Bereich der Medien-, Kommunikations- und Informationsdienstleistungen neben dem klassischen Medien- und Internetrepertoire auch Web 2.0-Applikationen zunehmend Teil des Pflichtprogramms erfolgreicher Unternehmen. Abhängig von den jeweils spezifischen Situationen von Unternehmen werden sich zum einen Anbieter von „Gesamtlösungen" durchsetzen, die ihren Kunden komplexe Kommunikations- oder IT-Lösungen aus einer Hand anbieten; gleichzeitig werden sich zum anderen – in einigen Bereichen bereits auffindbare – Spezialisierungen auf einzelne Kommunikationsformen bzw. spezifische Kundensegmente als zukunftsfähig erweisen (inkl. temporärer Mischformen).

Unabhängig davon hat sich Web 2.0 in IT- und technologiegetriebenen Märkten in den letzten Jahren bzw. Monaten zu einer festen Größe in den Angebotspaletten von Dienstleistern, aber auch zu einem weit verbreiteten Instrument in der Kooperation und Kommunikation mit Partnern und Kunden entwickelt, das hier nicht mehr wegzudenken sein dürfte. Zukünftig betroffen – so zeichnet es sich zumindest in Fallstudien und Expertenworkshop ab – sind dabei nahezu alle unmittelbar in diesen Bereichen Tätigen, unabhängig von deren Qualifikation und Spezialisierung. Die sehr IT-nahen Wirtschaftsbereiche könnten auch auf andere Sektoren ausstrahlen und daher – zumindest hinsichtlich des internen Einsatzes von Web 2.0 – als Indikator für Entwicklungsverläufe in weniger technologiegetriebenen Bereichen herangezogen werden.

Zentral für den Einsatz von Web 2.0 sind immer Einschätzungen zu dessen unmittelbarem Nutzen für die Betriebe und Arbeitsbereiche. Nur wenn ein unmittelbarer Mehrwert für die Betriebe erkennbar ist, werden Web 2.0-Anwendungen auch eingesetzt. Es geht hier also oft nicht um eine generelle strategische Entscheidung, die vom oberen Management top-down gefällt wird, sondern um unmittelbar spürbare Arbeitserleichterungen, erweiterte Handlungsmöglichkeiten oder sogar neue Geschäftsfelder, die durch Web 2.0 erkennbar werden. So wird der Bedarf meist projekt- bzw. situationsspezifisch festgestellt, um dann die Öffnung für interaktive Lösungen und deren Einführung im Unternehmen durch das Management zu entscheiden.

Auf Ebene der Betriebe gilt, was sich auch für die einzelne Fachkraft als handlungsleitend erweist: Web 2.0-Anwendungen kommen nur dann zum Einsatz, wenn ein unmittelbarer Vorteil erkennbar wird, und sie werden auch nur in dem Bereich aktiv angewendet, in dem dieser Vorteil liegt. Es ist augenblicklich davon auszugehen, dass viele Betriebe die mit diesen Technologien verknüpften Potenziale für sich noch nicht überblicken und diese in absehbarer Zukunft erst erkennen. Eine weitere Verbreitung von Web 2.0 wird jedoch nur über die Einsicht in eben diese Potenziale stattfinden.

Besonders innovative Unternehmen könnten hier eine Vorreiterrolle übernehmen und auch vor Augen führen, welche Chancen Web 2.0 in bestimmten Branchen und Sektoren bietet und wie diese Möglichkeiten genutzt werden können. In der Literatur werden entsprechende Potenziale von Web 2.0 anhand zahlreicher konkreter Unternehmen anschaulich beschrieben (vgl. z. B. Back/Heidecke 2009), allerdings wird deutlich, dass es nicht nur um die Nutzung neuer Chancen, sondern auch um die Vermeidung gravierender Wettbewerbsnachteile geht. Von Web 2.0 betroffen sein können auch Betriebe, die selbst nicht aktiv auf interaktive Internetanwendungen zurückgreifen, aber deren Marketingstrategien z. B. durch unternehmensübergreifende Kundenforen konterkariert werden. Nutzen kann in diesem Sinne also auch in der Abwendung von Schaden liegen.

Nach diesen Kriterien lassen sich verschiedene Branchen und Wirtschaftssektoren identifizieren, die in verstärktem Umfang von Web 2.0 betroffen sind. Zu denjenigen Bereichen, die unmittelbar neue Produkte und Dienstleistungen aus Web 2.0-Technologien ableiten, gehören die bereits genannten Anbieter von Informations- und Kommunikationsdienstleistungen und anderen mediennahen Arbeitsfeldern (vgl. Abb. 9). Auch im Rahmen der Produktion von Kommunikationstechnologie und -elektronik werden Web 2.0-Anwendungen eingesetzt. Die Nutzung der durch Web 2.0 gegebenen Möglichkeiten zur Unterstützung von Kooperationen in Entwicklerteams und in Produktionseinheiten kommt in diesem Sektor besonders häufig zum Einsatz. Dies steht in Zusammenhang mit einer generellen Technologienähe, aber auch mit dem erheblichen Innovationsdruck, der in diesen Branchen verstärkt wirksam wird.

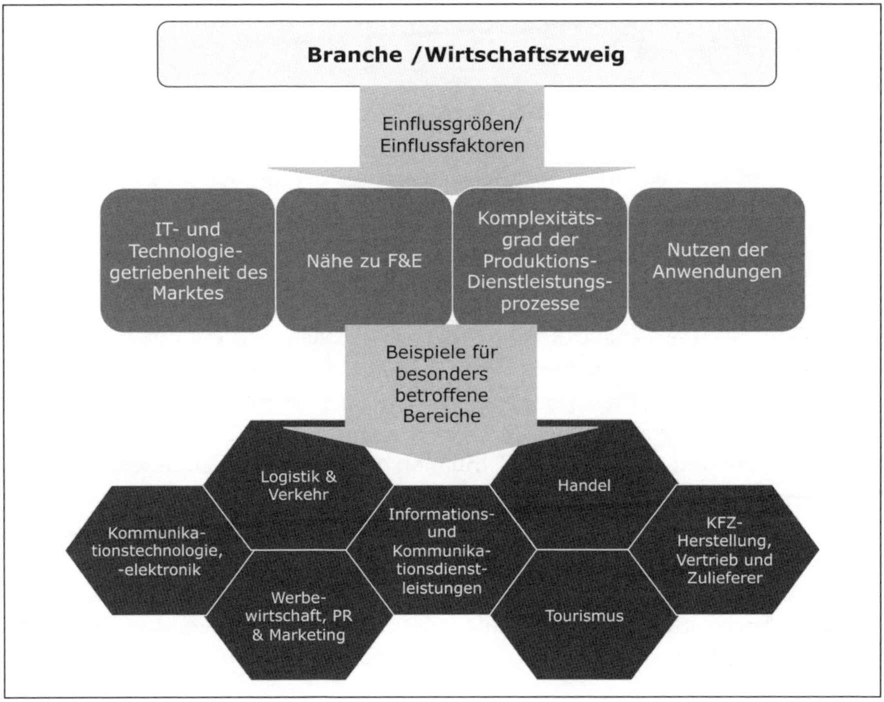

Abbildung 9: Brennpunkte für Web 2.0-Anwendungen in Unternehmen: Branchen und Wirtschaftszweige

Web 2.0 entfaltet seine Potenziale insbesondere in einem komplexen Kommunikationsumfeld – und zwar dann, wenn genaue aktuelle Kenntnisse von veränderungsintensiven Märkten und deren Mechanismen erforderlich sind. Dies gilt in der ***Medien- und Werbewirtschaft,*** in den Bereichen ***PR und Marketing*** ebenso wie im Bereich ***Beratung.*** Insbesondere wenn eine austauschintensive und effiziente Kommunikation im Mittelpunkt des beruflichen Handelns steht und aktuelle Informationen von zentraler Relevanz sind, wird auch Web 2.0 verstärkt genutzt. Zwar sind auch in diesen Bereichen noch deutliche Unterschiede hinsichtlich der Verbreitung von Web 2.0-Anwendungen erkennbar; nach Ansicht der befragten Experten dürfte sich Web 2.0 hier aber in absehbarer Zeit zu einem selbstverständlichen Bestandteil der alltäglichen Kommunikations- und Informationsstrategien am Arbeitsplatz entwickeln. Zusätzlich gehören in Medien- und Werbewirtschaft, PR und Marketing bereits heute die Verbreitung von Produktinformationen und Pflege von Firmenimages über Web 2.0-Plattformen, z. B. in den verschiedenen Communities, in Blogs, Wikis oder über Microblogging, immer häufiger zu den Grundlagen der komplexen Werbe- und Marketingstrategien. Auf diesen Wegen werden Kunden ebenso erreicht wie durch Annoncen in Printmedien oder durch klassische Internetauftritte.

Web 2.0 bietet dabei die Möglichkeit, Botschaften und Sachinformationen unmittelbar unter dem Label von Unternehmen zu verbreiten oder indirekt über Agenten als reale oder virtuelle Akteure in Web 2.0-Umgebungen zu streuen. In den auf Marketing, PR oder Beratung spezialisierten Unternehmen oder Abteilungen findet sich überwiegend Personal der höheren Qualifikationsebenen; in der Werbebranche dagegen wird die mediale Gestaltung von Werbebotschaften nicht selten von Fachkräften der mittleren Qualifikationsebene geleistet. Für die Konzeptentwickler und „Kreativen" ist eine genaue Kenntnis der verschiedenen Kommunikations- und Distributionswege, die sich durch Web 2.0 eröffnen, unerlässlich, um die entsprechenden Werbebotschaften gezielt an die jeweilige Oberfläche angepasst aufzubereiten. Die Umsetzer in der Mediengestaltung sind dagegen oft „weisungsgebunden" und müssen über die Distribution etc. nicht im Detail Bescheid wissen.

Zusätzlich gewinnt die Auffindbarkeit dieser Botschaften im Netz noch einmal an Bedeutung. Zentral ist dabei die Anpassung von Inhalten an die Prozeduren und Arbeitsweisen von Suchmaschinen, um von diesen gefunden zu werden. Die sogenannte Suchmaschinenoptimierung von Internetinhalten gehört gerade in der Werbebranche zu den immer wichtiger werdenden Aufgaben von Fachkräften.

Die Auffindbarkeit von Inhalten im Netz ist auch für andere Branchen – insbesondere den ***Handel*** – wesentlich. Hier gehört E-Commerce immer häufiger zu einem festen Bestandteil der Verkaufsstrategien, wobei die Auffindbarkeit des eigenen Angebots über Suchmaschinen und entsprechende Suchbegriffe den Umsatz ganz erheblich beeinflusst. Die Komplexität der Strategien, die zur Auffindbarkeit der eigenen Angebote eingesetzt werden müssen, wächst noch einmal mit den in absehbarer Zukunft zu erwartenden Möglichkeiten einer semantischen Suche im Netz. Mit der semantischen Suche verliert die Verschlagwortung von Inhalten als zentrale Strategie der Suchmaschinenoptimierung ihre dominante Bedeutung und es wird möglich, Informationen auch z. B. über Videos und Podcasts gezielt so aufzubereiten, dass sie von Suchmaschinen bzw. von deren Nutzern schnell gefunden werden.

Zusätzlich erfordern Vermarktung und Vertrieb von Produkten und Dienstleistungen via Internet vor dem Hintergrund starker Konkurrenz neue Strategien. Die Vergabe von Gutscheinen beim Kauf eines Produkts, Sonderrabatte oder auch die Vergabe limitierter Auflagen sind Beispiele für Verkaufsstrategien, die aus dem klassischen Vertrieb heraus auch in Web 2.0-Umgebungen und sogenannten Web Shops Anwendung finden.

Diese Form des Web-Marketings und Web-Vertriebs hat ebenso in verschiedenen Bereichen der ***Tourismusbranche*** Einzug gehalten. Diese Branche ist durch die inzwischen dominante Bedeutung des Internets als Vertriebskanal auch von Web 2.0 in besonderem Maße betroffen – beginnend mit Bewertungsportalen zu Hotels und Reiseanbietern über Online-Buchungssysteme bis hin zu Internet-Katalogen. Die besondere Brisanz von Web 2.0 für diese Branche wird anhand mehrerer Aspekte deutlich:

- ***Negativbewertungen*** in Online-Portalen können – z. B. bei Übernachtungsbetrieben – zu enormen Umsatzeinbrüchen führen, die den betroffenen Betrieb bis an die Grenze der Insolvenz bringen können. Besonders problematisch ist hier, dass sich entsprechende Bewertungen nur schwerlich auf ihre Seriosität hin überprüfen und – einmal in eine Bewertungsplattform eingestellt – nur sehr mühsam wieder entfernen lassen. Für die Fachkräfte bedeutet dies zum einen, die Zufriedenheit jedes einzelnen Kunden in besonderem Maße sicherstellen zu müssen und zum anderen sowohl über relevante Portale informiert zu sein als auch die Bewertung des eigenen Betriebs im Vergleich zu anderen zu verfolgen und daraus – im Sinne eines externen Qualitätscontrollings – Konsequenzen für die eigene Tätigkeit abzuleiten.
- Buchungen von Übernachtungen, Pauschalurlauben oder Verkehrsmitteln erfolgen inzwischen in wachsendem Umfang über ***Internetportale.*** Diese Portale sind bereits heute zum größten Teil mit Web 2.0-Applikationen angereichert, die zum Beispiel Bewertungen und Kommentierungen der jeweiligen Leistungen ermöglichen bzw. die Bewertungen anderer Nutzer sichtbar machen. Für die in dieser

Branche tätigen Fachkräfte bedeutet dies, nicht nur die relevanten Plattformen kennen und sich deren Relevanz bewusst sein zu müssen, sondern auch mit der dadurch etablierten Form des „externen Monitorings" der eigenen Arbeitsleistung professionell umzugehen. Kundenbewertungen betreffen die Fachkräfte insbesondere dann ganz unmittelbar, wenn sie direkte Rückschlüsse auf besondere Leistungen oder auch Fehler einzelner Mitarbeiter zulassen, was gerade in den häufig kleineren Betrieben der Tourismusbranche schnell der Fall sein kann.

- Schließlich führt die zunehmende Etablierung von Online-Portalen zur Buchung von Reisen und Übernachtungen sowie anderen Angeboten aus der Touristikbranche auch zu einer ***Veränderung ganzer Geschäftsbereiche.*** Klassische Reisebüros werden seltener, stattdessen boomen Reiseportale, an die sich neue Kundenanforderungen richten. So gehören die genannten Möglichkeiten zur Bewertung gebuchter Leistungen zu den inzwischen selbstverständlichen und von den Kunden auch erwarteten Bestandteilen von Touristik-Plattformen. Obwohl in diesem Bereich keine Fallstudien durchgeführt wurden, ist anzunehmen, dass sich hier längst ein Arbeitsfeld für Fachkräfte entwickelt, das von Web 2.0 getrieben ist und sich entlang der Entwicklung, Adaption und Betreuung entsprechender Plattformen entfaltet.

Auch im Bereich ***Logistik und Verkehr*** wächst die Bedeutung von Web 2.0 – wenn auch in einer spezifischeren Form. Hier zeigt sich das Potenzial von Web 2.0 im Hinblick auf die aktuelle Dokumentation und Rückverfolgbarkeit von Transportwegen sowie hinsichtlich der Transparenz logistischer Prozesse für Kunden. So ermöglichen Web 2.0-Technologien im Bereich des Paketversands z. B. dem Endkunden, jederzeit zu überprüfen, wo sich eine Lieferung gerade befindet und wann mit ihrem Eintreffen zu rechnen ist. Anwendungen dieser Art gehören inzwischen zum Standardangebot verschiedener Paketzusteller. Aber auch im Warenverkehr zwischen Zulieferern und weiterverarbeitendem Gewerbe oder anderen Bereichen der Logistik ohne Endkundenkontakt kommen Web 2.0-Anwendungen zum Einsatz. Hierbei geht es insbesondere um die Möglichkeit, Güterwege transparent zu machen, Lagerbestände zu verwalten und damit verbundene Abläufe zu optimieren.

Schnittpunkte mit dem Internet der Dinge sind in diesem Bereich wie in kaum einem anderen gegeben, wobei sich in den jeweiligen Systemen nutzergenerierte und automatisch erfasste Informationen durchmischen können. Für die Facharbeiter steht hier der effiziente Umgang mit hochkomplexen Verwaltungs- und Informationssystemen im Mittelpunkt, die sowohl die Eingabe eigener Daten (z. B. Dokumentation von Abläufen) erfordern als auch die gezielte Abfrage von relevanten Informationen (z. B. zu Lagerbeständen) notwendig machen.

Im Gegensatz zu den genannten Wirtschaftsbereichen lassen sich auch Sektoren und Branchen identifizieren, die von Web 2.0 bislang weniger betroffen zu sein scheinen. Zu diesen Bereichen gehören insbesondere diejenigen, die wenig unmittelbaren Endkundenkontakt haben, weniger innovations- und technologiegetrieben sind und/oder die in überschaubaren und weniger dynamischen Märkten agieren. Zu nennen wäre hier beispielsweise das Baugewerbe, der Bergbau, der Entsorgungssektor, die Land- und Forstwirtschaft sowie die Chemiebranche. Zwar sind auch in diesen Sektoren Web 2.0-Anwendungen gut vorstellbar und vereinzelt auch anzutreffen, es gibt bislang aber wenig Hinweise darauf, dass sich Web 2.0 hier in mit anderen Bereichen vergleichbarer Weise verbreitet und eine ähnlich große Relevanz gewinnt. Vielfach spielt das Internet insgesamt (also auch das Web 1.0) hier noch eine nachrangige Rolle, und traditionelle Wege der Kommunikation und Interaktion mit Geschäftspartnern dominieren. Auch weite Teile des öffentlichen Dienstes sind bislang noch weniger von Web 2.0 betroffen – wenngleich in denjenigen Teilen des öffentlichen Dienstes, die unmittelbare Dienstleistungen für den Bürger anbieten und entsprechend auch direkten Bürgerkontakt haben, mittelfristig Web 2.0 an Bedeutung gewinnen könnte (z. B. in kommunalen Verwaltungen). Ausnahme sind hier die schon heute stark zunehmend auf Web 2.0-Umgebungen zugreifenden Bereiche Wissenschaft und Lehre, die durch ihre mit Web 2.0 ganz selbstverständlich agierende Klientel (Schüler/Studierende) auch zu dessen Nutzung animiert, aber ganz überwiegend von Akademikern getragen werden.

6.2 Unternehmensprofile

Wie im öffentlichen Dienst einzelne Sparten mehr, andere weniger oder gar nicht von Web 2.0 tangiert werden, so werden auch innerhalb anderer Branchen und Sektoren erhebliche Differenzen zwischen einzelnen Unternehmen hinsichtlich der Nutzung von Web 2.0 sichtbar. Diese Differenzen treten in den Experteninterviews ebenso zu Tage wie in den Betriebsfallstudien. Es lassen sich aus den erhobenen Daten Kriterien ableiten, die eine intensivere Nutzung von Web 2.0 in Unternehmen wahrscheinlich machen. Interessant ist, dass die Unternehmensgröße hierbei nur eine nachrangige Rolle spielt. Es zeigt sich zwar, dass mit wachsender ***Größe eines Unternehmens*** die Bedeutung interner Kommunikation und internen Wissensmanagements steigt und damit auch zwei ganz zentrale Einsatzfelder von Web 2.0 relevanter werden; gleichzeitig setzen kleinere Betriebe Innovationen aber oft schneller um, und die Angewiesenheit auf externe Kooperationspartner ist dort oft ein zusätzlicher Antrieb für die Nutzung von Web 2.0-Anwendungen.

Wesentlicher als die Größe eines Unternehmens scheint die ***Wettbewerbsintensität des jeweiligen Marktes*** zu sein (vgl. Abb. 10). Gerade Betriebe, die auf stark umkämpften, unübersichtlichen und sich rasch verändernden Märkten agieren, sind auf die schnelle Recherche aktueller Informationen und deren Dissemination innerhalb des eigenen Unternehmens angewiesen. So gilt es z. B. für Versicherungsanbieter nicht nur, über die tagesaktuellen Informationen zur Entwicklung von Finanzmärkten und Risikoabschätzungen, wie sie beispielsweise in diversen Expertenblogs diskutiert werden, zu verfügen, sondern sich alle Wege der Kundenansprache – also auch soziale Online-Netzwerke, Microblogging oder Blogs – zu Nutze zu machen und sich so neue Kundenstämme zu erschließen. Für die Fachkräfte heißt dies zum einen, einen Überblick über die relevanten Expertenblogs und -foren zu haben, genau zu wissen wie sie sich dort über die neuesten Produkte der Branche informieren können, aber auch, sich auf die Kommunikationsgewohnheiten aktueller und potenzieller Kunden einzulassen und diese gegebenenfalls über Online-Netzwerke oder Blogs zu kontaktieren und zu informieren. Ein routinierter und professioneller Umgang mit diesen Umgebungen ist dann wesentliche Voraussetzung für erfolgreiche Geschäftsabschlüsse.

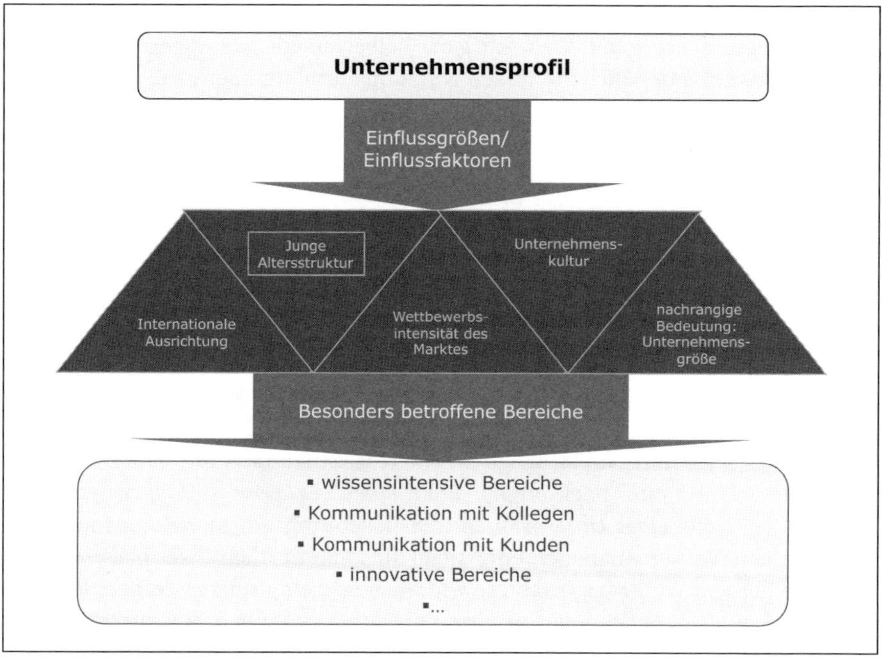

Abbildung 10: Brennpunkte für Web 2.0-Anwendungen in Unternehmen: Unternehmensprofile

Die ***internationale Ausrichtung*** eines Unternehmens kann als weiterer treibender Faktor für die Verbreitung von Web 2.0 genannt werden. Gerade in der grenzübergreifenden globalen Zusammenarbeit von Experten bieten Web 2.0-Anwendungen gegenüber traditionellen Kommunikations- und Kooperationswegen erweiterte Möglichkeiten. Die systematische Sammlung verteilter Wissensbestände von Experten, der schnelle und weltweit vernetzte Austausch von Fachleuten sowie die Weitergabe persönlichen Erfahrungswissens zu hochgradig spezialisierten Themen lässt sich über Blogs, Wikis und soziale Netzwerke schneller und effizienter realisieren als über andere Kanäle. Durch Sharepoint-Anwendungen wird überdies die synchrone Arbeit mehrerer Experten an einer Datei ermöglicht und die Zusammenarbeit in internationalen Teams zusätzlich erleichtert. Zwar werden die genannten Anwendungen in dieser Form vor allem von höher qualifizierten Mitarbeitern genutzt, aber auch Fachkräfte auf mittlerer Qualifikationsebene greifen auf einschlägige Datenbanken zu bzw. stellen dort selbst Inhalte ein (siehe Kapitel 4.4 und 5.3). Entsprechend müssen die Fachkräfte nicht nur mit den einschlägigen Plattformen vertraut sein, sondern diese auch sinnvoll in ihren Arbeitsalltag integrieren können. Sie müssen bereit sein, eigenes Know-how weiterzugeben und in diesem Kontext gleichzeitig sensibel mit vertraulichen Daten umgehen (z. B. mit Informationen, die Rückschlüsse auf Kunden zulassen).

Neben den objektiven Rahmenbedingungen, unter welchen Betriebe in ihren Märkten agieren, spielen auch ***unternehmenskulturelle Prägungen*** eine wesentliche Rolle für die Geschwindigkeit, mit der sich innovative Internettechnologien etablieren und für die eigenen Zwecke adaptiert werden. Zwar wird auch hier das Primat des Nutzens nichts von seiner Relevanz verlieren, d. h. eine innovations- und technologieoffene Unternehmenskultur wird nur dann zu einer intensiven Nutzung von Web 2.0 führen, wenn kurz- oder mittelfristig ein klarer Nutzen erkennbar ist. Unternehmen, die traditionell auf eine Kultur des geteilten Wissens, der intensiven Wissenskommunikation und auf flache Hierarchien setzen, sind für Web 2.0-Anwendungen aber wesentlich eher anschlussfähig als stark hierarchisch organisierte und auf persönlichem Expertenstatus aufbauende Betriebe. Verantwortlich für die Unternehmenskultur und die Prägung des Betriebsklimas ist im Wesentlichen das Management. Eine Orientierung an US-amerikanischen Management- und Geschäftsmodellen kann dabei eine zusätzliche Offenheit für Web 2.0 evozieren. Hinzu kommt, dass Unternehmen, die vermehrt Web 2.0-Anwendungen einsetzen, zunehmend flache Hierarchien, flexible Strukturen, eine verstärkte Teamorientierung und eine steigende Abhängigkeit von Wissen aufweisen werden (vgl. auch Müller/Gronau 2009). Man kann dabei auch davon ausgehen, dass Unternehmenskulturen sich verändern und die Hierarchien abflachen, wodurch die einzelnen Mitarbeiter größere Verantwortungsspielräume erhalten, wenn sie an Projekten mitarbeiten.

Ein weiterer Faktor des Unternehmensprofils, der den Einsatz von Web 2.0-Anwendungen beeinflusst, ist die ***Altersstruktur der Mitarbeiter.*** Hier scheint es einen gravierenden „generation gap“ zu geben. Man kann davon ausgehen, dass Unternehmen mit vielen oder überwiegend jungen Mitabeitern Web 2.0-Anwendungen eher in das tägliche Arbeiten einbeziehen als Betriebe mit einer Mehrzahl älterer Mitarbeiter. Von den jüngeren Mitarbeitern wird die Web 2.0-Affinität häufig schon bei der Einstellung erwartet:

> *„Also web-affin auf jeden Fall, also man muss auf jeden Fall einschlägige Kenntnisse [von Web 2.0-Anwendungen] nachweisen, man sollte schon in der Lage sein, das auf jeden Fall zu nutzen, bzw. von jüngeren Mitarbeitern wird ja auch sozusagen ein weitergegangenes Handling erwartet, dass jemand auch mal in der Lage ist, ... einen Blog* [zu verfassen] *und auch zu administrieren, ...* [auf] *einem geringeren, oder weniger komplexeren Niveau, das wird mit Sicherheit allgemein verlangt.“*

Diese Affinität bei jüngeren Mitarbeitern liegt u. a. auch daran, dass diese viele Anwendungen aus dem privaten Umfeld bereits kennen, sich leichter in neue Anwendungsfelder einarbeiten und nach Aussagen der Experten den neuen Anwendungen häufig offener gegenüberstehen als ältere Mitarbeiter. Somit kann man davon ausgehen, dass auch die Altersstruktur der Beschäftigten einen Einfluss auf die Art und den Umfang des Web 2.0-Einsatzes im jeweiligen Unternehmen hat.

Die hier angeführten Einflussgrößen lassen besonders betroffene Bereiche der Unternehmen ausmachen, für die Web 2.0-Anwendungen von großer Bedeutung sind. Da es beim Einsatz von Web 2.0 meist um menschliche Interaktion geht, finden sich die Einsatzbereiche von Web 2.0 insbesondere dort, wo wissensintensiv und austauschintensiv gearbeitet wird.

So kann man davon ausgehen, dass Unternehmen, in denen das ***wissensintensive Arbeiten*** zentral ist, besonders von Web 2.0 betroffen sind und diese auch in den zukünftigen Entwicklungen Vorreiter sein werden. Die mit Web 2.0 verbundene Social Software fördert den Wissens- und Austauschprozess, der in diesen Unternehmen in der täglichen Arbeit notwendig ist. Man kann ferner davon ausgehen, dass Unternehmensprozesse in wissensintensiven Bereichen zunehmend dezentralisiert und über unterschiedliche Bereiche verteilt sein werden, sodass immer mehr und immer häufiger unterschiedliche Werkzeuge zur Kommunikation, Interaktion und Zusammenarbeit eingesetzt werden, um die Aktivitäten der Mitarbeiter abzustimmen (vgl. auch Müller/Gronau 2009). Web 2.0-Anwendungen bieten den Unternehmen verschiedene Kommunikations- und Interaktionsmöglichkeiten, die von den Mitarbeitern in adäquater Weise genutzt werden sollen.

Hierbei stellt sich an die Fachkräfte die Anforderung, den jeweils richtigen Weg auszuwählen und das Kommunikationsmittel in adäquater Weise zu gebrauchen, um die Interaktion möglichst effektiv zu gestalten.

Ein weiterer Bereich, der im Unternehmen einen Brennpunkt für Web 2.0-Anwendungen darstellt und auch die Interaktion betrifft, ist die ***Kommunikation mit Kunden.*** Unternehmen, deren Kunden das Internet nutzen, sehen sich auch mit dem Anspruch konfrontiert, über die für die Kundenbeziehung relevanten Themen zu kommunizieren. Dazu bieten sich durch Web 2.0 viele unterschiedliche Möglichkeiten, die das Unternehmen nutzen kann – wie z. B. den Aufbau von firmeneigenen Communities oder das Betreiben von Blogs und Foren zum Austausch zwischen Kunden oder zwischen Kunden und Unternehmen. Durch die Kommunikation der Unternehmen mit ihren Kunden kann eine besondere Form der Kundenbindung an das Unternehmen erfolgen. Durch die Kommunikation mit Kunden können aber auch Entwicklungen im Kaufverhalten besser vorhergesagt werden, wenn z. B. durch die Analyse der Kommentare zu Blogeinträgen der Erfolg neuer Produkteinführungen oder des Verkaufs von Eintrittskarten an Kinokassen vorhergesagt werden kann. Für die Mitarbeiter im Unternehmen bedeutet das, sich auf diese neue und intensive Art der Kundenkommunikation einzustellen. Sie müssen die richtigen Kommunikationsmittel des Web 2.0 wählen wie auch die sprachliche Ausdrucksweise anpassen, um mit den Kunden so zu kommunizieren, dass dies auch erfolgreich ist. Die Nähe zu den Kunden wird für die Unternehmen noch wichtiger, wenn immer mehr Menschen das mobile Internet, das als wichtiger Trend für die kommenden Jahre gesehen wird, nutzen und noch schneller auf Einträge im Internet reagieren können.

Mit wachsendem ***Innovationsgrad*** von Unternehmen steigt auch die Wahrscheinlichkeit einer umfassenden Nutzung von Web 2.0-Technologien. Es sind Unternehmen, die sehr schnell auf Veränderungen reagieren und neue Entwicklungen aufnehmen müssen, für die Web 2.0 Möglichkeiten bietet, mit Innovationsdruck und sehr dynamischen Märkten umzugehen. Dies betrifft die Veränderungen der Audionutzung, wie es aktuell durch Podcasts und die Nutzung von mp3-Playern erfolgt. Aber auch weitere Veränderungen der Mediennutzung werden in den Unternehmen Niederschlag finden wie z. B. Smartphones, die es nötig machen, neue Formate zu erstellen und den Kunden und Mitarbeitern zur Verfügung zu stellen. Dazu benötigen Unternehmen Mitarbeiter, die Marktentwicklungen und Trends erkennen und deren Nutzbarkeit für die Unternehmen bewerten können.

Auf der Fachkräfteebene müssen die Mitarbeiter diese Entwicklungen in die tägliche Arbeit einbeziehen und die Formate, wie z. B. Podcasts, erstellen können.

Hierzu muss auch entschieden werden, welche Informationen mit welchen Formaten zur Verfügung gestellt werden. Die besonders betroffenen Unternehmen müssen sich hier auf neue Entwicklungen und Veränderungen bei der Nutzung von Blogs einstellen, wie sich dies z. B. beim *Contextualised Blogging* zeigt, wenn mit dem Mobiltelefon der Standort des Endkunden ermittelt wird und daraufhin gezielt Blogeinträge passend zum Standort auf dem Mobiltelefon angezeigt werden (vgl. auch Hasebrook/Dohrn 2009).

Heute noch eher weniger betroffen und daher nicht zu den genannten Vorreitern zählend sind nach Meinung der befragten Experten eher weniger innovative produktionslastige Unternehmen, bei denen es etwas länger dauern wird, bis Web 2.0-Anwendungen zum Einsatz kommen.

6.3 Fachkräftebereich

Der Einsatz von Web 2.0 im Unternehmen ist nicht nur zwischen Branchen und Wirtschaftszweigen und bei Unternehmensprofilen von unterschiedlichen Einflussfaktoren abhängig und daher verschieden. Auch im Fachkräftebereich und im Hinblick auf die Qualifikationsniveaus zeigen sich Unterschiede.

So kann davon ausgegangen werden, dass akademische Berufe als Wegbereiter für Web 2.0-Anwendungen im Fachkräftebereich gelten. Aktuell werden viele Anwendungen besonders im akademischen Bereich genutzt; allerdings sprechen bisherige Entwicklungen dafür, dass die meisten Anwendungen (insbesondere die office- und dienstleistungsnahen Anwendungen) auch den Bereich der Fachkräfteebene betreffen werden. Viele dieser Anwendungen wie die verschiedenen Kommunikationswege oder die Nutzung von Plattformen werden im Unternehmen häufig zuerst von akademischen Berufen in Anspruch genommen – auch weil hier die Arbeit am Computer und mit dem Internet nicht selten den Arbeitsalltag dominiert. Erst wenn sich im Bereich der akademischen Tätigkeiten Web 2.0- Anwendungen im Unternehmen oder einem Arbeitsfeld etabliert haben, werden die Anwendungen nach und nach auch auf der mittleren Fachkräfteebene eingesetzt.

Eine weitere Einflussgröße ist der Bereich, in dem die Fachkräfte beschäftigt sind. So hat sich in den Expertengesprächen gezeigt, dass Web 2.0-Anwendungen insbesondere dort zu finden sind, wo austauschintensiv gearbeitet wird, sodass sich Brennpunkte in dienstleistungs- und endkundennahen Berufen ergeben und der Einsatz dort in naher Zukunft noch verstärkt wird. Gründe hierfür sind in den Web 2.0-immanenten Möglichkeiten zu finden, da Web 2.0 gerade für die Kommunikation und Interaktion geeignete Werkzeuge anbietet, die von den Fachkräften relativ einfach in die tägliche Arbeit integriert werden können. So erleichtert z. B. die Nutzung unterschiedlicher Web 2.0-Plattformen die gezielte Abwicklung von Aufträgen oder ermöglicht die Nutzung verschiedener Kommunikationskanäle und den raschen Austausch zwischen Mitarbeitern an unterschiedlichen Standorten. Die Mitarbeiter müssen z. T. heute schon, insbesondere aber in den nächsten Jahren, mehr Flexibilität mitbringen, da fest definierte Arbeitsprozesse seltener werden und der Einsatz der Fachkräfte sich aufgabenbezogen immer wieder verändern kann (vgl. auch Müller/Gronau 2009).

Folgt man den Aussagen der Experten, so gilt insbesondere für den Fachkräftebereich, dass durch die private Nutzung von Web 2.0-Technologien deren Anwendung in berufliche Bereiche übertragen wird. Die Fachkräfte nutzen vielfach schon in ihrer Freizeit unterschiedliche Communities oder tauschen sich über Foren aus. Dadurch besteht bereits eine Affinität zur Nutzung dieser Anwendungen und der Umgang damit ist vertraut. Somit kann bereits die private Nutzung interaktiver Internetanwendungen als Einflussgröße gesehen werden für die Fachkräftebereiche, die besonders vom Einsatz betroffen sind (vgl. Abb. 11).

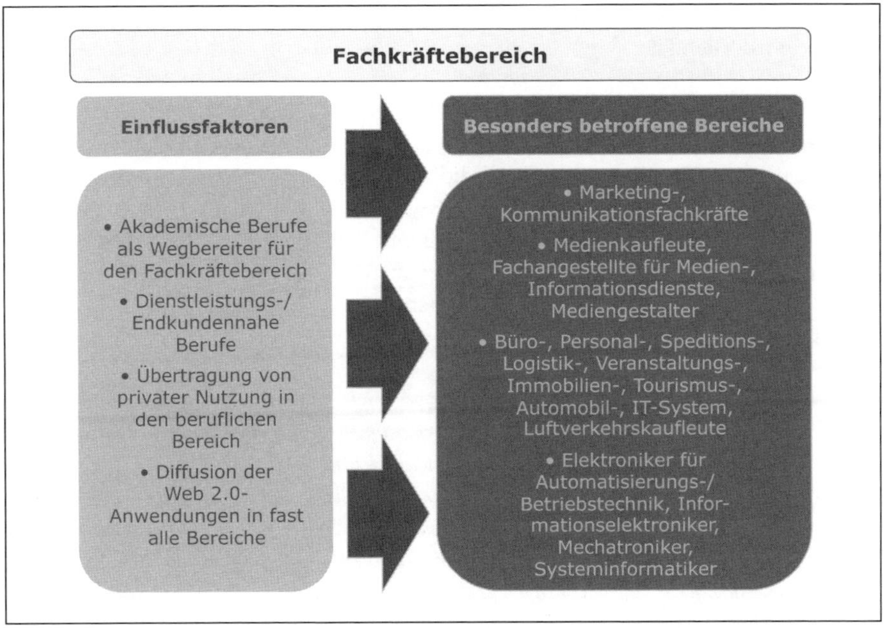

Abbildung 11: Brennpunkte für Web 2.0-Anwendungen in Unternehmen: Fachkräftebereich

Aus diesen Einflussgrößen können Sektoren abgeleitet werden, die im Fachkräftebereich besonders von Web 2.0-Anwendungen betroffen sind.

So sind Web 2.0-Anwendungen für Marketing- und Kommunikationsfachkräfte von großer Bedeutung, wenn es um die Entwicklung neuer Wege und Strategien des Marketings und der Unternehmenskommunikation geht. Die Web 2.0-Anwendungen können einerseits als Interaktionsmittel dienen und andererseits auch Teil der zu entwickelnden Marketingstrategien sein. Als Qualifikationsanforderungen sind dazu heute schon und zukünftig noch stärker Kommunikationskompetenzen notwendig, die es der Fachkraft ermöglichen, je nach Kontext und Adressat die geeigneten Wege der Ansprache zu wählen und über diese professionell die jeweiligen Botschaften zu transportieren.

Die Fachkräfte sollten im Sinne der Prozesskompetenz ein Verständnis von Organisationsprozessen entwickeln und unter Nutzung geeigneter (Web 2.0-) Anwendungen passende Kommunikationswege für das Unternehmen finden. Es geht des Weiteren auch darum, dass die Fachkräfte in diesen Bereichen Web 2.0-Anwendungen als Werkzeuge für ihre tägliche Arbeit nutzen, wozu insbesondere nicht nur die Kenntnis über Nutzungsmöglichkeiten der aktuellen und sich neu entwickelnden Anwendungen, sondern auch der adäquate Einsatz für die tägliche Arbeit erforderlich ist.

Ähnliche Anforderungen stellen sich für Fachkräfte aus dem Bereich der Medien, wie Medienkaufleute, Fachangestellte für Medien- und Informationsdienste sowie Mediengestalter. Für diese Berufe ist die Fähigkeit zur webbasierten Kooperation eine zentrale Qualifikationsanforderung (vgl. Kapitel 4.2), wenn z. B. die Bildbearbeitung über eine zentrale Datenbank geschieht. Dort wird auch die Weiterentwicklung von Web 2.0-Trends zuerst spürbar, wie z. B. die heute für viele Bereiche noch nicht reale Verschmelzung unterschiedlicher Web 2.0-Applikationen innerhalb einer Umgebung.

> *„Einfache Blogs werden an Bedeutung verlieren und soziale ‚Aggregatoren‘ werden entstehen, die nach individuellem Informationsbedarf automatisch bedeutsame Anwendungs- und Informationsteile auswählen und zusammenführen. Alle sozialen Komponenten, wie soziale Suche, gemeinschaftliche Indexierung und Lesezeichen, werden automatisch durch Medieninhalte wie Fotos, Videos und Karten ergänzt. Social Software hilft den Unternehmen Vernetzungspotentiale auszuschöpfen, marktspezifische Entwicklungen zu kennen – und interne Wissensbestände gezielt zu verbinden.“* (Hasebrook/Dohrn 2009, S. 264)

Web 2.0 hat darüber hinaus für Fachkräfte in denjenigen Branchen eine besondere Relevanz, die bereits als in stärkerem Maße von Web 2.0 betroffen identifiziert wurden. Dies trifft insbesondere auf kaufmännische Berufe wie Büro-, Personal-, Speditions-, Logistik-, Veranstaltungs-, Immobilien-, Tourismus-, Automobil-, IT-System- und Luftverkehrskaufleute zu.

Eher technische Berufe beziehen ebenfalls Web 2.0-Anwendungen in ihre alltägliche Arbeit ein. Dies ist insbesondere bei Elektronikern für Automatisierungs-/Betriebstechnik, bei Informationselektronikern, Mechatronikern und Systeminformatikern der Fall.

6.4 Unterschiedliche Nutzertypen

„There are three kinds of companies/of people:
Those that make things happen,
those who watch things happen
and the rest who wonder what happened."
(ungeklärte, umstrittene Autorenschaft)

Die Nutzung von Web 2.0 ist in den Unternehmen sehr unterschiedlich. Dies hängt nicht nur vom Arbeitsumfeld und den Möglichkeiten, sondern auch von den Mitarbeitern selbst ab.

So gibt es unterschiedliche Typen von Unternehmen und auch von Fachkräften hinsichtlich der Nutzung und Nutzungsformen von Web 2.0 in Arbeitsabläufen. Die folgende Heuristik wurde aufgrund der Expertenaussagen erstellt und kann sowohl auf Fachkräfte – also Einzelpersonen – als auch auf Unternehmen und Betriebe bezogen werden.

Innovateure und Trendsetter

Diese Akteure greifen neue Web 2.0-Anwendungen sofort auf und versuchen sie für die eigene Arbeit zu adaptieren und weiterzuentwickeln. Der Umgang mit verschiedenen interaktiven Internetanwendungen ist von einem hohen Maß von Routine und Selbstverständlichkeit geprägt. Web 2.0 wird bereits jetzt als zentral für die eigene Arbeit bzw. die eigenen Märkte verstanden und es wird von einer weiter zunehmenden Relevanz sowie einer Entstehung neuer Märkte und Geschäftsmodelle durch Web 2.0 ausgegangen.

Aufgeschlossene Nutzer

Die Nutzung von Web 2.0-Anwendungen für die eigene Tätigkeit bzw. die eigenen Geschäftsfelder steht hier im Mittelpunkt. Entscheidend ist der Beitrag dieser Applikationen zur Optimierung der eigenen Arbeit, zur Verbesserung der Leistungsfähigkeit des Betriebs und zur Schaffung von Marktvorteilen. Insgesamt liegt eine sehr hohe Aufgeschlossenheit gegenüber neuen Technologien vor, die aber kritisch auf ihre effiziente Einsetzbarkeit in der eigenen Arbeit hin geprüft und selektiert werden.

Zurückhaltende

Mitarbeiter oder auch Unternehmen dieses Typus nutzen v. a. bereits etablierte und in der eigenen Branche bzw. den eigenen Handlungsfeldern erprobte Web 2.0-Anwendungen. Es werden die mit Web 2.0 verbundenen Risiken erkannt (z. B. Datenschutz) und neue Internet-Technologien daher erst eingeführt, wenn sie sich anderenorts bereits bewährt haben. Benchmarking ist dabei ein wesentlicher Innovationstreiber.

Skeptiker

In dieser Gruppe werden in erster Linie die Risiken von Web 2.0 und die damit verbundenen Veränderungen in der Firmenkultur oder den Arbeitsabläufen in den Blick genommen. Häufig finden sich hier auch Betriebsstrukturen und -kulturen, die durch starre Hierarchien kaum an Web 2.0 anschlussfähig sind oder in welchen Mitarbeiter die eigene Expertise als persönliches Kapital verstehen.

Verweigerer

Personen dieser Gruppe sehen die zunehmende Verbreitung von Web 2.0 als problematisch an und versuchen, sich ganz bewusst davon abzugrenzen. Web 2.0-Anwendungen werden so weit wie möglich umgangen und man hält an traditionellen Arbeits-, Kooperations- und Kommunikationsformen fest. Personen der Gruppe „Verweigerer" sind meist in wenig dynamischen Märkten, in traditionellen Betrieben und unter den älteren Mitarbeitern anzutreffen.

Es ist davon auszugehen, dass alle genannten Typen real vorzufinden sind, wobei sich hier – analog zu den genannten Kriterien – erhebliche Differenzen zwischen verschiedenen Branchen und Bereichen ergeben. Die Gruppen aufgeschlossene Nutzer, Zurückhaltende und Verweigerer sind heute wohl am häufigsten zu finden. Zukünftig wird sich auch das Verhalten der Nutzer verändern, sodass immer mehr Personen den ersten beiden Typen zugeordnet werden können.

Für die Unternehmen allgemein gilt darüber hinaus, dass Web 2.0-Anwendungen in beinahe alle Bereiche Einzug halten und daher alle Ebenen, insbesondere aber den Fachkräftebereich berühren, bzw. in naher Zukunft für die Fachkräfte auf mittlerem Qualifikationsniveau relevant werden. Daraus ergeben sich ***erhöhte Qualifikationsanforderungen an die Fachkräfte,*** die sich als ***Befähigung zur flexiblen Adaption neuer Technologien*** in die täglichen Arbeitsabläufe, als ***Bereitschaft und Fähigkeit zur permanenten Erweiterung,*** Vertiefung und Anwendung eigenen ***Fachwissens*** sowie als eine ***breite Allgemeinbildung und vielseitige Interessen*** beschreiben lassen. Eine besondere Rolle kommt dabei der ***Medienkompetenz*** zu, die es den Fachkräften ermöglicht, im Internet generell und besonders innerhalb von Web 2.0-Anwendungen die einzelnen Werkzeuge effizient zu nutzen, sie zu bewerten und für die eigene Arbeit adaptieren zu können. Dazu notwendig ist auch schon auf der Fachkräfteebene ein gewisses unternehmerisches Bewusstsein, selbstständiges Denken und ein hohes Maß an Flexibilität.

7. Zusammenfassende Bewertung der Ergebnisse der Studie und Überlegungen zu bildungspolitischen Herausforderungen

Bernhard Schmidt-Hertha/Helmut Kuwan/Yves Waschbüsch/
Gerd Gidion/Claudia Strobel

In diesem Kapitel werden die Qualifikationsanforderungen zusammengefasst, die aufgrund der Auswirkungen von Web 2.0 bereits relevant sind oder in den nächsten drei bis fünf Jahren in der Breite relevant werden könnten. Darauf aufbauend werden Implikationen für die bildungspolitische Diskussion abgeleitet. In einem abschließenden Ausblick werden weiterführende Forschungsfragen sowie bildungspolitische Herausforderungen diskutiert.

7.1 Zusammenfassung aktueller und künftig erwarteter Qualifikationsanforderungen

Dem Forschungsprojekt „web2skills" kommt eine gewisse Vorreiterrolle bei der systematischen Darstellung von Web 2.0-Anwendungen in der Berufs- und Arbeitswelt zu. In der Studie werden fünf betriebliche Anwendungsfelder identifiziert und beschrieben, die – zumindest hinsichtlich der mittleren Qualifikationsebene – als besonders stark von Web 2.0 beeinflusst erscheinen. Zu diesen Feldern gehören Wissens- und Informationsmanagement ebenso wie Produktentwicklung, Prozessmanagement, Marketing und Personalmanagement.

Mit Blick auf derzeitige oder künftige Qualifikationsanforderungen, die für mittlere Fachkräfte bei Web 2.0-Anwendungen besonders relevant sind, konnten sechs Themenbereiche identifiziert werden:

1. Kommunikation in virtuellen Umgebungen;
2. Datenschutz, rechtliche Aspekte und Vertraulichkeitsanforderungen;
3. Kooperationsfähigkeiten in virtuellen Arbeitswelten;
4. Umgang mit Informationen und Wissen;
5. Eigenverantwortliches Lernen und parallele Bearbeitung mehrerer Aufgaben („Multi-Tasking");
6. IT-Kompetenzen.

Bei der nachfolgenden Kurzdarstellung der im Projekt ermittelten und den sechs Themenbereichen zugeordneten Qualifikationsanforderungen werden zwei inhaltliche Facetten unterschieden: zum einen die ***Anforderungshöhe,*** also die Frage, inwieweit Kenntnisse und Fähigkeiten auf einem höheren oder auch geringeren Niveau erwartet werden als heute, und zum anderen der ***Verbreitungsgrad,*** also die Frage, ob Anforderungen nur in einzelnen Segmenten, mit mittlerer Reichweite oder für nahezu alle Fachkräfte bedeutsam werden.

1. Kommunikation in virtuellen Umgebungen

Die Kommunikation zwischen unterschiedlichen Marktteilnehmern findet zunehmend in virtuellen Umgebungen unter Nutzung von Web 2.0-Anwendungen statt. In diesem Kontext ist die ***technische Beherrschung von Web 2.0-Standardanwendungen,*** wie z. B. das Erstellen von Blogs, Wikis usw., eine notwendige Basisqualifikation. Die Vermutung, dafür seien fortgeschrittene IT-Kenntnisse notwendig, trifft nicht zu. Da die meisten jüngeren Fachkräfte die gängigen Web 2.0-Anwendungen bereits im privaten Bereich nutzen und die Nutzerfreundlichkeit weiter zunehmen wird, sind hier – zumindest für jüngere Fachkräfte – im Allgemeinen keine besonderen Qualifikationserfordernisse zu erwarten.

Allerdings beschränkt sich diese Aussage auf technische Aspekte des Umgangs mit Web 2.0. Mit Blick auf andere grundlegende Anforderungen, wie z. B. die ***Auswahl geeigneter Web 2.0-Anwendungen und Umgebungen,*** ist eine Kompetenz zur Abschätzung von Chancen und Risiken geboten, über die bei Weitem nicht alle Fachkräfte verfügen. Während in größeren Unternehmen hierzu häufig Vorgaben existieren, ist dies in kleinen und mittleren Unternehmen meist nicht der Fall. Insgesamt wird angesichts der Nutzerfreundlichkeit von Standardanwendungen ein deutlicher Anstieg des Verbreitungsgrads von Web 2.0-Anwendungen bei mittleren Fachkräften erwartet, jedoch mit erheblichen Unterschieden zwischen verschiedenen Anwendungs- und Tätigkeitsfeldern.

Durch die wachsende netzgestützte Kommunikation nach außen sehen sich Fachkräfte auch zunehmend mit Kritik konfrontiert, z. B. von Kunden oder in Foren. Vor diesem Hintergrund wird die ***Fähigkeit zum konstruktiven Umgang mit im Netz geäußerter Kritik*** für eine größere Zahl von Fachkräften bedeutsam. Während diese Anforderung bisher überwiegend in Verkaufsberufen gefragt war, scheint sie bei der Arbeit in Web 2.0-Umgebungen zunehmend auch für technologiezentrierte Tätigkeitsfelder oder im IT-Bereich bedeutsam zu werden.

Web 2.0-Anwendungen in verschiedenen Kontexten erfordern unterschiedliches Kommunikationsverhalten. Während z. B. eine ausgiebige Verwendung technischer Fachsprache im Kfz-Bereich in einem Forum für Tuning-Experten angemessen sein kann, könnte dies auf Plattformen für Kunden, die wenig von Autos verstehen, eher abschreckend wirken. Von den Fachkräften wird somit eine ***adressatengerechte Kommunikation*** in unterschiedlichen Web 2.0-Umgebungen gefordert, die einen ‚adressatengerechten Tonfall' mit einer angemessenen inhaltlichen Tiefe verbindet. Diese Anforderung wird in den nächsten Jahren voraussichtlich von einem mittleren auf ein hohes Anforderungs- und Verbreitungsniveau steigen. Zur adressatengerechten Kommunikation gehört auch die Einhaltung der ***Etiquette der allgemeinen Internet-Kommunikation („Netiquette").*** Unternehmensrichtlinien hierzu umfassen ein Set von Aspekten, zu dem typischerweise die Nennung des Arbeitgebers, ein moderater, sachlicher Stil und die Vermeidung von Pseudonymen gehören. Qualifikationserfordernisse werden hier v. a. bei Fachkräftegruppen gesehen, bei denen die Kommunikation mit Kunden vor der Verbreitung von Web 2.0 weniger häufig war.

Die Anforderung der ***„virtuellen Kundenentwicklung"*** bezeichnet die Fähigkeit, unter Nutzung interaktiver Internetanwendungen gemeinsam mit Kunden Verbesserungen oder Innovationen zu entwickeln – ggf. bis hin zur Produktentwicklung. Für diese derzeit erst in einzelnen Segmenten gestellte Anforderung ist sowohl eine deutliche Ausweitung des Verbreitungsgrads auf ein mittleres Niveau wahrscheinlich, als auch ein Anstieg auf ein hohes Anforderungsniveau.

Fachkräfte, die im Internet berufsbezogene Beiträge veröffentlichen und als Mitarbeiter eines bestimmten Unternehmens kenntlich sind, beeinflussen die Reputation ihres Arbeitgebers, selbst wenn sie sich dessen nicht bewusst sein sollten. Daraus resultieren Anforderungen an ein bewusstes ***„Reputationsmanagement"***, dessen zentrale Bedeutung den Fachkräften oft noch nicht hinreichend bewusst ist. Die Fähigkeit zum Reputationsmanagement wird zunehmend gefordert und ist die Anforderung mit der höchsten erwarteten Expansion des Verbreitungsgrades im Qualifikationssegment „Kommunikation in virtuellen Umgebungen".

> Eine Qualifizierung von Fachkräften zum Thema „Reputationsmanagement" scheint für Unternehmen mittelfristig mehr Erfolg zu versprechen, als eine reine Abschottungsstrategie.

Insgesamt zeigen sich ***in Bezug auf Web 2.0 unterschiedlich offene oder restriktive Haltungen von Unternehmen.*** Während manche Unternehmen in Kauf nehmen, dass über Web 2.0 auch Botschaften verbreitet werden, die nicht mit ihren PR- und Marketingstrategien abgestimmt sind, versuchen andere, ihre Mitarbeiter zu kontrollieren oder die Nutzung von Web 2.0 am Arbeitsplatz zu unterbinden. Allerdings dürften restriktive Grundhaltungen z. B. vor dem Hintergrund von Erwartungen der Kunden, mit Unternehmen online kommunizieren zu können, mittelfristig kaum durchzuhalten sein. Insofern scheint hier eine Qualifizierung der Mitarbeiter mehr Erfolg zu versprechen als eine reine Abschottungsstrategie.

2. Datenschutz, rechtliche Aspekte und Vertraulichkeitsanforderungen

Datenschutz und Vertraulichkeitsanforderungen waren und sind schon im Web 1.0 bedeutsam. Allerdings führt eine zunehmende Nutzung von Web 2.0-Anwendungen dazu, dass weit größere Datenmengen von immer mehr Personen ins Netz gestellt werden und verknüpfbar sind. Zudem kann gerade die Kooperationskultur in Web 2.0-Umgebungen zur Datenweitergabe animieren.

Eine zentrale, damit verbundene Qualifikationsanforderung besteht in ***datenschutzbezogenen rechtlichen Kenntnissen.*** Daneben gewinnt die Vertrautheit mit weiteren rechtlichen Aspekten – wie z. B. Urheber- oder Persönlichkeitsrechten – für die Arbeit in virtuellen Umgebungen an Relevanz. Nach Experteneinschätzung werden in diesem Themenbereich der Verbreitungsgrad und das Anforderungsniveau auch weiterhin hoch bleiben.

Fachkräfte benötigen zudem ein ***Bewusstsein für Vertraulichkeitsanforderungen beim Umgang mit betrieblichen Daten.*** Bemerkenswert ist, dass in Bezug auf Vertraulichkeitsanforderungen und datenschutzrechtliche Aspekte offenbar nicht nur bei vielen Fachkräften der mittleren Ebene, sondern auch bei manchen Führungskräften ein entsprechendes Problembewusstsein fehlt. Zusätzlich scheint sich ein Einstellungswandel in Teilen der „Web 2.0-Generation" abzuzeichnen, bei dem die Vertraulichkeit privater Daten an Bedeutung verliert, was auch auf das Verhalten im Rahmen beruflicher Tätigkeiten ausstrahlt.

Im beruflichen Kontext besteht eine weitere Anforderung in ***Kenntnissen über unterschiedliche Vertraulichkeitsanforderungen in verschiedenen virtuellen Umgebungen.*** Am wenigsten Probleme bereitet dabei im Allgemeinen das Unternehmens-Intranet. Bei der Arbeit auf Kooperationsplattformen besteht eine wesentliche Anforderung darin, zu erkennen, welche Informationen im Zuge eines erwünscht offenen Austauschs an externe Kooperationspartner weitergegeben werden dürfen und welche nicht. Das offene Internet und insbesondere die darin zugänglichen Web 2.0-Umgebungen bergen die Gefahr, dass Informationen nach außen gelangen, die aus Arbeitgebersicht Firmeninterna sind.

Die Entwicklung des Verbreitungsgrades und des Anforderungsniveaus wird für Vertraulichkeitsanforderungen im Umgang mit betrieblichen Daten und für das Bewusstsein über unterschiedliche Vertraulichkeitsanforderungen in verschiedenen Umgebungen jeweils ähnlich eingeschätzt. Während das Anforderungsniveau aktuell bereits als hoch eingestuft wird und auch bleiben dürfte, wird ein Anstieg des Verbreitungsgrades von einem mittleren auf ein hohes Niveau erwartet.

3. Kooperationsfähigkeit in virtuellen Arbeitswelten

Kooperationen in virtuellen Arbeitswelten und über Web 2.0-Anwendungen sind schon heute häufig ein fester Bestandteil der Arbeitstätigkeit. Es wird erwartet, dass Kooperationen über Online-Plattformen (wie z. B. „Sharepoints“) stark zunehmen werden.

Zu den dadurch an Bedeutung gewinnenden Kompetenzen gehört eine ***generelle Kooperationsfähigkeit in Web 2.0-Umgebungen,*** sei es im Intranet, über spezielle Kooperationsplattformen oder über das Internet. Dabei handelt es sich häufig um situative, projektbezogene Kooperationen über unternehmensinterne und -übergreifende Plattformen in wechselnden Teams, mit Geschäftspartnern, oder auch mit Kunden. Bezüglich der generellen Fähigkeit zur Kooperation in Web 2.0-Umgebungen wird aller Voraussicht nach das Anforderungsniveau in den nächsten Jahren hoch bleiben und der Verbreitungsgrad der Anforderung von einem niedrigen bis mittleren auf ein hohes Niveau steigen.

Durch die Zunahme von Web 2.0-Kooperationen in wechselnden Teams oder mit Geschäftspartnern entsteht ein Bedarf an ***Moderation.*** Die damit verbundenen hohen Moderationsanforderungen werden aber auch in Zukunft voraussichtlich nur eine sehr begrenzte Zahl der Fachkräfte auf mittlerer Ebene betreffen.

Da interaktive Internetanwendungen in internationalen Kontexten häufig eingesetzt werden, führt ihre zunehmende Verbreitung dazu, dass die Fähigkeit zur ***interkulturellen Kooperation*** an Bedeutung gewinnt, zumal die mit medial vermittelter Kommunikation verbundenen Einschränkungen das Risiko von Missverständnissen zusätzlich erhöhen. Während das Anforderungsniveau bei der interkulturellen Kooperation auf einem mittleren bis hohen Niveau verbleiben dürfte, wird erwartet, dass der bisher eher geringe Verbreitungsgrad dieser Anforderung auf ein mittleres Niveau ansteigt.

|| Web 2.0 kann etablierte Hierarchien infrage stellen.

Die Zunahme von Web 2.0-Kooperationen ist häufig mit einer Veränderung von Hierarchien verbunden. So erfolgt die hierarchische Einordnung von Web 2.0-Beiträgen nach der Kompetenz, die Leser den Beiträgen beimessen. Diese Rangfolge muss nicht mit den Positionen der Autoren in der Unternehmenshierarchie übereinstimmen, die sich in externen Web 2.0-Umgebungen nicht immer unmittelbar erkennen lassen. Fachkräfte müssen mit dieser Unsicherheit umgehen können.

4. Umgang mit Informationen und Wissen

Eine Grundanforderung beim Umgang mit Informationen und Wissen in virtuellen Umgebungen ist die Fähigkeit zur ***Bewertung der gefundenen Informationen.*** Die Überprüfung der Relevanz und Zuverlässigkeit von Informationen wird im Web 2.0 beispielsweise dadurch erschwert, dass in Blogs oder Foren der Urheber von Informationen oft nicht identifizierbar ist. Es lässt sich auch nicht immer überprüfen, inwieweit dahinter reale Personen stehen oder Beiträge automatisch über Computerprogramme eingestellt werden. Manipulationen, wie z. B. fingierte Kundenbewertungen, sind oft nur schwer zu erkennen. Allerdings können Strategien erlernt werden, die die Informationsbewertung erleichtern. Das Niveau dieser Anforderung dürfte für Fachkräfte der mittleren Ebene voraussichtlich hoch bleiben und der Verbreitungsgrad auf ein hohes Niveau steigen.

Eine weitere Anforderung in diesem Kontext ist die Fähigkeit zum ***professionellen Umgang mit Suchmaschinen.*** Diese bestand schon in Bezug auf das Web 1.0, ist aber im Web 2.0 deshalb schwieriger, weil nicht nur statische Websites zu durchsuchen sind, sondern auch dynamischere Blogs oder Foren. In den nächsten Jahren wird mit einem Anstieg dieser Anforderung von einem bisher eher niedrigen auf einen mittleren Verbreitungsgrad gerechnet. Aufgrund der steigenden Nutzerfreundlichkeit künftiger Anwendungen („Semantic Web") dürfte das derzeit noch recht hohe Anforderungsniveau aber auf einen mittleren Level sinken.

In Bezug auf eine ***aktive inhaltliche Mitwirkung im Web 2.0*** sind Fachkräfte gefordert, Wissen darzustellen und anderen verfügbar zu machen. Dies erfordert zunächst die Bereitschaft, eigenes Wissen weiterzugeben und zu teilen, was nicht selten einen längerfristigen Prozess des Umdenkens voraussetzt. Weiterhin muss das oft implizite Erfahrungswissen verständlich aufbereitet werden, was sowohl schriftlich als auch in Form von Audio- oder Video-Aufzeichnungen erfolgen kann, wobei die dafür notwendigen didaktischen Fähigkeiten in manchen Unternehmen bereits im Rahmen des dualen Systems explizit geschult werden. Schließlich sollten Fachkräfte auch hier ein Bewusstsein für die eigene Sichtbarkeit im Web 2.0 und das dabei von sich übermittelte Bild entwickeln. Erwartet wird, dass die mit einer aktiven inhaltlichen Mitwirkung im Web 2.0 verbundenen Anforderungen auch künftig auf einem hohen Niveau bleiben werden und dass ihr derzeit noch eher geringer Verbreitungsgrad auf ein mittleres bis hohes Niveau steigt.

5. Eigenverantwortliches Lernen und parallele Bearbeitung mehrerer Aufgaben („Multi-Tasking")

Ähnlich wie die Datenschutz- und Vertraulichkeitsanforderungen tritt die Notwendigkeit zur parallelen Aufgabenbearbeitung („Multitasking") und zum eigenverantwortlichen Lernen in Web 2.0-Umgebungen in intensivierter Form auf. Nach Experteneinschätzung wird ***eigenverantwortliches und schnelles Lernen*** in schnittstellenintensiven Arbeitsumgebungen mit einem vielfältigen Anteil von Web 2.0-Anwendungen heute und auch zukünftig in hohem Maße erwartet. Der bisher niedrige bis mittlere Verbreitungsgrad der Anforderung dürfte in den nächsten Jahren auf ein mittleres bis hohes Niveau steigen.

„Multi-Tasking", d. h. die Fähigkeit zur parallelen Bearbeitung mehrerer Aufgaben, kann als konstitutive Anforderung der Arbeit in Web 2.0-Umgebungen angesehen werden. Während die simultane Nutzung mehrerer Web 2.0-Anwendungen von Fachkräften mit einem ähnlichen Muster der privaten Internetnutzung vielfach als nicht besonders belastend empfunden zu werden scheint, dürften daraus für Fachkräfte ohne entsprechenden Erfahrungshintergrund völlig andere Belastungssituationen entstehen. Paralleles Arbeiten an mehreren Aufgaben erfordert auch ein effizientes Zeitmanagement. Dieses stößt allerdings dort an Grenzen, wo ***„strukturelle Überforderung"*** vorliegt, bei der die Bewältigung aller Aufgaben im gegebenen Terminrahmen nicht mehr möglich ist, was bei einigen Web 2.0-Tätigkeiten verstärkt auftritt. Hohe Anforderungen an Zeitmanagement, die heute einen mittleren Verbreitungsgrad aufweisen, dürften für immer mehr Fachkräfte an Bedeutung gewinnen, und der derzeit noch eher niedrige Verbreitungsgrad „struktureller Überforderung" wird voraussichtlich auf ein mittleres Niveau ansteigen.

6. IT-Kompetenz

Geforderte IT-Kompetenzen in Web 2.0-Umgebungen unterscheiden sich zwischen „Durchschnittsnutzern" und „IT-Spezialisten". Wie erwähnt, erfordern Web 2.0-Anwendungen für „Durchschnittsnutzer" lediglich ***allgemeine IT-Grundkenntnisse,*** wobei die Anforderungen durch den Trend zu nutzerfreundlicheren Oberflächen zukünftig eher noch sinken werden. Anforderungen an die Gewährleistung von ***IT-Sicherheit*** bleiben auch weiterhin hoch und dürften von einem mittleren auf einen hohen Verbreitungsgrad ansteigen. ***Spezifische IT-Kenntnisse*** betreffen insbesondere die Fähigkeit zur raschen Anpassung an permanente Veränderungen bei relevanten Technologien und Anwendungen sowie die Fähigkeit zur vernetzten Programmierung unter Nutzung vorhandener Bausteine, die von anderen programmiert wurden. Die spezifischen IT-Anforderungen bleiben voraussichtlich auf einem hohen Niveau, dürften aber auch weiterhin nur relativ wenige Spezialisten betreffen.

Die im Laufe des Projektes ermittelten Qualifikationsanforderungen lassen sich vornehmlich zwei Gruppen zuordnen: Ein Teil der Anforderungen ist unmittelbar Web 2.0-spezifisch. Daneben bestehen nicht unmittelbar Web 2.0-spezifische Anforderungen, die schon seit längerer Zeit im Umgang mit dem Internet zum Tragen kommen, aber durch die zunehmende Verbreitung von Web 2.0 wahrscheinlich erheblich an Bedeutung gewinnen werden.

Die nachfolgende Tabelle gibt eine Übersicht, welche Qualifikationsanforderungen jeweils als unmittelbar Web 2.0-spezifisch oder als nicht unmittelbar Web 2.0-spezifisch eingeordnet werden können:

	Web 2.0-spezifisch	nicht Web 2.0-spezifisch
Kommunikation		
Technischer Umgang mit Web 2.0-Standardanwendungen	•	
Auswahl geeigneter Anwendungen/Umgebungen	•	
Adressatengerechte Kommunikation (einschl. Etiquette der Internet-Kommuinikation)		•
Konstruktiver Umgang mit im Netz geäußerter Kritik		•
„Virtuelle Kundenentwicklung"	•	
Reputationsmanagement	•	
Datenschutz, Rechtsaspekte und Vertraulichkeit		
Datenschutzbezogene rechtliche Kenntnisse		•
Bewusstsein über Vertraulichkeitsanforderungen bzgl. betrieblicher Daten		•
Kenntnisse über Vertraulichkeitsanforderungen in verschiedenen virtuellen Umgebungen		•
Kooperationsfähigkeit		
Generelle Kooperationsfähigkeit in Web 2.0-Umgebungen	•	
Moderation		•
Fähigkeit zur interkulturellen Kooperation		•
Umgang mit Informationen und Wissen		
Professioneller Umgang mit Suchmaschinen		•
Bewertung der Informationen		•
Aktive inhaltliche Mitwirkung im Web 2.0	•	
Eigenverantwortliches Lernen und „Multi-Tasking"		
Eigenverantwortliches Lernen		•
Multi-Tasking		•

Tabelle 2: Unmittelbar und nicht unmittelbar Web 2.0-spezifische Qualifikationsanforderungen

Zentrale, unmittelbar Web 2.0-spezifische Qualifikationsanforderungen beziehen sich also neben dem technischen Umgang und der Auswahl geeigneter Anwendungen (insbesondere für KMU) vornehmlich auf „virtuelle Kundenentwicklung", „Reputationsmanagement", „Kooperationsfähigkeit im Web 2.0" sowie die „aktive inhaltliche Mitwirkung im Web 2.0".

7.2 Herausforderungen für Bildungsbereiche

Obwohl viele Experten davon ausgehen, dass der grundlegende Umgang mit dem Medium Web 2.0 in den jüngeren Generationen zu den selbstverständlichen und weitgehend habitualisiert eingesetzten Alltagskompetenzen gehört, so ist doch gerade der kritisch-reflexive Umgang mit dem Medium sowie dessen effizienter Einsatz auch für die Generation der „Digital Natives" nicht selbstverständlich. Deutlich verweisen die Experten darauf, dass – auch angesichts der hohen Dynamik in diesem Feld – einzelne Anwendungen am besten informell und durch regelmäßige Auseinandersetzung mit neuen Entwicklungen erlernt werden können. Das Bewusstsein über die damit verbundenen Risiken, die Sensibilisierung für die Konsequenzen wechselnder Kommunikationskanäle und die Befähigung zur professionellen Selbstpräsentation im Netz werden auch von Experten als nicht „eben nebenher" vermittelbar bewertet.

Angesichts einer sich teilweise abzeichnenden digitalen Spaltung der Gesellschaft und angesichts der sehr unterschiedlich ausgeprägten Medienkompetenzen sollten besondere Anstrengungen den bislang weniger gut auf die zunehmende Etablierung von Web 2.0 vorbereiteten Bevölkerungsteilen gelten. Zugang zum interaktiven Netz sollte rasch für alle sozialen Schichten erschlossen und umfassende Kompetenzen im sachkundigen Umgang damit müssen erworben werden können. Web 2.0 wird sich in hohem Tempo (auch) in die meisten Bereiche des Arbeitslebens ausbreiten. Modellprojekte zum interaktiven Lernen und zur virtuellen Zusammenarbeit könnten von der Vorschule bis zur Berufsausbildung über verschiedene Stufen der Bildungsbiografie pilotiert werden und ihre Fortsetzung auch in arbeitsbegleitenden Lernprozessen finden.

Es ist generell zu überlegen, inwieweit bereits in allgemeinbildenden Schulen entsprechende Grundlagen geschaffen werden, inwieweit die berufsschulischen Anteile im Dualen System und Fachschulen in den von ihnen angebotenen Ausbildungen berufsspezifische Grundlagen vermitteln können und inwieweit das von allen Experten als unabdingbar bezeichnete kontinuierliche informelle Lernen im Beruf gezielt durch strukturierte Weiterbildungsangebote unterstützt werden kann. In einer der Betriebsfallstudien fanden sich hierzu interne Fortbildungsangebote, die von dem Unternehmen selbst initiiert wurden, auch weil externe Angebotsstrukturen teilweise als zu schwerfällig gegenüber den ständig neuen Anwendungsformen von Web 2.0 galten.

Grundlegende, nicht spezifisch an bestimmte Web 2.0-Anwendungen gebundene Fähigkeiten könnten in allgemeinbildenden und beruflichen Aus- und Weiterbildungen vermittelt werden. Konkret gilt dies insbesondere für folgende Themenbereiche:

- Kommunikation und Interaktion in Online-Umgebungen
- Selbstdarstellung und Fremdwahrnehmung im Netz
- Datenschutz und Datensicherheit in Online-Umgebungen
- Konstruktiver Umgang mit Kritik und Konflikten im Netz

Teilhabe an Web 2.0 bedeutet primär aktive Partizipation und Mitgestaltung. Selbst heute noch nicht oder wenig betroffene Berufsbereiche werden absehbar vom interaktiven Internet „heimgesucht". Kompetenzen im Umgang mit Selbststeuerung in „hierarchieschwachen" Umgebungen, mit diversen Rollen im Netz (Partner, Produzent, Kunde, etc), kommunikative und soziale Kompetenzen, Befähigung zum sicheren Umgang bei der Selektion und Bewertung von Daten etc. sind daher als elementare Themenfelder im Rahmen der Berufsgrund- und Berufsausbildung zu berücksichtigen.

Darüber hinaus lassen sich – wie in den vorangehenden Kapiteln dargestellt – auch bereichsspezifische Qualifikationsanforderungen formulieren, die nicht bereits Bestandteil allgemeinbildender Bildungsgänge sein können.

Es wird eine Durchdringung verschiedener Bildungsgänge und Lernumgebungen mit auf die Förderung der genannten übergreifenden Qualifikationen hin ausgerichteter Bildungsanstrengungen erforderlich sein, um zukünftige Fachkräfte gezielt auf ihre Tätigkeiten vorzubereiten. Deutlich wurde in dieser Untersuchung v. a. auch, dass Web 2.0 nicht nur spezifische Fähigkeiten erfordert, sondern insbesondere im Zuge der Informatisierung ohnehin an Bedeutung gewinnenden Grundkompetenzen eine zusätzliche Relevanz verleiht. Dies kann u. a. darauf zurückgeführt werden, dass Web 2.0 eine katalysatorische Wirkung auf die Verbreitung von Internettechnologien in den Unternehmen hat. Durch Web 2.0 werden virtuelle Informations- und Kommunikationskanäle auch an Arbeitsplätzen bedeutsam, die bisher weitgehend unabhängig von Internettechnologien waren. Auffallend ist dabei das Tempo, mit dem diese Informatisierung von Arbeitsplätzen voranschreitet, und die Einhelligkeit, mit der von Experten dem Medium Web 2.0 eine immense und weiter zunehmende Bedeutung für viele Geschäftsbereiche attestiert wird. Die enorme Dynamik von Web 2.0, die sich nicht zuletzt in dessen Weiterentwicklung und immer neuen Anwendungsformen niederschlägt, macht eine mittel- oder langfristige Bildungsplanung, die diese Entwicklungen berücksichtigt, zu einer kaum zu bewältigenden Herausforderung. Um nicht den sich rasant entwickelnden Einsatzgebieten und -formen von Web 2.0 und seinen Nachfolgern hinterherzuhinken, bleibt institutionalisierten Bildungsangeboten gar nichts anderes übrig, als auf die Vermittlung grundlegender und daher wahrscheinlich am ehesten zukunftsfähiger Kompetenzen zu setzen, diese aber insbesondere mit Blick auf interaktive Internettechnologien zu entwickeln. Die bereits eingangs erwähnten vier Aspekte der Medienkompetenz nach Baacke (1996) – Medienkunde, Mediennutzung, Mediengestaltung und Medienkritik – könnten hierfür – auch in Zeiten von Web 2.0 – ein sinnvolles curriculares Raster bilden.

Eine der wesentlichsten Grundvoraussetzungen für alle Bemühungen, Web 2.0-relevante Qualifikationen bei Fachkräften der mittleren Qualifikationsebene ebenso wie bei allen anderen Zielgruppen zu entwickeln, ist eine entsprechende ***Qualifizierung des Bildungspersonals.*** Die Vermittlung von Medienkompetenz in (Aus-)Bildungseinrichtungen droht sonst nicht nur an der mangelnden inhaltlichen Kompetenz von Lehrenden zu scheitern, sondern auch am fehlenden Bekanntheitsgrad notwendiger ***neuer Formen der Bildungsvermittlung,*** die interaktive Elemente bereits methodisch und didaktisch antizipieren. Dazu gehört auch eine veränderte Rollenverteilung, die Schüler oder Auszubildende nicht als „Empfänger“ von vermitteltem Wissen, sondern als gleichberechtigte Lernpartner in der moderierten Gruppe begreift und Lehrenden eine primär begleitende und moderierende Rolle zuweist.

7.3 Ausblick

In der vorliegenden Studie konnten Arbeitsfelder und Bereiche aufgezeigt werden, in welchen Fachkräfte bereits heute von Qualifikationsanforderungen im Kontext von Web 2.0-Anwendungen betroffen sind oder in absehbarer Zeit betroffen sein werden. Dennoch bleiben aufgrund des qualitativ-explorativen Designs der Studie auch noch einige Fragen offen. So ist unter anderem bislang ungeklärt,

- wie stark einzelne Branchen bzw. Wirtschaftsbereiche genau von Web 2.0-Entwicklungen tangiert werden,
- welche Rolle die mit Web 2.0 verbundenen Qualifikationsanforderungen im Vergleich mit anderen Arbeitsplatzanforderungen spielen und wie sich dieses Verhältnis in unterschiedlichen Bereichen darstellt und
- wie Arbeitgeber diese Qualifikationen bereits im Rahmen von Bewerbungsverfahren gewichten.

Diese und andere Forschungsfragen können erst in weiteren Studien bearbeitet werden. Dazu wäre insbesondere eine Ergänzung der qualitativen Daten durch eine quantifizierende Betriebsbefragung erforderlich, die genauere Informationen über die Qualifikationsanforderungen in einzelnen Tätigkeitsfeldern und für einzelne Berufsgruppen bereitstellen könnte. Eine Befragung der Personalverantwortlichen in einer großen Unternehmensstichprobe bietet sich hier als ein methodischer Zugang an, der vielversprechende weiterreichende Befunde erwarten ließe.

Handlungsbedarf ergibt sich insbesondere dort, wo es eine Kluft gibt zwischen Bedarf und Wirklichkeit, also zwischen umfänglich benötigten und erwünschten Kompetenzen und den aktuellen Möglichkeiten ihres Erwerbs. Deshalb wären in weiteren Untersuchungen nicht nur Qualifikationsanforderungen zu berücksichtigen, sondern auch entsprechende Bildungsmöglichkeiten zu erfassen. Hierzu bietet die vorliegende Studie zwar auch einige Anhaltspunkte, die aber – ebenso wie andere Befunde – keinen Anspruch auf Repräsentativität erheben können.

Ergänzend dazu wäre in zukünftigen Studien der Blick zu erweitern und die – für das vorliegende Projekt notwendige und sinnvolle – Begrenzung auf die mittlere Qualifikationsebene zu überdenken. Eine im strengen Sinn separate Betrachtung der Fachkräfte mit mittlerem Qualifikationsniveau ist auch hier nicht vollständig realisierbar gewesen, da einerseits durch Web 2.0 vergleichbare Anforderungen auf verschiedenen Qualifikationsniveaus relevant werden und andererseits akademische Berufsgruppen hier häufig eine Vorreiterrolle einnehmen und mit den entsprechenden Qualifikationsanforderungen früher konfrontiert sind als andere Fachkräfte.

Dennoch dürfen die Begrenzungen von Früherkennungsstudien nicht übersehen werden. Auch für die in diesem Abschlussbericht dargestellten Befunde gilt, dass eine schnelle Kommunikation der Befunde mit Entscheidungsträgern auf politischer Ebene und auf Seite der Sozialpartner anzustreben ist, um eine zeitnahe Berücksichtigung der Befunde in Ausbildungs- und Fortbildungsprogrammen zu ermöglichen. Bereits innerhalb des Projektzeitraums von zwölf Monaten waren Weiterentwicklungen und Veränderungen im Bereich Web 2.0 und insbesondere hinsichtlich dessen Nutzung in Unternehmen deutlich spürbar, und Zwischenergebnisse mussten kontinuierlich aktualisiert werden.

Diese Entwicklungsdynamik kann daher als eine der größten Herausforderungen für weitere Forschungsprojekte und die Umsetzung in Bildungsprogramme gesehen werden. Auch wenn die dargestellten Qualifikationsanforderungen an Fachkräfte auf mittlerer Qualifikationsebene kontinuierlicher Ergänzung bedürfen, so ist aus unserer Sicht und nach Ansicht der befragten Experten doch davon auszugehen, dass viele eher grundlegende Qualifikationsbedarfe über einen gewissen Zeitraum Bestand haben und in einer verallgemeinerten Form auch in den nächsten Jahren vielfach noch an Relevanz gewinnen werden.

Für die Übersetzung der Befunde in curriculare Ordnungen und Konzepte sind sicherlich noch einige Anstrengungen erforderlich. Die Notwendigkeit konzertierter und vernetzter Initiativen von Politik, Bildungs- und Sozialpartnern scheint angesichts der Komplexität der formulierten Qualifikationsanforderungen unabdingbar. Gleichzeitig wäre über Peer-Education-Programme nachzudenken, da Jugendliche ihre Medienerfahrungen überwiegend in Freizeitkontexten und gemeinsam mit Peers erleben. Angesichts der Vielzahl von Qualifikationsanforderungen wird auch deutlich, dass die berufliche Aus- und Weiterbildung hier nicht die alleinige Verantwortung übernehmen kann, sondern der Grundstein für eine im Hinblick auf Web 2.0 elementare Medienkompetenz schon im allgemeinbildenden Schulsystem gelegt werden kann und muss.

Literatur

Alpar, P./Blaschke, S. (2008): Einleitung. In: P. Alpar/S. Blaschke (Hrsg.): Web 2.0. Eine empirische Bestandsaufnahme. Wiesbaden, S. 1–14.

Baacke, D. (1996): Medienkompetenz als Netzwerk. Reichweite und Fokussierung eines Begriffs, der Konjunktur hat. In: medien praktisch, 2/96, S. 4–10.

Back, A. (2008): Arbeitspraxis Web 2.0: Die Lernkurve von 1.0 nach 2.x kriegen. Verfügbar unter: http://www.goldwynreports.com/?p=246, aufgerufen am 30.03.2010.

Back, A./Gronau, N./Tochtermann, K. (Hrsg.) (2009): Web 2.0 in der Unternehmenspraxis. München.

Back, A./Heidecke, F. (2009): 1. Einleitung. In: A. Back/N. Gronau/K. Tochtermann (Hrsg.): Web 2.0 in der Unternehmenspraxis. Grundlagen, Fallstudien und Trends zum Einsatz von Social Software. 2. Auflage. München, S. 1–8.

Baun, C./Kunze, M./Nimes, J./Tai, S. (2010a): Einleitung. In: C. Baun/M. Kunze/J. Nimes/S. Tai (Hrsg.): Cloud Computing. Web-basierte dynamische IT-Services. Heidelberg: Springer, S. 1–6.

Baun, C./Kunze, M./Nimes, J./Tai, S. (2010b): Chancen und Risiken. In: C. Baun/M. Kunze/J. Nimes/S. Tai (Hrsg.): Cloud Computing. Web-basierte dynamische IT-Services. Heidelberg: Springer, S. 95–98.

Beal, G.M./Rogers, E.M./Bohlen, J.M. (1957): Validity of the concept of stages in the adoption process. In: Rural Sociology, 22(2), S. 166–168.

BMBF (2007): Web 2.0: Strategievorschläge zur Stärkung von Bildung und Innovation in Deutschland. Bericht der Expertenkommission Bildung mit neuen Medien. Verfügbar unter: http://www.bmbf.de/pub/expertenkommission_web20.pdf, aufgerufen am 24.03.2010.

BMBF (2009): Kompetenzen in einer digital geprägten Kultur. Medienbildung für die Persönlichkeitsentwicklung, für gesellschaftliche Teilhabe und für die Entwicklung von Ausbildungs- und Erwerbsfähigkeit. Bericht der Expertenkommission des BMBF zur Medienbildung. Verfügbar unter: http://www.bmbf.de/pub/kompetenzen_in_digital_kultur.pdf, aufgerufen am 11.01.2010.

BMELV (2009): Umfrage zu Haltung und Ausmaß der Internetnutzung von Unternehmen zur Vorauswahl bei Personalentscheidungen. Verfügbar unter: http://www.bmelv.de/cae/servlet/ contentblob/641322/publicationFile/36231/InternetnutzungVorauswahlPersonalentscheidungen.pdf, aufgerufen am 30.03.2010.

BMWi (Bundesministerium für Wirtschaft und Technologie) (Hrsg.) (2008): Zukunft & Zukunftsfähigkeit der deutschen Informations- und Kommunikationstechnologien. Abschlussbericht der ersten Projektphase. Verfügbar unter: http://www.bmwi.de/BMWi/Navigation/Service/publikationen,did=282970.html, aufgerufen am 24.03.2010.

Böcking, S. (2008): Enterprise 2.0 bei Vodafone. In: W. Buhse/S. Stamer (Hrsg.): Enterprise 2.0. Die Kunst loszulassen. Berlin, S. 193–210.

Buhse, W. (2008): Schönheit kommt von innen – Die neue Kommunikationskultur eines Enterprise 2.0. In: W. Buhse/S. Stamer (Hrsg.): Enterprise 2.0. Die Kunst loszulassen. Berlin, S. 149–170.

Cmehil, C. (2008): SAP: Der Aufbau von Communities in Unternehmen. In: W. Buhse/S. Stamer (Hrsg.): Enterprise 2.0. Die Kunst loszulassen. Berlin. S. 181–192.

Cress, U. (2005): Wann ist eine Wissensdatenbank effizient? In: Wissensmanagement, H. 8, 36–48.

Danowski, P. et al. (2007): Wikipedia als offenes Wissenssystem. In: U. Dittler et al. (Hrsg.): Online Communities als soziale Systeme. Wikis, Weblogs und Social Software im ELearning. Münster: Waxmann. S. 17–26.

Dibbern, P. (2008): Ein Wiki als Intranet bei PSI. In: A. Back /N. Gronau /K. Tochtermann (Hrsg.): Web 2.0 in der Unternehmenspraxis. München: Oldenbourg. S. 171–180.

Dufft, N. (2008): Reality check Enterprise 2.0: Wie weit sind deutsche Unternehmen? In: W. Buhse/S. Stamer, S. (Hrsg.): Enterprise 2.0. Die Kunst loszulassen. Berlin, S. 171–180.

Faber, T. (2005): Perspektiven der Geschäftsprozesssicherheit aus Sicht der mittelständischen Wirtschaft. In: G. Gehrke (Hrsg.): Datenschutz und -sicherheit im Internet. Handlungsvorschläge und Gestaltungsmöglichkeiten. Marl, S. 77–91.

Flick, U. (2007): Qualitative Sozialforschung. Eine Einführung. Reinbek bei Hamburg.

Gaidies, M. (2009): Sensibilisierungsangebote in sozialen Online-Netzwerken. In: H. Gapski/L. Gräßer (Hrsg.): Medienkompetent in Communitys. Düsseldorf: kopead. S. 33–49.

Gapski, H. (2009): Jenseits der digitalen Spaltung. In: ders. (Hrsg.): Jenseits der digitalen Spaltung. Gründe und Motive zur Nichtnutzung von Computer und Internet. München, S. 9–14.

Gapski, H./Gräßer, L. (2009): Medienkompetent in Communitys – eine Einleitung. In: H. Gapski/L. Gräßer (Hrsg.): Medienkompetent in Communitys. Düsseldorf: kopead. S. 9–19.

Gensicke, M./Kuwan, H. (2005): Qualifikationsentwicklungen im Bereich „Erneuerbare Energien" – Ergebnisse der Betriebsbefragung im Rahmen der ADeBar-Studie. München.

Grütter, R. (2008): Das Semantic Web. In: R. Grütter(Hrsg.): Semantic Web zur Unterstützung von Wissensgemeinschaften. München: Oldenbourg, S. 75–172.

Hasebrook, J. (2003): Computerunterstütztes Lernen in der Arbeit. In: Wirtschaftspsychologie, 5 (3), S. 3–16.

Hasebrook, J./Dohrn, S. (2009): Unternehmenskompetenz erfolgreich entwickeln und halten. Hamburg.

Heidecke, F. (2008): Newsfeeds und Newsaggregatoren. In: Back, A./Gronau, N./Tochtermann, K. (Hrsg.), Web 2.0 in der Unternehmenspraxis: Grundlagen, Fallstudien und Trends zum Einsatz von Social Software. München, S. 57–63.

Heidecke, F./Back, A. (2008): Web 2.0 im Unternehmen: Wikis vor dem Durchbruch? In: Goldwyn Report 11/2008. Verfügbar unter: http://www.goldwynreports.com/?p=285, aufgerufen am 21.09.2009.

Heller, L. (2006): Wissenschaftliches Publizieren mit Wikis – Möglich oder sogar wünschenswert? In: Open Source Jahrbuch 2006. Zwischen Softwareentwicklung und Gesellschaftsmodell. Berlin, S. 351–365.

Hilzensauer, W./Schaffert, S. (2009): Wikis und Weblogs bei Sun Microsystems. In: A. Back, / N. Gronau/K. Tochtermann (Hrsg.): Web 2.0 in der Unternehmenspraxis: Grundlagen, Fallstudien und Trends zum Einsatz von Social Software. München, S. 203–212.

Hopf, C. (2008): Forschungsethik und qualitative Forschung. In: U. Flick/E. v. Kardorff/I. Steinke (Hrsg.): Qualitative Forschung. Ein Handbuch. Hamburg: Rohwohlt. S. 589–600.

IBM (o. J.): Social Computing Guidelines. verfügbar unter http://www.ibm.com/blogs/zz/en/guidelines.html, aufgerufen am 23.03.2010.

Initiative D21 (2009): (N)onliner Atlas 2009. Eine Topographie des digitalen Grabens durch Deutschland. Verfügbar unter http://www.nonliner-atlas.de.

Intel (o. J.): Rules of Engangement, verfügbar unter http://www.ibm.com/blogs/zz/en/guidelines. html, aufgerufen am 23.03.2010.

Jäger, W./Porr, D. (2008): Nutzenpotentiale des web2.0 im Personalmanagement. In: Deutsche Gesellschaft für Personalführung e. V. (Hrsg.): Web 2.0 im Personalmanagement. Orientierungshilfe für die Praxis. Düsseldorf. S. 13–25.

Kaderali, F. (2005): Internet und Sicherheit – Facetten einer aktuellen Diskussion. In: G. Gehrke (Hrsg.): Datenschutz und -sicherheit im Internet. Handlungsvorschläge und Gestaltungsmöglichkeiten. Marl, S. 13–24.

Kaiser, R. (2008): Bibliotheken im Web 2.0 Zeitalter. Herausforderungen, Perspektiven und Visionen. Wiesbaden: B.I.T.

Katzenbach, C. (2008): Weblogs als Kommunikationsform. In: C. Katzenbach (Hrsg.): Weblogs und ihre Öffentlichkeiten. Motive und Strukturen der Kommunikation im Web 2.0. München: Fischer. S. 69–104.

Kerres, M. (2006): Potenziale von Web 2.0 nutzen. Verfügbar unter: http://mediendidaktik.uni-duisburg-essen.de/system/files/web20-a.pdf, aufgerufen am 28.08.2009.

Koch, M./Richter, A. (2009): Social-networking-Dienste. In: A. Back/N. Gronau/K. Tochtermann (Hrsg.): Web 2.0 in der Unternehmenspraxis. München: Oldenbourg, S. 69–75.

Komus, A./Wauch, F. (2008): Wikimanagement – Anwendungsfelder von Social Software im Management. In: A. Komus /F. Wauch (Hrsg.): Wikimanagement. Was Unternehmen von Social Software und Web 2.0 lernen können. München: Oldenburg, S. 145–286.

Kurz, R. (2007): Open Source und Web 2.0. Vom Konsumenten zum Produzenten. In: Computer und Unterricht, 66, S. 10.

Kuwan, H./Schmidt-Hertha, B./Strobel, C./Waschbüsch, Y./Gidion, G. (2009): Zukünftige Qualifikationserfordernisse bei beruflichen Tätigkeiten auf mittlerer Qualifikationsebene aufgrund der Auswirkungen von Web 2.0 (web2skills). Unveröffentlichter Zwischenbericht.

Langdecker, F. (2008): Begriff und Konzept von Web 2.0. In: Deutsche Gesellschaft für Personalführung: Web 2.0 im Personalmanagement. Orientierungen für die Praxis, S. 5–12. Verfügbar unter: http://www.dgfp.de/perdoc/document.php?id=81718, aufgerufen am 15.09.2009.

Lange, M. (2009): Keine Macht für niemanden? In: H. Gapski/L. Gräßer (Hrsg.): Medienkompetent in Communitys. Düsseldorf: kopead. S.97–109.

Mandl. H./Schnurer, K. (2007): Wissensmanagement. In: H.-E. Tenorth/R. Tippelt (Hrsg.), Fachlexikon Pädagogik. Weinheim, S. 772–773.

Mayring, P. (1999): Auswertungsverfahren. In P. Mayring (Hrsg.): Einführung in die qualitative Sozialforschung. Weinheim, S. 81–106.

McKinsey Quarterly (2009): Business and Web 2.0: An interactive feature. Explore, track, and customize three years of survey results on how businesses use new Web technologies and tools. Verfügbar unter: http://www.mckinseyquarterly.com/Business_and_Web_20_An_interactive_feature_2431, aufgerufen am 13.01.2010.

Mielke, M./Schulte, M./Neus, A. (2009): Wissensmanagement mit Social Software in der Managementberatung. In: A. Back /N. Gronau /K. Tochtermann (Hrsg.): Web 2.0 in der Unternehmenspraxis. München: Oldenbourg, S. 158–170.

Müller, C./Gronau, N. (2009): Untersuchung virtueller Informationsräume auf Basis der Netzwerkanalyse. In: A. Back /N. Gronau /K. Tochtermann (Hrsg.): Web 2.0 in der Unternehmenspraxis. Grundlagen, Fallstudien und Trends. München, S. 246–256.

O'Reilly, T. (2005): What is Web 2.0? Design Patterns and Business Models for the Next Generation of Software. Verfügbar unter: http://www.oreilly.de/artikel/web20.html, aufgerufen am 24.03.2010.

Riehm, U. (2009): Nichtnutzung des Internets – nur ein Übergangsphänomen? In: H. Gapski (Hrsg.): Jenseits der digitalen Spaltung. Gründe und Motive zur Nichtnutzung von Computer und Internet. München, S. 49–65.

Riehm, U./Krings, B.-J. (2006): Abschied vom „Internet für alle"? Der „blinde Fleck" in der Diskussion zur digitalen Spaltung. In: Medien & Kommunikationswissenschaft. Hans-Bredow-Institut.

Rüddigkeit, V. (2006): Web 2.0 – das „neue" Internet macht Schule! Eine Tour d'Horizon in Sachen Web 2.0 verbunden mit der Frage, ob Schulen bereit sind für das Medienzeitalter des „ubiquitous computing"? Verfügbar unter: http://download.bildung.hessen.de/medien/service_medien/ web20/web20-voru.pdf, aufgerufen am 30.03.2010.

Schmidt, J./Mayer, F. (2005): Wer nutzt Weblogs für kollaborative Lern- und Wissensprozesse? Ergebnisse der Befragung „Wie ich blogge?!" Verfügbar unter: http://www.ssoar.info/ssoar/files/2008/236/fonkbericht0602.pdf, abgerufen am 30.03.2010.

Schulmeister, R. (2008): Gibt es eine „Net Generation?“ Verfügbar unter: http://www.zhw.uni-hamburg.de/uploads/schulmeister-net-generation_v2.pdf, aufgerufen am 13.01.2010.

Stiftung Warentest (Hrsg.) (2010): Zeitschrift test, Heft 4/2010: Ungeschützt. S. 40–45.

Stock, W./Peters, I. (2007): Folksonomy and Information Retrieval. In: Joining Research and Practice: Social Computing and Information Science. Proceedings of the 70th ASIS&T Annual Meeting, H. 44, S. 1510–1542.

Stocker, A. /Tochtermann, K. (2009): Communities und soziale Netzwerke. In: A. Back /N. Gronau /K. Tochtermann (Hrsg.): Web 2.0 in der Unternehmenspraxis. München: Oldenbourg. S. 62–68.

Tapscott, D. (2008): Mit Enterprise 2.0 gewinnen. In: Buhse, W./Stamer, S. (Hrsg.): Enterprise 2.0. Die Kunst loszulassen. Berlin, S. 123–148.

TNS Infratest (2009): Zukunftsweisende Marketingarbeit: TNS Infratest und die Metasuchmaschine TrustYou entwickeln gemeinsames Tool zur Qualitätssicherung, Trendforschung und Marketingstrategie für die Reisebranche. Verfügbar unter: http://www.tns-infratest.com/presse, aufgerufen am 30.03.2010.

Trinder, K. et al. (2008): Learning from digital natives: bridging formal and informal learning. Verfügbar unter: http://www.academy.gcal.ac.uk/ldn/LDNFinalReport.pdf, aufgerufen am 24.09.2009.

Zerfass, A./Moreno, A./Tench, R./Vercic, D./Verhoeven, P. (Hrsg.) (2009): European Communication Monitor 2009. Trends in Communication Management and Public Relations. Berlin.

Zinke, G. (2006): Online-Communities in der Berufsbildung und Ansätze für die Gestaltung offener Lernarchitekturen. In: H. Dieckmann/K.-H. Dittrich/B. Lehmann (Hrsg.) (2006): Kompetenztransfer durch selbstgesteuertes Lernen. Bad Heilbrunn, S. 179–192.

Weitere Literatur zum Themenfeld

Abicht, L./Bärwald, H. (2002): Trendqualifikationen in der IT- und Multimedia-Branche – Einstiegschancen auch für Erwerbslose. In: Berufsbildung in Wissenschaft und Praxis, 31, 1, S. 32–33.

Abicht, L./Bott, P./Dworschak, B./Galiläer, L. (Hrsg.) (2007): Auf der Suche nach neuen Qualifikationen. Methoden der Früherkennung von Qualifikationsentwicklung. Bielefeld: Bertelsmann.

Abicht, L./Buck, S.-L./Kuwan, H. (2006): Früherkennung von Qualifikationsentwicklungen – ein prioritäres Forschungsfeld in Deutschland und Europa. In: M. Eckert/A. Zöller/AG BFN/Bundesinstitut für Berufsbildung (Hrsg.): Der europäische Berufsbildungsraum – Beiträge der Berufsbildungsforschung, 6. Forum der AG BFN. Bonn: Bielefeld. S. 151–160.

Abicht, L./Schumann, U. (2006): Untersuchung zu innovativen Qualifikationsanforderungen im Bereich der Nanotechnologie. In: H.-J. Bullinger (Hrsg.): Qualifikationen im Wandel. Nutzen und Perspektiven der Früherkennung. Bielefeld: Bertelsmann. S. 54–59.

Albrecht, D. et al. (2007): Web 2.0: Strategievorschläge zur Stärkung von Bildung und Innovation in Deutschland. Bericht der Expertenkommission Bildung mit neuen Medien. Verfügbar unter: http://www.checkpoint-elearning.de/downloads/Web20.pdf, aufgerufen am 10.12.2009.

Alex, L./Bau, H. (1999): Wandel beruflicher Anforderungen. Der Beitrag des BIBB zum Aufbau eines Früherkennungssystems Qualifikationsentwicklung. Bielefeld: Bertelsmann.

Alpar, P./Blaschke, S. (Hrsg.) (2008): Web 2.0. Eine empirische Bestandsaufnahme. Wiesbaden: Vieweg+Teubner.

Alpar, P./Blaschke, S. (2008): Einleitung. In: P. Alpar/S. Blaschke (Hrsg.): Web 2.0. Eine empirische Bestandsaufnahme. Wiesbaden: Vieweg+Teubner. S. 1–14.

Alpar, P./Blaschke, S./Kessler, S. (2007): Web 2.0: Neue erfolgreiche Kommunikationsstrategien für kleine und mittlere Unternehmen. Wiesbaden: Hessisches Ministerium für Wirtschaft, Verkehr und Landesentwicklung.

Antes, W./Rothfuß, E. (2008): Web 2.0 für Jugendliche. Jugendbildung und Medienpädagogik am Beispiel von jugendnetz.de. Weinheim: Juventa.

ARD/ZDF-Onlinestudie (2007): Onliner 2007: Das „Mitmach-Netz" im Breitbandzeitalter. Verfügbar unter: http://www.media-perspektiven.de/1406.html, aufgerufen am 30.03.2010.

Baacke, D. (1996a): Medienkompetenz als Netzwerk. Reichweite und Fokussierung eines Begriffs, der Konjunktur hat. In: medien praktisch, 2, 96, S. 4–10.

Baacke, D. (1996b): Medienkompetenz – Begrifflichkeit und sozialer Wandel. In: A. von Rein (Hrsg.): Medienkompetenz als Schlüsselbegriff. Bad Heilbrunn: Klinkhardt. S. 112–124.

Baal, S. van/Hudetz, K. (Hrsg.) (2008): Risikomanagement im E-Commerce. Empirische und konzeptionelle Beiträge zur Planung, Steuerung und Kontrolle der Risiken des Online-Handels. Gernsbach: Deutscher Betriebswirte-Verlag.

Bachmair, B. (2009): Medienwissen für Pädagogen: Medienbildung in riskanten Erlebniswelten. Wiesbaden: VS-Verlag.

Back, A. (2008): Arbeitspraxis Web 2.0: Die Lernkurve von 1.0 nach 2.x kriegen. Verfügbar unter: http://www.goldwynreports.com/?p=246, aufgerufen am 30.03.2010.

Back, A./Gronau, N./Tochtermann, K. (2009): Web 2.0 in der Unternehmenspraxis: Grundlagen, Fallstudien und Trends zum Einsatz von Social Software. München: Oldenbourg.

Back, A./Heidecke, F. (2009): 1. Einleitung. In: A. Back/N. Gronau/K. Tochtermann (Hrsg.): Web 2.0 in der Unternehmenspraxis. Grundlagen, Fallstudien und Trends zum Einsatz von Social Software. 2. München: Oldenburg. S. 1–8.

Baethge, M. (1999): Qualitative Sozialforschung und Früherkennung von Qualifikationsentwicklungen – kritische Anmerkungen zur Analyse der Qualifikationsentwicklung aus soziologischer Sicht. In: L. Alex/H. Bau (Hrsg.): Wandel beruflicher Anforderungen. Bielefeld: Bertelsmann. S. 255–269.

Bäumler, H. (2000): E-Privacy: Datenschutz im Internet. Braunschweig: Vieweg.

Baun, C./Kunze, M./Nimes, J./Tai, S. (2010a): Einleitung. In: dies. (Hrsg.): Cloud Computing. Web-basierte dynamische IT-Services. Heidelberg: Springer. S. 1–6.

Baun, C./Kunze, M./Nimes, J./Tai, S. (2010b): Chancen und Risiken. In: dies. (Hrsg.): Cloud Computing. Web-basierte dynamische IT-Services. Heidelberg: Springer. S. 95–98.

Beck, S. (2006): Online-Communities: Wie authentisch bleiben die Mitmach-Medien? In: Navigator 6, S. 1–4.

Bergamin, P./Pfander, G. (2007): Medien im Bildungswesen. Medienkompetenz und Organisationsentwicklung. Bern: hep.

Bett, K./Wedekind, J./Zentel, P. (Hrsg.) (2004): Medienkompetenz für die Hochschule. Münster: Waxmann.

Blötz, U. (2004): Brauchen wir neue Logistikberufe? In: Berufsbildung in Wissenschaft und Praxis 4, S. 31–35.

BMBF (2005): Förderprogramm Neue Medien in der Bildung. Auditempfehlung zum Förderbereich „Neue Medien in der beruflichen Bildung".

BMBF (2007): Web 2.0: Strategievorschläge zur Stärkung von Bildung und Innovation in Deutschland. Bericht der Expertenkommission Bildung mit neuen Medien. Verfügbar unter: http://www.bmbf.de/pub/expertenkommission_web20.pdf, aufgerufen am 24.03.2010.

BMBF (2008): Newsletter 2008.

BMBF (2009): BMBF-Pressemitteilung Nr. 167 vom 01.07.2009.

BMBF (2009): Kompetenzen in einer digital geprägten Kultur. Medienbildung für die Persönlichkeitsentwicklung, für gesellschaftliche Teilhabe und für die Entwicklung von Ausbildungs- und Erwerbsfähigkeit. Bericht der Expertenkommission des BMBF zur Medienbildung. Verfügbar unter: http://www.bmbf.de/pub/kompetenzen_in_digital_kultur.pdf, aufgerufen am 11.01.2010.

BMELV (2009): Umfrage zu Haltung und Ausmaß der Internetnutzung von Unternehmen zur Vorauswahl bei Personalentscheidungen. Verfügbar unter: http://www.bmelv.de/cae/servlet/contentblob/641322/publicationFile/36231/InternetnutzungVorauswahlPersonalentscheidungen.pdf, aufgerufen am 30.03.2010.

BMWi (Bundesministerium für Wirtschaft und Technologie) (Hrsg.) (2008): Zukunft & Zukunftsfähigkeit der deutschen Informations- und Kommunikationstechnologien. Abschlussbericht der ersten Projektphase. Verfügbar unter: http://www.bmwi.de/BMWi/Navigation/Service/publikationen,did=282970.html, aufgerufen am 24.03.2010.

Böcking, S. (2008): Enterprise 2.0 bei Vodafone. In: W. Buhse/S. Stamer (Hrsg.): Enterprise 2.0. Die Kunst loszulassen. Berlin: Rhombos. S. 193–210.

Böhringer, M./Röhrborn, D. (2009): Communardo Software GmbH: Enterprise Microblogging. Verfügbar unter: www.e20cases.org, aufgerufen am 14.01.2010.

Bott, P. (2001): Betrieblicher Qualifikationsbedarf im Tätigkeitsfeld „Informationstechnik, Multimedia und Medien". In: Limpact: Leitprojekte; Nutzung weltweiten Wissens für Aus- und Weiterbildung und Innovationsprozesse; Informationen compact. H. 3, S. 15–16.

Bott, P./Brüggemann, W./Hall, A. (2000): Wohin geht die Reise? Qualifikationsanforderungen im Wandel. In: BiBB. BWP 6, S. 45–47.

Bott, P./Schade, H.-J. (2002): E-Commerce/E-Business – eine neue Qualifizierungslücke? Qualifikationsnachfrage und Weiterbildungsangebot. – In: Berufsbildung in Wissenschaft und Praxis, 31, 1, S. 29–31.

Bott, P./Schade, H.-J./Hall, A./Kuwan, H. (2003): Die Arbeitswelt im Wandel und Konsequenzen für die berufliche Bildung. Arbeitskreis 1.2. Früherkennung von Qualifikationsentwicklungen. In: Berufsbildung für eine globale Gesellschaft, auf CD-ROM.

Bremer, C. (2004): Medienkompetenz von Hochschullehrenden im Kontext von Mediengestaltung und dem Erstellungsprozess netzgestützter Lehre. In: K. Bett/J. Wedekind/P. Zentel (Hrsg.): Medienkompetenz für die Hochschule. Münster: Waxmann. S. 197–213.

Brüggemann, W. (2004a): Früherkennung von Qualifikationsentwicklung. Forschungsnetzwerk FreQueNz. Fortsetzung aus W&B 07/04, 2. Teil. In: Wirtschaft und Berufserziehung, 56, 8, S. 10–16.

Brüggemann, W. (2004b): Innovationen in der beruflichen Bildung – Ergebnisse des Weiterbildungs-Innovations-Preises (WIP).

Buhse, W./Stamer, S. (Hrsg.) (2008): Enterprise 2.0. Die Kunst, loszulassen. Berlin: Rhombos.

Bullinger, H.-J. (Hrsg.) (2002): Qualifizierungsoffensive. Bedarfe frühzeitig erkennen – zukunftsorientiert handeln. Bielefeld: Bertelsmann.

Bullinger, H.-J. (Hrsg.) (2005): Qualifikationen im Wandel. Nutzen und Perspektiven der Früherkennung. Bielefeld: Bertelsmann.

Bullinger, H.-J. (Hrsg.) (2007): Auf der Suche nach neuen Qualifikationen. Methoden der Früherkennung von Qualifikationsentwicklungen. Bielefeld: Bertelsmann.

Bullinger, H.-J./Gidion, G./Schnalzer, K. (Hrsg.) (2003): Transport in die Zukunft – berufliche Entwicklungen in Logistik und E-Commerce. Bielefeld: Bertelsmann.

Bullinger, H.-J./ten Hompel, M. (Hrsg.) (2007): Internet der Dinge. Berlin: Springer (VDI-Buch).

Bundesvereinigung Logistik (BVL) e.V. (2008): Dortmunder Gespräche: Wie das Internet die Logik verändert. Verfügbar unter: http://www.bvl.de/6567_1, aufgerufen am 25.09.2009.

Burg, T.N./Pircher, R. (o. J.): wiki randgaenge. Text für Wissensmanager – Social Software und Wissensmanagement in Unternehmen. Verfügbar unter: http://wiki.randgaenge.net/Texte/KMnet, aufgerufen am 21.09.2009.

Bürgel, H.D. (Hrsg.) (1998): Wissensmanagement. Schritte zum intelligenten Unternehmen. Berlin: Springer.

Christensen, B. (2001): Qualifikationsanforderungen und Arbeitsformen in der Neuen Ökonomie. Kieler Arbeitspapier Nr. 1081. Verfügbar unter: http://www.ifw-members.ifw-kiel.de/publications/qualifikations-anforderungen-und-arbeitsformen-in-der-neuen-okonomie/kap1081.pdf, aufgerufen am 01.09.2009.

Cmehil, C. (2008): SAP: Der Aufbau von Communities in Unternehmen. In: W. Buhse/S. Stamer (Hrsg.): Enterprise 2.0. Die Kunst loszulassen. Berlin: Rhombos. S. 181–192.

Cress, U. (2005): Wann ist eine Wissensdatenbank effizient? In: Wissensmanagement. H. 8, S. 36–48.

Danowski, P. et al. (2007): Wikipedia als offenes Wissenssystem. In: U. Dittler (Hrsg.): Online Communities als soziale Systeme. Wikis, Weblogs und Social Software im ELearning. Münster: Waxmann. S. 17–26.

Deutsche Gesellschaft für Personalführung e.V. (Hrsg.) (2008): Web 2.0 im Personalmanagement. Orientierungshilfe für die Praxis. PraxisPapier 3. Verfügbar unter: http://www.dgfp.de/media/content-downloads/546/web_2-0_pm.pdf, aufgerufen am 28.08.2009.

Dibbern, P. (2008): Ein Wiki als Intranet bei PSI. In: A. Back/N. Gronau/K. Tochtermann (Hrsg.): Web 2.0 in der Unternehmenspraxis. München: Oldenbourg. S. 171–180.

Dieckmann, H./Dittrich, K.-H./Lehmann, B. (Hrsg.) (2006): Kompetenztransfer durch selbstgesteuertes Lernen. Bad Heilbrunn: Klinkhardt.

Dietzen, A. (2002): Das Expertenwissen von Beratern als Beitrag zur Früherkennung der Qualifikationsentwicklung. Zur sozialen Konstitution von Qualifikationen im Betrieb. In: Berufsbildung in Wissenschaft und Praxis, 31, 1, S. 17–21.

D'Iribarne, A. (2005): Ist ein neohandwerkliches Produktionsmodell für maßgefertigte digitale Dienstleistungen denkbar? Verfügbar unter: http://www.trainingvillage.gr/etv/Upload/Information_resources/Bookshop/ 423/36_de_iribarne.pdf, aufgerufen am 17.09.2009.

Dittler, U. et al. (2007): Online Communities als soziale Systeme. Wikis, weblogs und social software im E-learning. Münster: Waxmann.

Dostal, W./Jansen, R./Parmentier K. (Hrsg.) (2000): Wandel der Erwerbsarbeit. Arbeitssituation, Informatisierung, berufliche Mobilität und Weiterbildung. BeitrAB 231. Nürnberg: Inst. für Arbeitsmarkt- und Berufsforschung.

Dufft, N. (2008): Reality check Enterprise 2.0: Wie weit sind deutsche Unternehmen? In: W. Buhse/S. Stamer (Hrsg.): Enterprise 2.0. Die Kunst loszulassen. Berlin: Rhombos. S. 171–180.

Eißmann, S./Langhof, F. (2009): Data Mining und Datenschutz. Verfügbar unter: http://www.imn.htwk-leipzig.de/~kudrass/Lehrmaterial/Oberseminar/2008-09/11-Datenschutz-Referat-Eissmann_Langhof.pdf, aufgerufen am 17.08.09.

Euler, D. et al. (2006): Handbuch der Kompetenzentwicklung für E-learning Innovationen. Eine Handlungsorientierung für innovative Bildungsarbeit in der Hochschule. Bern: Huber.

Faber, T. (2005): Perspektiven der Geschäftsprozesssicherheit aus Sicht der mittelständischen Wirtschaft. In: G. Gehrke (Hrsg.): Datenschutz und -sicherheit im Internet. Handlungsvorschläge und Gestaltungsmöglichkeiten. Düsseldorf, München: kopaed. S. 77–91.

Flick, U. (2007): Qualitative Sozialforschung. Eine Einführung. Reinbek bei Hamburg: Rowohlt.

Fogolin, A./Hahne, K./Zinke, G. (2005): Netz- und communitybasierte Lerninfrastrukturen als Instrumente zur Prozessorientierung der Berufsausbildung in KMU und Handwerk. Wissenschaftliche Diskussionspapiere/BiBB (Bonn). 76. Verfügbar unter: http://www.bibb.de/dokumente/pdf/wd_76_netzbasierte_ lerninfrastrukturen_kmu_handwerk.pdf, aufgerufen am 21.09.2009.

Fogolin, A./Schmitz, W. (2007): Aktuelle Entwicklungstendenzen im Fernlernen. Ergebnisse einer Befragung (Gesamtauswertung). Verfügbar unter: http://www.bibb.de/dokumente/pdf/a32_dokumente_befragung_fernlernen_2007_gesamtauswertung.pdf, aufgerufen am 07.09.2009.

Fraunhofer-Institut für Arbeitswirtschaft und Organisation (Hrsg.) (2008): FreQueNz-Newsletter. Bielefeld: Bertelsmann.

Gaidies, M. (2009): Sensibilisierungsangebote in sozialen Online-Netzwerken. In: H. Gapski/L. Gräßer (Hrsg.): Medienkompetent in Communitys. Düsseldorf: kopaed. S. 33–49.

Gapski, H./Gräßer, L. (2009): Medienkompetent in Communitys – eine Einleitung. In: H. Gapski/L. Gräßer (Hrsg.): Medienkompetent in Communitys: Düsseldorf: kopaed. S. 9–19.

Gehrke, G. (2005): Datenschutz und -sicherheit im Internet: Handlungsvorschläge und Gestaltungsmöglichkeiten: Düsseldorf, München: kopaed.

Gensicke, M./Kuwan, H. (2005): Qualifikationsentwicklungen im Bereich „Erneuerbare Energien" – Ergebnisse der Betriebsbefragung im Rahmen der ADeBar-Studie. München.

Gensicke, M./Kuwan, H. (2004): Soft Skills – Hart zu erarbeiten und schwer zu fassen. In: H.-J. Bullinger/R. Mytzek/B. Zeller (Hrsg.): FreQueNz-Band 11: Soft Skills. Überfachliche Qualifikationen für betriebliche Arbeitsprozesse. Bielefeld: Bertelsmann. S. 91–123.

Gensicke, M./Kuwan, H. (2004): IuK-Technologien und IuK-Qualifikationen im Tätigkeitsfeld „kaufmännische Bürotätigkeiten". In: K. Schnalzer/G. Gidion/H.-J. Bullinger/P. Bott/H.-J. Schade (Hrsg.): FreQueNz-Band 10: Qualifikationserfordernisse durch die Informatisierung der Arbeitswelt. Bielefeld: Bertelsmann. S. 101–112.

Gensicke, M./Kuwan, H./Martinetz, S. (2007): Früherkennung von Qualifikationsentwicklungen durch Fallstudien und quantitative Befragungen – Das integrierte Forschungskonzept des ADeBar Verfahrens. In: L. Abicht/P. Bott/B. Dworschak/L. Galiläer (Hrsg.): FreQueNz-Band 13: Auf der Suche nach neuen Qualifikationen. Methoden der Früherkennung von Qualifikationsentwicklungen. Bielefeld: Bertelsmann. S. 63–78.

Gerhards, M./Mende, A. (2007): Offliner 2007: Zunehmend distanzierter, aber gelassener Blick aufs Internet. Verfügbar unter: http://www.ard-zdf-onlinestudie.de/fileadmin/Online07/Online07_Offline.pdf, aufgerufen am 15.03.2010.

Gidion, G. (2006): Arbeitsbezogene Lernanwendungen und ihre Wirksamkeit. In: H. Dieckmann/K.-H. Dittrich/B. Lehmann (Hrsg.): Kompetenztransfer durch selbstgesteuertes Lernen. Bad Heilbrunn: Klinkhardt. S. 133–149.

Gidion, G./Kuwan, H./Schnalzer, K./Schmidt, S./Thum, M. (2001): Spurensuche in der Arbeit: Ein Verfahren zur Erkundung künftiger Qualifikationserfordernisse. In: H.-J. Bullinger/K. Schömann (Hrsg.): Qualifikationen von morgen. Ein deutsch-französischer Dialog, Band 5 der Reihe „Qualifikationen erkennen – Berufe gestalten". Bielefeld: Bertelsmann. S. 117–131.

Gidion, G./Gensicke, M./Kuwan, H./Martinetz, S. (2006): Qualifikationsentwicklungen am Beispiel „Erneuerbare Energien“ – Methodik, Ergebnisse und Transfer im Projekt ADeBar. In: H.-J. Bullinger (Hrsg.): FreQueNz-Band 12: Qualifikationen Im Wandel. Nutzen und Perspektiven der Früherkennung. Bielefeld: Bertelsmann. S. 59–65.

Göpfert, I. (Hrsg.) (2009): Logistik der Zukunft – Logistics for the Future. Wiesbaden: Gabler.

Gotta, M. (2006): Social Software wird salonfähig. Verfügbar unter: http://www.checkpoint-elearning.de/article/2686.html, aufgerufen am 24.09.2009.

Gries, K. (2007): Betrachtungen zu digitalen Medien. Berlin: Pro Business.

Grütter, R. (2008): Das Semantic Web. In: R. Grütter (Hrsg.): Semantic Web zur Unterstützung von Wissensgemeinschaften. München: Oldenbourg, S. 75–172.

Hall, A. (2004): Trends der Qualifikationsentwicklung im Berufsfeld Finanzdienstleistung. Ergebnisse einer Stellenanzeigenanalyse und einer Befragung der inserierenden Betriebe. Bielefeld: Bertelsmann.

Hasebrook, J. (2002): E-Learning im Zeitalter des E-Commerce: die dritte Welle. Bern: Huber.

Hasebrook, J. (2003): Computerunterstütztes Lernen in der Arbeit. In: Wirtschaftspsychologie, 5, 3, S. 3–16.

Hasebrook, J./Dohrn, S. (2009): Unternehmenskompetenz erfolgreich entwickeln und halten. Hamburg: merus verlag.

Heidecke, F. (2008): Newsfeeds und Newsaggregatoren. In: A. Back/N. Gronau/K. Tochtermann (Hrsg.): Web 2.0 in der Unternehmenspraxis: Grundlagen, Fallstudien und Trends zum Einsatz von Social Software. München: Oldenburg. S. 57–63.

Heidecke, F. et al. (2008): SharePoint erfolgreich einführen und nutzen. In: Goldwyn Report 08/2008. Verfügbar unter: http://www.goldwynreports.com/?p=438, aufgerufen am 02.06.2009.

Heidecke, F./Back, A. (2008): Web 2.0 im Unternehmen: Wikis vor dem Durchbruch? In: Goldwyn Report 11/2008. Verfügbar unter: http://www.goldwynreports.com/?p=285, aufgerufen am 21.09.2009.

Heller, I. (2006a): E-Learning & Web 2.0: Potenziale für Wissensmanagement. Verfügbar unter: http://www.arbeitskreis-wissensmanagement.org/efiles/AK-Sitzungen/20060622_ba-khe_heller-web2elearning.pdf, aufgerufen am 21.09.2009.

Heller, L. (2006b): Wissenschaftliches Publizieren mit Wikis – Möglich oder sogar wünschenswert? In: B. Lutterbeck/M. Bärwolff/R. A. Gehring (Hrsg.): Open Source Jahrbuch 2006. Zwischen Softwareentwicklung und Gesellschaftsmodell. Berlin: Lehmanns Media. S. 351–365.

Hensge, K./Ulmer, P. (Hrsg.) (2004): Kommunizieren und Lernen in virtuellen Gemeinschaften. Neue Wege der Qualifizierung des Bildungspersonals. In: Berichte zur beruflichen Bildung, H. 261. Bonn: Bertelsmann.

Herzig, B. et al. (2010): Medienkompetenz im Zeitalter des web2.0 – Editorial. In: B. Herzig/D.M. Meister/H. Moser/H. Niesyto (Hrsg.): Jahrbuch Medienpädagogik 8. Medienkompetenz und Web 2.0. Wiesbaden: VS-Verlag. S. 9–16.

Hesse, F. W. (2007): Soziales Dilemma. In: DFG Schwerpunktprogramm „Netzbasierte Wissenskommunikation in Gruppen“. Verfügbar unter: http://www.wissenskommunikation.de/spp/?go=glossar&jump=29&e= 21.11.07, aufgerufen am 21.09.2009.

Hilzensauer, W./Schaffert, S. (2009): Wikis und Weblogs bei Sun Microsystems. In: A. Back/N. Gronau/K. Tochtermann (Hrsg.): Web 2.0 in der Unternehmenspraxis: Grundlagen, Fallstudien und Trends zum Einsatz von Social Software. München: Oldenbourg. S. 203–212.

Hofstätter, M./Sturm, R. (Hrsg.) (2002): Qualifikationsbedarf der Zukunft I. Früherkennung und Darstellung von Qualifikationsbedarf. Beiträge zur Fachtagung „Qualifikationsbedarf der Zukunft – Prognoseinstrumente und Innovationsfelder“ des AMS vom 28. Mai 2002 in Wien. Wien: AMS.

Hopf, C. (2008): Forschungsethik und qualitative Forschung. In: U. Flick/E. v. Kardorff/I. Steinke (Hrsg.): Qualitative Forschung. Ein Handbuch. Hamburg: Rohwohlt. S. 589–600.

IBM (o. J.): Social Computing Guidelines. Verfügbar unter: http://www.ibm.com/blogs/zz/en/guidelines.html, aufgerufen am 23.3.2010.

IG Metall (2010): Die deutschen IT Aus- und Weiterbildungsberufe im europäischen e-Competence Framework. Verfügbar unter: http://www.breyer-publico.eu/site/objects/download/239_BroschreeCFdeutsch.pdf, aufgerufen am 17.03.2010.

Intel (o. J.): Rules of Engangement. Verfügbar unter: http://www.ibm.com/blogs/zz/en/guidelines. html, aufgerufen am 23.03.2010.

Jäger, W./Porr, D. (2008): Nutzenpotentiale des Web 2.0 im Personalmanagement. In: Deutsche Gesellschaft für Personalführung e. V. (Hrsg.): Web 2.0 im Personalmanagement. Orientierungshilfe für die Praxis. Düsseldorf. Verfügbar unter: http://www.dgfp.de/media/content-downloads/546/web_2-0_pm.pdf, aufgerufen am 28.08.2009. S. 13–25.

Jahnke, I./Tzankow, M./Veen, A. van/Weihs, C. (2008): Informationsaustausch und Wissensaustausch in Online-Communities. Neue Kommunikationsräume an der Universität. In: A. Scholkmann/B. Roters/J. Ricken/M. Höcker (Hrsg.): Hochschulforschung und Hochschulmanagement im Dialog. Zur Praxisrelevanz empirischer Forschung über die Hochschule. Münster: Waxmann. S. 119–136.

Japs, S. (2007): Marktübersicht und politisches Umfeld. In: H-J. Bullinger/M. ten Hompel (Hrsg.): Internet der Dinge. Berlin: Springer (VDI-Buch). S. 1–17.

Kaderali, F. (2005): Internet und Sicherheit – Facetten einer aktuellen Diskussion. In: G. Gehrke (Hrsg.): Datenschutz und -sicherheit im Internet. Handlungsvorschläge und Gestaltungsmöglichkeiten. Marl: kopaed. S. 13–24.

Kaiser, R. (2008): Bibliotheken im Web 2.0 Zeitalter. Herausforderungen, Perspektiven und Visionen. Wiesbaden: B.I.T.

Katzenbach, C. (2008): Weblogs als Kommunikationsform. In: C. Katzenbach (Hrsg.): Weblogs und ihre Öffentlichkeiten. Motive und Strukturen der Kommunikation im Web 2.0. München: Fischer. S. 69–104.

Kehrer, A. (2007): Datenjagd. Im sozialen Web 2.0-Theater sind persönliche Daten vogelfrei. Telepolis. Verfügbar unter: http://www.heise.de/tp/r4/artikel/24/24585/1.html, aufgerufen am 30.03.2010.

Keller-Stoltenhoff, E./Ehmann, E./Keller, M.-L. (2008): Lexikon für das IT-Recht 2008. Heidelberg: Verlagsgruppe Hüthig Jehle Rehm.

Kerres, M. (2006): Potenziale von Web 2.0 nutzen. Verfügbar unter: http://mediendidaktik.uni-duisburg-essen.de/system/files/web20-a.pdf, aufgerufen am 28.08.2009.

Koch, M./Richter, A. (2009): Social-networking-Dienste. In: A. Back/N. Gronau/K. Tochtermann (Hrsg.): Web 2.0 in der Unternehmenspraxis. München: Oldenbourg. S. 69–75.

Köcher, R. (2009): Technikgetriebene Veränderung von Bedürfnisstrukturen: Konvergenz, Multimedia, Mobilität. ACTA (Foliensatz).

Koether, R. (2008): Logistik als Managementaufgabe. In: R. Koether (Hrsg.): Taschenbuch der Logistik. Leipzig: Hanser. S. 21–36.

Kolle, C. (2010): Web 2.0 – Alle machen mit! Leibniz-Institut für Sozialwissenschaften. Verfügbar unter: http://www.sowiport.de/fileadmin/user_upload/PDF_Recherche_Spezial/RS_10_01_Web2_0.pdf, aufgerufen am 30.03.2010.

Kollmann, T. (2007): E-Business. Grundlagen elektronischer Geschäftsprozesse in der Net Economy. Wiesbaden: Gabler.

Komus, A./Wauch, F. (2008): Wikimanagement – Anwendungsfelder von Social Software im Management. In: A. Komus/F. Wauch (Hrsg.): Wikimanagement. Was Unternehmen von Social Software und Web 2.0 lernen können. München: Oldenburg. S. 145–286.

Krause, C. (2003): Tools für Anonymität. In: H. Bäumler/A. v. Mutius (Hrsg.): Anonymität im Internet. Grundlagen, Methoden und Tools zur Realisierung eines Grundrechts, Datenschutz und Datensicherheit. Braunschweig: Vieweg. S. 158–171.

Kühle, M. (2006): Was ist Web 2.0? Verfügbar unter: http://webthreads.de/2006/04/was-ist-web-%2020/, aufgerufen am 30.03.2010.

Kuhlmann, A./Sauter, W. (2008): Innovative Lernsysteme. Kompetenzentwicklung mit Blended Learning und Social Software. Heidelberg: Springer Verlag.

Kurz, R. (2007): Open Source und Web 2.0. Vom Konsumenten zum Produzenten. In: Computer und Unterricht, 66, S. 10.

Kuwan, H. (2005): Transfer von Ergebnissen der Früherkennungsforschung in die Praxis. Überlegungen und Empfehlungen auf Basis von Erfahrungen im FreQueNz-Netzwerk. In: FreQueNz-Newsletter, S. 11–12.

Kuwan, H. (2007): Transfer of research results to policy and practice – On the road to implementation research: Some observations and conclusions based on Germany's network of early identification of skill and qualification needs. In: O. Strietska-Ilina/M. Tessaring (eds): Systems, institutional frameworks and processes for early identification of skill needs. Cedefop Panorama series 135. Luxembourg. p. 182–190.

Kuwan, H./Thum, M. (2003): Qualifikationsanforderungen an Fachkräfte in der Logistik und ihre Bedeutung bei Personaleinstellungen. In: K. Schnalzer/G. Gidion/H.-J. Bullinger (Hrsg.): FreQueNz-Band 7: Transport in die Zukunft. Bielefeld: Bertelsmann. S. 139–159.

Kuwan, H./Martinetz, S./Gidion, G. (2004): Ermittlung neuer Qualifikationsanforderungen im Bereich regenerativer Energien im Rahmen der ADeBar-Studie. In: L. Windelband/B. Dworschak/S.-L. Schmidt (Hrsg.): Qualifikationen für die Arbeit von morgen erkennen. Bielefeld: Bertelsmann. S. 63–79.

Kuwan, H./Schmidt-Hertha, B./Strobel, C./Waschbüsch, Y./Gidion, G. (2009): Zukünftige Qualifikationserfordernisse bei beruflichen Tätigkeiten auf mittlerer Qualifikationsebene aufgrund der Auswirkungen von Web 2.0 (web2skills). Zwischenbericht. Unveröffentlichtes Manuskript.

Kuwan, H./Schnalzer, K./Thum M. (2003): Arbeitsnahe Untersuchungen von Qualifikationsanforderungen in Bürotätigkeiten. In: FreQueNz-Newsletter 1, S. 6–8.

Kuwan, H./Thum, M. (2002): Qualifikationsentwicklungen in der Logistik – Ergebnisse aus dem ADeBar-Projekt. In: H.-J. Bullinger (Hrsg.): FreQueNz-Band 6: Qualifizierungsoffensive: Bedarf frühzeitig erkennen – zukunftsorientiert handeln. Bielefeld: Bertelsmann. S. 120–129.

Kuwan, H./Waschbüsch, E. (1998): Delphi-Befragung 1996/1998 „Potentiale und Dimensionen der Wissensgesellschaft – Auswirkungen auf Bildungsprozesse und Bildungsstrukturen". Bundesministerium für Bildung und Forschung. Abschlußbericht zum „Bildungs-Delphi". Verfügbar unter: http://www.bmbf.de/pub/delphi-befragung_1996_1998.pdf, aufgerufen am 30.03.2010.

Langdecker, F. (2008): Begriff und Konzept von Web 2.0. In: Deutsche Gesellschaft für Personalführung: Web 2.0 im Personalmanagement. Orientierungen für die Praxis. S. 5–12. Verfügbar unter: http://www.dgfp.de/perdoc/document.php?id=81718, aufgerufen am 15.09.2009.

Lange, M. (2009): Keine Macht für niemanden? In: H. Gapski/L. Gräßer (Hrsg.): Medienkompetent in Communitys. Düsseldorf: kopead. S. 97–109.

Larisch, D. (2009): Microsoft Office Sharepoint 2007. Praxisbuch. Praxisorientierte Schritt-für-Schritt-Anleitungen für Sharepoint-Anwender. München: Hanser Fachbuch.

Lippe-Heinrich, A. (1999): Zur Bedeutung von Internet und Online-Systemen für die zukünftige Entwicklung von Qualifikationsanforderungen. Hypothesen und Erfahrungswerte. Verfügbar unter: http://www.cedefop.europa.eu/etv/Upload/Information_resources/Bookshop/122/17_de_lippe.pdf, aufgerufen am 30.03.2010.

Mandl. H./Schnurer, K. (2007): Wissensmanagement. In: H.-E. Tenorth/R. Tippelt (Hrsg.): Fachlexikon Pädagogik. Weinheim: Beltz. S. 772–773.

Marshall, J. (2007): Online-Communities of Commerce. Die soziale Struktur von eBay-Marktplätzen. In: U. Dittler/M. Kindt/C. Schwarz (Hrsg.): Online-Communities als soziale Systeme. Münster: Waxmann. S. 129–146.

Mayring, P. (1999): Auswertungsverfahren. In P. Mayring (Hrsg.): Einführung in die qualitative Sozialforschung. Weinheim: Verlags Union. S. 81–106.

McKinsey Quarterly (2009): Business and Web 2.0: An interactive feature. Explore, track, and customize three years of survey results on how businesses use new Web technologies and tools. Verfügbar unter: http://www.mckinseyquarterly.com/Business_and_Web_20_An_interactive_feature_2431, aufgerufen am 13.01.2010.

Meder, N. (Hrsg.) (2006): Web-Didaktik. Eine neue Didaktik webbasierten, vernetzten Lernens. Bielefeld: Bertelsmann.

Medienpädagogischer Forschungsverbund Südwest (Hrsg.) (2008): JIM 2008. Jugend, Information, (Multi-) Media. Basisstudie zum Medienumgang 12- bis 19-Jähriger in Deutschland. Verfügbar unter: http://www.mpfs.de/fileadmin/JIM-pdf08/JIM-Studie_2008.pdf, aufgerufen am 25.09.2009.

Medienpädagogischer Forschungsverbund Südwest (Hrsg.) (2008): KIM-Studie 2008. Kinder + Medien, Computer + Internet. Basisuntersuchung zum Medienumgang 6- bis 13-Jähriger. Verfügbar unter: http://www.tu-ilmenau.de/fakmn/fileadmin/template/ifmk/fachgebiete/mma/Anja_Beyer/KIM08.pdf, aufgerufen am 25.09.2009.

Meifort, B. (1999): Entwicklung des Qualifikationsbedarfs für innovative und beschäftigungswirksame Tätigkeitsfelder in personenbezogenen Dienstleistungsbereichen. In: L. Alex/H. Bau (Hrsg.): Wandel beruflicher Anforderungen. Beitrag des BIBB zum Aufbau eines Früherkennungssystems Qualifikationsentwicklung. Bielefeld: Bertelsmann. S. 183–208.

Merati-Kashani, J. (2005): Der Datenschutz im E-Commerce: Die rechtliche Bewertung der Erstellung von Nutzerprofilen durch Cookies. München: Beck.

Mielke, M./Schulte, M./Neus, A. (2009): Wissensmanagement mit Social Software in der Managementberatung. In: A. Back/N. Gronau/K. Tochtermann (Hrsg.): Web 2.0 in der Unternehmenspraxis. München: Oldenbourg. S. 158–170.

Moser, H./Niesyto, H. (Hrsg.) (2010): Jahrbuch Medienpädagogik 8: Medienkompetenz und Web 2.0. Wiesbaden: VS Verlag. S. 9–16.

Müller, C./Gronau, N. (2009): Untersuchung virtueller Informationsräume auf Basis der Netzwerkanalyse. In: A. Back/N. Gronau/K. Tochtermann (Hrsg.): Web 2.0 in der Unternehmenspraxis Grundlagen, Fallstudien und Trends. München: Oldenbourg. S. 246–256.

Münchner Kreis/EICT/Telekom/tns Infratest (2009): Zukunft und Zukunftsfähigkeit der Informations- und Kommunikationstechnologien und Medien. Internationale Delphi-Studie 2030. Verfügbar unter: http://www.tns-infratest.com/presse/Zukunft_IKT.asp, aufgerufen am 25.11.2009.

Neugebauer, U./Pfleiderer, R./Demonte-Robl, I./Waschbüsch, E./Kuwan, H./Münchner Kreis (Hrsg.) (1999): 2014 – Die Zukunft von Information, Kommunikation und Medien. München.

O'Reilly, T. (2005): What is Web 2.0? Design Patterns and Business Models for the Next Generation of Software. Verfügbar unter: http://www.oreilly.de/artikel/web20.html, aufgerufen am 24. 03.2010.

Peters, I./Stock, W. (2007): Folksonomies and Information Retrieval. In: A. Grove (Ed.): Joining Research and Practice: Social Computing and Information Science. Proceedings of the 70th ASIS&T Annual Meeting. Milwaukee (Wisconsin, USA). p. 1510–1542.

Picot, A./Tillmann, H. (Hrsg.) (2009): Digitale Dividende. Heidelberg: Springer Verlag. (nur Inhaltsverzeichnis).

Reichelt, W. (2004): Knowledge Communities: Entwicklungspotentiale und -bedingungen virtueller Gemeinschaften. In: K. Hensge/P. Ulmer (Hrsg.): Kommunizieren und Lernen in virtuellen Gemeinschaften. Bielefeld: Bertelsmann. S. 21–38.

Reimann, G. (2008): Lehren als Wissensarbeit? Persönliches Wissensmanagement mit Weblogs. Verfügbar unter: http://www.b-i-t-online.de/pdf/iwp/IWP2008-1.pdf, aufgerufen am 25.09.2009.

Reinermann, H. (Hrsg.) (2003): Datenschutz im Internet – Internet im Datenschutz: Datenschutzbehörden im Internet. Speyer: Dt. Hochschule für Verwaltungswissenschaften.

Reinmann, G. (2008): Wissen und Informationen im Zeitalter des Internets. Verfügbar unter: http://www.unesco.de/fileadmin/medien/Dokumente/unesco-heute/uh1-2008/uh108_s12-15. pdf, aufgerufen am 13.01.2010.

Riehm, U. (2009): Nichtnutzung des Internets – nur ein Übergangsphänomen? In: H. Gapski (Hrsg.): Jenseits der digitalen Spaltung. Gründe und Motive zur Nichtnutzung von Computer und Internet. München: kopaed. S. 49–65.

Riehm, U./Krings, B.-J. (2006): Abschied vom „Internet für alle"? Der „blinde Fleck" in der Diskussion zur digitalen Spaltung. In: Medien & Kommunikationswissenschaft. Hamburg: Hans-Bredow-Institut.

Rohs, M./Back, A. (2009): Ist die Unternehmensarbeitspraxis ein Kulturschock für die Net Generation? Verfügbar unter: http://wissenswert.iwi.unisg.ch/?p=405, aufgerufen am 23.09.2009.

Roth, W.-D. (2006): Tod im Netz. Wenn das Profil einer Social Networking Site zum Steckbrief wird. Telepolis. Verfügbar unter: http://www.heise.de/tp/r4/artikel/23/23574/1.html, aufgerufen am 30.03.2010.

Rotz, B. von (2007a): Erfolgreiche Online-Communities I. Verfügbar unter: http://www.contentmanager.de/magazin/artikel_1766_online_communities.html, aufgerufen am 30.03.2010.

Rotz, B. von (2007b): Online-Communities – Best practices II. Verfügbar unter: http://www.contentmanager.de/magazin/artikel_1779_online_community_practice.html, aufgerufen am 30.03.2010.

Rüddigkeit, V. (2006): Web 2.0 – das „neue" Internet macht Schule! Eine Tour d'Horizon in Sachen Web 2.0 verbunden mit der Frage, ob die Schulen bereit sind für das Medienzeitalter des „ubiquitous computing"? Verfügbar unter: http://download.bildung.hessen.de/medien/service_medien/web20/web20-voru.pdf, aufgerufen am 30.03.2010.

Rüddigkeit, V. (2007): Infospace. RSS-Feeds, Tagging, Blogs, Podcasts und Video-Podcasts, Wikis, AJAX, Online-Communities. Thema (7 Aufsätze). In: Computer + Unterricht, 66, S. 11–21.

Sauter, A. (2004): Blended Learning: Effiziente Integration von E-Learning und Präsenztraining. Neuwied: Luchterhand.

Schaar von, P. (2002): Datenschutz im Internet: Die Grundlagen. München: Beck.

Schelhowe, H. et al. (2009): Kompetenzen in einer digital geprägten Kultur. Medienbildung für die Persönlichkeitsentwicklung, für die gesellschaftliche Teilhabe und für die Entwicklung von Ausbildungs- und Erwerbsfähigkeit. Bericht der Expertenkommission des BMBF zur Medienbildung. Bonn: BMBF.

Schmeken, G.M. (2007): Erfolgreiche Strategien für E-Commerce. Integrierte Kosten- und Leistungsführerschaft als Orientierungsmuster. In: W. Becker et al. (Hrsg.): Unternehmensführung & Controlling. Wiesbaden: Deutscher Universitäts-Verlag/GWV Fachverlage GmbH.

Schmidt, J. (2006): Weblogs. Eine kommunikationssoziologische Studie. Konstanz: UvK.

Schmidt, J./Mayer, F. (2005): Wer nutzt Weblogs für kollaborative Lern- und Wissensprozesse? Ergebnisse der Befragung „Wie ich blogge?!" Verfügbar unter: http://www.ssoar.info/ssoar/files /2008/236/fonkbericht0602.pdf, aufgerufen am 30.03.2010.

Schmidt, S. (2002): Früherkennung von Qualifikationen als zukunftsorientierte Strategie der Bildungsforschung. Verfügbar unter: http://www2.bibb.de:8080/bwp/pdf/artikel/BWP-2002-H1-22ff.pdf, aufgerufen am 30.03.2010.

Schmidt, T. (2008): Was ist Web 2.0? oder: „The Good, the Bad and the Ugly". Verfügbar unter: http://www.virtual-commerce.de, aufgerufen am 20.09.2009.

Schnalzer, K./Gidion, G./Thum, M./Kuwan, H. (2003): New skill requirements in logistics. In: S-L. Schmidt/K. Schömann/M. Tessaring (eds.): Early identification of skill needs in Europe. Cedefop Reference Series, 40, Luxembourg. p. 128–142.

Schnalzer, K./Thum, M./Gidion, G./Kuwan, H. (2003): Neue Qualifikationsanforderungen in der Logistik. In: H.-J. Bullinger (Hrsg.): FreQueNz-Band 9: Früherkennung von Qualifikationserfordernissen in Europa. Bielefeld: Bertelsmann. S. 155–169.

Scholkmann, A./Roters, B./Ricken, J./Höcker, M. (Hrsg.) (2008): Hochschulforschung und Hochschulmanagement im Dialog. Zur Praxisrelevanz empirischer Forschung über die Hochschule. Münster: Waxmann.

Schorb et al. (2008): Medienkonvergenz Monitoring Report 2008: Jugendliche in konvergierenden Medienwelten. Universität Leipzig. (nur Inhaltsverzeichnis).

Schorb et al. (2009): MeMo_VP09 (Medienkonvergenz Monitoring Videoplattformen-Report 2009). YouTube und Co. – neue Medienräume Jugendlicher. Universität Leipzig.

Schroer, J. (2008): Wikipedia: Auslösende und aufrechterhaltende Faktoren der freiwilligen Mitarbeit an einem Web-2.0-Projekt. Berlin: Logos.

Schuler, D. (2007): Online Communities and Social Computing. Verfügbar unter: http://www.springerlink.com /content/pp022807476k, aufgerufen am 24.09.2009.

Schulmeister, R. (2008): Gibt es eine „Net Generation?" Verfügbar unter: http://www.zhw.uni-hamburg.de/uploads/schulmeister-net-generation_v2.pdf, aufgerufen am 13.01.2010.

Schulz-Zander, R./Eickelmann, B. (2008): Zur Erfassung von Schulentwicklungsprozessen im Bereich digitaler Medien. Methodologische Konzeption einer Fallstudienuntersuchung als Folgeuntersuchung zur deutschen IEA-Studie SITES M2. In: Zeitschrift für Theorie und Praxis der Medienbildung. Verfügbar unter: http://www.medienpaed.com/14/schulz-zander0801, aufgerufen am 13.01.2010.

Spiegel online (2009): Web 2.0: Mitmach-Plattformen und soziale Netzwerke. Verfügbar u. a. unter: http://www.spiegel.de/netzwelt/web/0,1518,657800,00.html, aufgerufen am 30.03.2010.

Spöttl, G./Windelband, L. (2006): Berufswissenschaftlicher Ansatz zur Früherkennung von Qualifikationsbedarf. In: Europäische Zeitschrift für Berufsbildung, 2009, 39, S. 72–91.

Statistisches Bundesamt (2008): Das Statistische Jahrbuch 2008. Verfügbar unter: http://www.destatis.de/jetspeed/portal/cms/Sites/destatis/Internet/DE/Content/Publikationen/Querschnittsveroeffentlichungen/StatistischesJahrbuch/JahrbuchDownload,templateId=renderPrint.psml, aufgerufen am 30.09.2009.

Stiftung Warentest (Hrsg.) (2010): Zeitschrift test, H. 4, S. 40–45.

Stock, W./Peters, I. (2007): Folksonomy and Information Retrieval. In: Joining Research and Practice: Social Computing and Information Science. Proceedings of the 70th ASIS&T Annual Meeting, H. 44, S. 1510–1542.

Stocker, A./Tochtermann, K. (2009): Communities und soziale Netzwerke. In: A. Back/N. Gronau/K. Tochtermann (Hrsg.): Web 2.0 in der Unternehmenspraxis. München: Oldenbourg. S. 62–68.

Süme, O. (2000): Datenschutz und E-Commerce: Gegensätze in der digitalen Wirtschaft? Verfügbar unter: http://www.medientage.de/mediathek/archiv/1999-2000/sueme.pdf, aufgerufen am 24.09.2009.

Sutter, T. (2010): Medienkompetenz und Selbstsozialisation im Kontext Web 2.0. In: T. Sutter (Hrsg.): Medienanalyse und Medienkritik. Wiesbaden: VS-Verlag. S. 181–191.

Tänzer, S. (2009): E-Learning im Handwerk: Mit drei Klicks zur qualifizierten Antwort. In: ZWK aktuell 4, S. 2.

Tiemann, M./Schade, H.-J./Helmrich, R./Hall, A./Braun, U./Bott, P. (2008): Berufsfeld-Definitionen des BIBB. Auf Basis der KldB 1992. Erste Fassung, Stand: 9. April 2008. Bonn: Bundesinstitut für Berufsbildung.

Tippelt, R./Schmidt, B./Kuwan, H. (2008): Weiterbildungsteilnahme nach Altersgruppen: Erste Ergebnisse des BSW – AES 2007. In: D. Gnahs/H. Kuwan/S. Seidel (Hrsg.): Weiterbildungsverhalten in Deutschland. Bielefeld: Bertelsmann. S. 125–140.

Tippelt, R./Schmidt, B./Kuwan, H. (2009): Bildungsteilnahme. In: R. Tippelt et al. (Hrsg.): Bildung Älterer: Chancen im demographischen Wandel. Bielefeld: Bertelsmann. S. 32–45.

TNS Infratest (2008): Männer und Frauen nutzen das mobile Internet deutlich unterschiedlich. Verfügbar unter: http://www.tns-infratest.com/presse/presseinformation.asp?prID=660&message=Männer%20und% 20Frauen%20nutzen%20das%20mobile%20Internet%20deutlich%20unterschiedlich, aufgerufen am 13.01.2010.

TNS Infratest (2009): Zukunftsweisende Marketingarbeit: TNS Infratest und die Metasuchmaschine TrustYou entwickeln gemeinsames Tool zur Qualitätssicherung, Trendforschung und Markenstrategie für die Reisebranche. Presseinformation vom 9. 9. 2009. Verfügbar unter: http://www.tns-infratest.com/presse/pdf/Presse/2009_09_09_TNS_Infratest_TrustYou.pdf, aufgerufen am 28.09.2009.

Trinder, K. et al. (2008): Learning from digital natives: bridging formal and informal learning. Verfügbar unter: http://www.academy.gcal.ac.uk/ldn/LDNFinalReport.pdf, aufgerufen am 24.09.2009.

Van Baal, S./Hudetz, K. (Hrsg.) (2008): Risikomanagement im E-Commerce. Empirische und konzeptionelle Beiträge zur Planung, Steuerung und Kontrolle der Risiken des Online-Handels. Gernsbach: Deutscher Betriebswirte-Verlag GmbH.

Vulprecht, M. (2007): Web 2.0 und Datenschutz – Probleme sozialer Netzwerkplattformen. Verfügbar unter: http://userpage.fu-berlin.de/~marvulpr/puk/web20datensch.pdf, aufgerufen am 17.08.2009.

Walden, G./Jansen, R. (2002): Die Arbeitswelt im Wandel und Konsequenzen für die berufliche Bildung. 4. BIBB-Fachkongress. Bielefeld: Bertelsmann.

Wengatz, N. et al. (2008): Zukunft & Zukunftsfähigkeit der deutschen Informations- und Kommunikationstechnologien. Abschlussbericht der ersten Projektphase. Münchner Kreis e. V.

Werner, U. (2001): Schutz vor Rechtsproblemen im Internet: Handbuch für Unternehmen. Berlin: Springer.

Wild-Wall, N./Gajewski, P./Falkenstein, M. (2009): Kognitive Leistungsfähigkeit älterer Arbeitnehmer. In: Zeitschrift für Gerontologie und Geriatrie, 42, S. 299–304.

Winkler, K. (2004): Wissensmanagement in face-to-face und virtuellen Communities. Kennzeichen, Gestaltungsprinzipien und Erfolgsfaktoren. Berlin: Logos Verlag.

Witt, B. C. (2008): Datenschutz kompakt und verständlich. Eine praxisorientierte Einführung. Wiesbaden: Friedr. Vieweg & Sohn Verlag/GWV Fachverlage GmbH.

Wordelmann, P. (2000): Internetionalisierung und Netzkompetenz. Neue qualifikatorische Herausforderungen durch Globalisierung und Internet. Verfügbar unter: http://www2.bibb.de:8080/bwp/pdf/artikel/BWP-2000-H6-31ff.pdf, aufgerufen am 24.09.2009.

Zerfass, A./Moreno, A./Tench, R./Vercic, D./Verhoeven, P. (Hrsg.) (2009): European Communication Monitor 2009. Trends in Communication Management and Public Relations – Results of a survey in 34 Countries. Verfügbar unter: http://www.communicationmonitor.eu/ECM2009-Results-ChartVersion.pdf, aufgerufen am 25.09.2009.

Zinke, G. (2006): Online-Communities in der Berufsbildung und Ansätze für die Gestaltung offener Lernarchitekturen. In: H. Dieckmann/K.-H. Dittrich/B. Lehmann (Hrsg.) (2006): Kompetenztransfer durch selbstgesteuertes Lernen. Bad Heilbrunn. S. 179–192.

Zinke, G./Fogolin, A. (Hrsg.) (2004): Online-Communities – Chancen für informelles Lernen in der Arbeit. Bundesinstitut für Berufsbildung. Bonn: BIBB.

Glossar

Blog (auch Weblog)

Sammlung kurzer, tagebuchähnlicher Beiträge eines oder mehrerer Autoren auf einer Website, wobei die aktuellsten Beiträge an oberster Stelle aufgeführt werden. Programmierkenntnisse sind nicht erforderlich, da Blogs auf einfachen Content-Management-Systemen basieren.

Blogosphäre

Gesamtheit aller Weblogs und ihre Verknüpfung untereinander, durch die Communities oder soziale Netzwerke entstehen.

Cloud Computing

Nutzung gewünschter IT-Infrastruktur unmittelbar über das Netz. Nutzergruppen (z. B. Unternehmen) halten keine eigene Serverstruktur mehr vor, stattdessen werden Endgeräte direkt mit dem Internet verbunden. Alle Programme und alle Daten liegen in virtualisierten Rechenzentren außerhalb der eigenen Organisation, in der sogenannten „Cloud". Alle gewünschten Programme werden über das Internet zur Verfügung gestellt und dynamisch an den tatsächlichen Bedarf angepasst.

Co-Creation

Interaktive Wertschöpfung zusammen mit externen Partnern, z. B. Kunden, im Rahmen von Ideen- und Produktentwicklung, Problemlösung etc. → *Crowdsourcing.*

Community

Gruppe von Personen, die sich durch gemeinsame Motive, Ziele und Situationen verbunden fühlen und sich über einen längeren Zeitraum hinweg austauschen und kommunizieren.

Corporate Blog

→ *Blog* eines Unternehmens, mit dem Kommunikations- oder Marketingziele verfolgt werden.

Cross Selling

auch Querverkauf: Marketingbegriff, der den Verkauf von sich ergänzenden Dienstleistungen oder Produkten bezeichnet.

Crowdsourcing

Aufgaben eines Unternehmens (insbesondere im Bereich der Entwicklung und Verbesserung von Produkten und Dienstleistungen) werden auf eine große Gruppe freiwillig agierender, informell zusammengesetzter Internetnutzer übertragen bzw. ausgelagert. Hintergrund ist die Annahme, dass in dieser Gruppe eine Art von „Schwarmintelligenz" wirksam wird, die wesentlich auf der interaktiven Kreativität Vieler in der hierarchiefreien Gruppe basiert.

E-Commerce

Vollständige elektronische Abwicklung der An- und Verkäufen in einem Netzwerk; ist Teilbereich des → *Enterprise 2.0* und dient dort der Automatisierung von Geschäftsprozessen.

Enterprise 2.0/Business 2.0

Einsatz von → Social software in Organisationen mit dem Zweck der Projektkoordination, des Wissensmanagements oder der Unterstützung von Unternehmensprozessen.

Internet der Dinge

Selbstständiger Informationsaustausch elektronisch vernetzter Gegenstände.

Mash-up

Kombination unterschiedlicher Inhalte, Programme oder Services aus verschiedenen Quellen zu einer neuen Anwendung.

Mikroblog

Form des → *Blogs,* bei dem kurze Textnachrichten veröffentlicht werden; bekanntestes Beispiel ist Twitter.

Newsfeed

Datenformat, mit dem automatisiert Änderungen auf Webseiten an interessierte Nutzer bzw. Abonnenten kommuniziert werden. Bekannte Formate: → *RSS,* Atom.

Newsgroup

Virtuelle Internetforen, in denen bestimmte Themenbereiche mittels Textbeiträgen diskutiert werden.

Open-Source-Software

Datenverarbeitungsprogramme, deren Quellcodes offen liegen und dadurch jederzeit von Nutzern verändert bzw. erweitert werden können. Open-Source-Software ist von der Open-Source-Initiative anerkannt und lizenzrechtlich geschützt.

Podcast

Auditive und visuelle Mediendateien, die über das Internet abgerufen oder abonniert werden können und auf mobile Endgeräte übertragbar sind.

Post

Abgeschlossener Beitrag in einem → *Blog* oder Forum

RSS-Feeds

„Really Simple Syndication“-Feed, siehe auch → *Newsfeed.*

SelfAssessment

Selbsttest/Selbstüberprüfung

Semantic Web/Web 3.0

Web 2.0 beschreibt das Internet der Teilhabe. Durch die gigantischen Datenmengen im komplexen Netz wird Orientierung immer schwieriger. Web 3.0 beschreibt im Wesentlichen die Entwicklung von automatisierten Diensten zur Ordnung, der Suche und dem Vergleich von Begriffen und ihren Zusammenhängen, um künftig auch ohne versierte Suchmaschinenkompetenz auf einfache Fragen geeignete Antworten zu bekommen.

Sharepoint

Web-basierte Anwendungen von Microsoft, siehe auch → *Sharepoint-Anwendungen.*

Sharepoint-Anwendungen

Auch „Microsoft Windows → *SharePoint Services*“; freie Software von Microsoft, die webbasierte Kommunikation und Zusammenarbeit ermöglicht (z. B. über online verfügbare und so von mehreren Akteuren gleichzeitig bearbeitbare Dateien).

Social Bookmarking

Internetlesezeichen (Bookmarks) werden auf einer Internet- oder Intranetplattform von verschiedenen Personen gekennzeichnet und mit Schlagworten (→ *Tags*) versehen.

Social Browsing

Navigieren in Informationen sozialer Netzwerke und Teilen userbezogener Surfergebnissen mittels geeigneter Software.

Social Network

Gruppe von Personen, die über soziale Beziehungen miteinander verbunden sind (siehe auch → *Community*). Social Networks können über → *Social Software* entstehen, ohne dass sich die Menschen zuvor persönlich getroffen haben.

Social Software/Social Media

Anwendungen (im Internet), die der menschlichen Kommunikation, Interaktion und Zusammenarbeit dienen, mit dem Ziel, Gemeinschaften aufzubauen.

Suchmaschinenoptimierung

Maßnahme, die es Webseiten ermöglicht, in Ergebnissen von Suchmaschinen weiter vorne platziert zu werden und damit eine größere Nutzerzahl zu erreichen.

Tags

Frei wählbare Schlagwörter, die zur Charakterisierung bzw. Beschreibung von Inhalten oder Internetlesezeichen genutzt werden.

Tagging/Social Tagging

Vergabe von → *Tags* mittels verschiedener Arten von → *Social Software.*

Tag Cloud

Darstellung mehrerer → *Tags* zur Informationsvisualisierung.

Trackback

Vernetzung von Inhalten verschiedener → *Blogs* durch Bezugnahme auf Einträge anderer Blogs. Durch automatische Benachrichtigungen ist gegenseitiger Austausch möglich; wesentliches Merkmal der → *Blogosphäre.*

User-generated Content

Inhalte, die von Internet-Nutzern selbst erstellt werden. Beispiele: → *Wiki*-Artikel, → *Blog*-Einträge...

Verschlagwortung

Siehe → *Tagging*

Web Shop

Warenvertrieb eines Händlers mittels Internetpräsenz.

Wiki

Ermöglicht einfache Erstellung und Bearbeitung von Webseiten durch den Leser bzw. Nutzer direkt im Browser, wobei Vernetzung der Inhalte untereinander möglich ist. Bekanntestes Beispiel: Wikipedia.

E-Learning

Handbuch zur Gestaltung von Bildungsräumen

Die rasante Entwicklung des Web 2.0 ermöglicht viele neue Konzepte des computer- und internetgestützten Lehrens und Lernens.

Das Handbuch richtet sich an Bildungsinstitutionen, die Lernangebote mit digitalen Medien entwickeln und anbieten möchten. Bildungsforscher erhalten einen umfassenden Überblick über den aktuellen Stand der Entwicklung des virtuellen Lehrens und Lernens.

Der Band erklärt E-Learning und führt durch die bisherige Entwicklung virtueller Lehr- und Lernkulturen und zeigt Perspektiven.

Die technische Gestaltung von Bildungsräumen, die didaktische Gestaltung der Bildungsressourcen, die Entwicklung der medialen Kompetenzen und die Prüfung der erreichten Lernerfolge sind die Schwerpunkte des Buches. Ausführlich behandelt werden auch Evaluation, Qualitätsmanagement, Standardisierungen, Rechtsgrundlagen und Nachhaltigkeit von virtuellen Bildungsangeboten.

Patricia Arnold, Lars Kilian, Anne Thillosen, Gerhard Zimmer

Handbuch E-Learning

Lehren und Lernen mit digitalen Medien

2011, 469 S.,
49,– € (D)/80,– SFr
ISBN 978-3-7639-4888-8
ISBN E-Book 978-3-7639-4889-5
Best.-Nr. 6004194

wbv.de

W. Bertelsmann Verlag

Bestellung per Telefon **0521 91101-11** per E-Mail **service@wbv.de**